探索微观世界

主　编　吴成军

编　者　卢晓华　罗彩珍　刘伟华　孔佩佩
　　　　刘　奕　李志洁　窦向梅　司世杰
　　　　张新莲　吴志强　蒋世禄　伊海静
　　　　赵　荻　吴成军

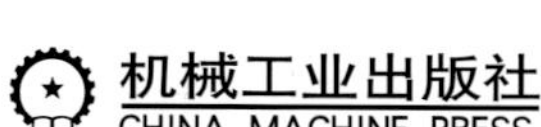

这是一本介绍使用数码液晶显微镜去观察和探索世界的图书，根据观察对象的类别分为微观世界、细胞和组织、植物、动物、人体、细菌和真菌、物质鉴定、细胞分裂和遗传 8 个篇目，共包含 66 个案例。通过对案例中的实验原理、实验目的、实验仪器及材料、实验步骤、实验结果和实验结论的学习和操作，我们将进入一个神奇美妙的微观世界。书中实验结果的图片 99% 均为实拍，具有独创性和较高的观赏性，阅读本书，在增长知识的同时也能够对美有所感悟。

本书不仅可以作为初高中教学和课外实践活动的补充读本，还可以作为家庭显微观察的操作指南。

图书在版编目（CIP）数据

探索微观世界 / 吴成军主编. —北京：机械工业出版社，2020.9（2024.10 重印）
ISBN 978-7-111-66600-4

Ⅰ. ①探… Ⅱ. ①吴… Ⅲ. ①显微镜-普及读物 Ⅳ. ①TH742-49

中国版本图书馆 CIP 数据核字（2020）第 182035 号

机械工业出版社（北京市百万庄大街 22 号　邮政编码 100037）
策划编辑：卢婉冬　　　责任编辑：卢婉冬
责任校对：李亚娟　郑　婕　　　营销编辑：马　琳
责任印制：常天培
北京宝隆世纪印刷有限公司印刷

2024 年 10 月第 1 版第 3 次印刷
184mm×260mm · 16.5 印张 · 346 千字
标准书号：ISBN 978-7-111-66600-4
定价：79.00 元

电话服务　　　网络服务
客服电话：010-88361066　　机 工 官 网：www.cmpbook.com
010-88379833　　机 工 官 博：weibo.com/cmp1952
010-68326294　　金 书 网：www.golden-book.com

机工教育服务网：www.cmpedu.com

序

生物学是一门建立在观察和实验基础上的自然科学。在生物学研究中，显微镜是人们观察微观生命世界最重要的工具，被誉为19世纪自然科学三大发现之一的细胞学说，就是建立在对动植物组织进行显微观察基础上的。21世纪的今天，从小学科学、初中生物学到高中生物学课程，通过显微镜观察认识细胞、组织等微观结构是重要的教学内容，如观察动植物体的细胞、组织、器官，再到细胞中的细胞器和细胞的生成物如淀粉等。显微观察能将人的视角引入微观世界，更加深入地认识生命世界的神奇与美丽。

近些年来，市场上有不少生物学实验指导方面的图书，但大多是围绕初中或高中生物学教材中的实验而进行的分析、改进或拓展。既能提供清晰详细的操作步骤，又能呈现真实直观的观察结果，且以更为广阔的视野来指引学生观察奇妙的微观世界的图书却不多见。

吴成军老师组织全国部分优秀生物学教师，在200多个实验案例中筛选出了66个精彩的案例，集结成这本图文并茂的实验指导和教学参考书，可以说为中小学生进行显微观察、了解微观生命世界提供了指南和示范。这些案例既切实可行，又展现出丰富的观察成果，是引领学生开展课外实验的工具性指南，也是帮助教师改进课堂教学的宝贵资源。

本书有如下几点特别值得赞赏的地方：一是实验案例涉及面广，既涉及细菌、真菌，细胞和组织，也涉及动植物的器官，囊括各种生物类型；二是既贴近学生课堂所学，又有适当拓展，有的案例是初中和高中教科书中已有的实验，但更多的是教科书中相关内容的拓展，并以观察案例的形式呈现，可使读者的视野更加开阔；三是案例中的观察结果是真实的图片，让微观生物学知识以更加真实和直观的形式呈现；四是每个案例都有实验的原理和步骤，同时在每个案例后又有探究作业，操作性强。66个实验案例中的800多幅彩色图片，绝大多数是通过数码液晶显微镜拍摄而成的，这些精美的图片让人倍感惊艳。在这些显微照片中，有的是微观的细胞、组织和器官，有的是分子层面的染色体，甚至还有微观的化学反应、晶体和雪花，这种跨学科的显微观察使学生在增长见识的同时，更能极大地激发学生探索微观世界的兴趣和热情，感受微观世界的至美和多彩。

愿本书能引领更多的中小学生踏上探幽入微的科学之旅！

赵占良

2020 年 9 月 10 日于北京

前 言

36 年前，在我上初中时，教我生物学科的是一位数学老师，他毕业于大学数学教育专业，数学课讲得很好，但由于学校缺乏专业的生物学科老师，学校就派他兼任我们的生物课老师。数学老师讲了许多生物学知识，我没有多少印象，但有一件事至今让我难以忘记：第一节生物课，他拿来一台老式的光学单筒显微镜，调好光后，让我们每个人轮流到讲台前通过显微镜观察他所制作的临时装片。在显微镜下，我看到了呈放射状排列的血丝样的画面，他告诉我们，那是他从手上撕下的一小块皮肤，用红墨水染色后所制成的装片。说实话，他讲的那些数学知识和生物知识，我已忘得一干二净，但唯独对这件事和看到的显微画面印象深刻。是数学老师不经意的这一举动，让我一直忘不了他；是显微镜给我打开了一扇窗，让我走进了那个神秘的世界，激发了我天性的好奇，让我从此热爱生物学，并走上了生物学教育的职业道路。

今天，随着图像处理和液晶显示的技术升级，数码液晶显微镜凭其能够实时显示及对图像进行拍照、录像处理等优点，获得了广泛的应用。显微观察不再拘泥于传统镜筒和目镜，而是通过超薄超清晰的液晶显示屏显示；也不再局限于自然光源，而是通过电源来调节所需的光照。那种“左眼观察，右眼开”“边观察边绘图”的时代已经过去了。数码液晶显微镜极大地提升了观察的效率和质量，让使用者在体验快捷和方便的同时，收获满满的成就，从而乐于探究自然的奥秘，发现自然之美。

在数码液晶显微镜下，微观世界让人惊艳！你可以清晰地看到雪花的均匀对称，以及它的精巧与美丽；你也可以看到鲜艳而圆润的花药和花粉粒；你还可以看到保卫细胞叶绿体的翠绿、蚊子吸管上的微刺、蝴蝶彩翅的纹路、孕期的水蚤、游动的草履虫、分裂的细胞、染色体的形态，等等。你想看什么，可以直接在显微镜下实体观察，也可以制成临时装片观察，同时，你还可以随时拍照或录像保存，记录你神秘的微观世界之旅。

这次，在深圳爱科学公司张前总经理的大力支持下，我从全国组织了 13 位优秀的一线老师，征集了通过他们的亲自观察实践而形成的特色鲜明的案例。在征集来的两百多个案例中，我选出部分案例与作者一起反复修改定稿，最终确定了66个优秀案例。这些案例观察对象多样，小到细胞中的染色体、眼泪中的结晶体，大到观察整个昆虫，基本涵盖了小学科学、初中生物学和高中生物学中需要通过显微镜观察的实验。不仅如此，我们还把观察的对象延伸到了其他学科，化学中的实验反应现象、晶体的形成过程也都在我们的视野之中。除了身边的动植物和人体本身的观察外，我们还走向了大自然，大自然中的花、鸟、鱼、虫都是我们的观察对象。我们可以看到植物表面奇特的绒毛、鱼表面规则的鳞片图案、细菌的菌落和真菌的孢子。还可以通过书中的二维码观看微小动物是怎样运动的，孢子是怎样释放的，血液是如何流动的。微观美景让人流连忘返，让人感叹生命的神奇与美丽，它给了我们探究自然的兴趣和动力，也带给了我们许多的惊奇和快乐！

为了方便读者阅读和观看，我将这些案例分成微观世界、细胞和组织、植物、动物、人体、细菌和真菌、物质鉴定、细胞分裂和遗传共8个篇目。每个篇目中的案例按一定的顺序排列。

本书可以供小学、初中、高中教师教学参考，可以作为校本教材、课外活动教材，给学生提供兴趣读本和实验参考，也可以供喜欢生物学、喜欢生物学观察实验的人士阅读。

显微观察，探幽知微，亲近自然，欣赏自然，让我们一起探索学习，一起分享快乐！

吴成军

2020年8月10日

目 录

第三篇 植物

第四篇 动物

第七篇

物质鉴定

细胞分裂和遗传

CHAPTER 01

第一篇

微观世界

1.1 显微世界之美

大千世界，花鸟鱼虫，春花秋月，尽显世界绚丽之美。微观世界也是缤纷多彩的，一个细胞、一粒花粉、一片羽毛，在显微镜下都会展现出另一种美丽，让人惊艳！我们一起采撷显微镜下的美吧！

01 实验原理

利用显微镜的放大原理，拍摄微观世界的美丽。

02 实验目的

1. 学会使用数码液晶显微镜。
2. 尝试从不同的角度观察物体的细微结构。
3. 发现科学实验之美。

03 实验仪器及材料

数码液晶显微镜、载玻片、盖玻片；草履虫培养液、鲤鱼鱼鳞、头发、羽毛、百合的花粉粒、拟南芥叶片、草莓种子、水蕴草叶片、大蒜根尖、乳酸杆菌；醋酸洋红、草酸铵结晶紫、碘液、95%酒精、蕃红。

04 实验步骤

1. 将草履虫培养液、水蕴草叶片置于载玻片上，制成装片，在显微镜下观察、拍照。
2. 将鲤鱼鱼鳞、百合的花粉粒、拟南芥叶片、草莓种子、羽毛、头发放在载玻片上，在显微镜下观察、拍照。
3. 将大蒜根尖解离、漂洗、染色（使用醋酸洋红）、制片之后，在显微镜下观察、拍照（具体步骤见：8.1 植物根尖细胞的有丝分裂）。
4. 将乳酸杆菌经革兰氏染色，即草酸铵结晶紫染色液初染 2 分钟，碘液媒染 2 分钟，95%酒精脱色 30 秒，蕃红复染 2 分钟。水洗后制成装片，显微镜下观察、拍照。

05 实验结果

1. 草履虫培养液

乐园（图 1）：一只草履虫在培养液的边缘欢快地游动。常用的草履虫培养液是稻杆熬制的，取样时有时会取上来一些草履虫。为了限制草履虫的运动，会加些棉花纤维，所以就有了这样的效果。

追随（图 2）：这是在观察草履虫的时候偶然拍到的，草履虫前后相随，故命名为追随。

2. 百合的花粉粒

攀登（图 3）：在显微镜下观察百合的花药，有几粒花粉散出，当拍摄角度倾斜时，好像两个人在一前一后攀登，远处散落的几粒花粉，则像一个人在平坦的地面行走。

芸芸众生（图 4）：在显微镜下，百合的花粉粒均匀分布于视野中，就像这个世界上的芸芸众生，看起来那么相似，好像一模一样，但走近了却发现又是那么不同，各有各的特点，各有各的喜怒哀乐。

丰收（图 5）：这是一张分布不均匀的百合花粉粒图片，下方密集的两团好像是秋收的农人，散布的花粉粒像遍地的庄稼果实，让人感受到丰收的喜悦。

3. 草莓种子

精灵（图 6）：挑取一粒草莓种子，放在显微镜下观察。草莓种子是鲜艳的红色，带着一点未剥离的果肉，像披了一件薄纱的小精灵。

4. 大蒜根尖

一颗红心向前进（图 7）：观察细胞的有丝分裂时，大蒜根尖经醋酸洋红染色后，观察到这个图案，中央类似于一颗心的形状，上面一行细胞向右上方绵延而去，给人以向前向上的动力和无穷的遐想。

5. 乳酸杆菌

布阵（图 8）：乳酸杆菌经革兰氏染液染色后，显示革兰氏阳性菌的紫色，显微镜下可以看到杆状的乳酸杆菌，它们或成群分布，或单独分布，形成了一个个形状各异的方阵，像细菌战之前的布阵一样。

6. 拟南芥叶片

欢呼（图 9）：作为植物界的模式植物，拟南芥被称为“植物界的果蝇”，是研究遗传学的好材料。它的表皮毛是三叉或者二叉分枝的，晶莹剔透，伸向空中的姿势，就像一个人在欢呼雀跃。

7. 鲤鱼鱼鳞

梯田（图 10）：观察鲤鱼鱼鳞的表面，是不是特别像一畦畦、一行行的梯田，排列整齐而规律，真是让人不禁赞叹大自然的“鬼斧神工”！

8. 羽毛

羽扇纶巾（图 11）：羽毛是鸟类特有的结构，是表皮的角质化衍生物。一根普通的羽毛边缘，在显微镜下可看到排列整齐的羽枝，羽毛之间连接紧密，可以防水，而且由于羽毛上皮表面的凹凸沟纹、羽小枝内的小颗粒等对光线所起的折射和干涉作用而形成丰富的色彩。

9. 水蕴草叶片

早安（图 12）：一只轮虫从水蕴草叶片间伸出头来，舒展了身子，好似在跟周围的邻居问候早安，真是一片安静祥和的景象。

10. 头发

相依（图 13）：在显微镜下观察一根开叉的头发，就像两根枯树枝，二者下部分相连，相偎相依。

11. 其他

幻灭（图 14）：这是在观察装片时看到的两个小水珠，此时看到是这样，彼时可能就消失了。好像汪洋中的两艘小船，也好像空气中的两个气泡，美丽而短暂。

黑洞（图 15）：这是一张满是气泡的装片，每个气泡或大或小，外面都有一圈黑色的光影，非常有韵味。右边有一个黑色的污点，好似深不见底的黑洞，气泡好像源源不断地从洞中冒出，又好像有种神秘的力量，吸引着气泡不断地落下去。

自然之眼（图 16）：这是一张有丝分裂实验中用醋酸洋红染色后的装片边缘。从画面上看，像沙丘上有两眼泉，一眼已经干涸，另一眼水也不多了，两眼泉像两只眼睛，有种不对称的美，赭红色的眉毛为橘黄色的眼睛增添了一种神秘的色彩。

图 1　乐园（40 ×）

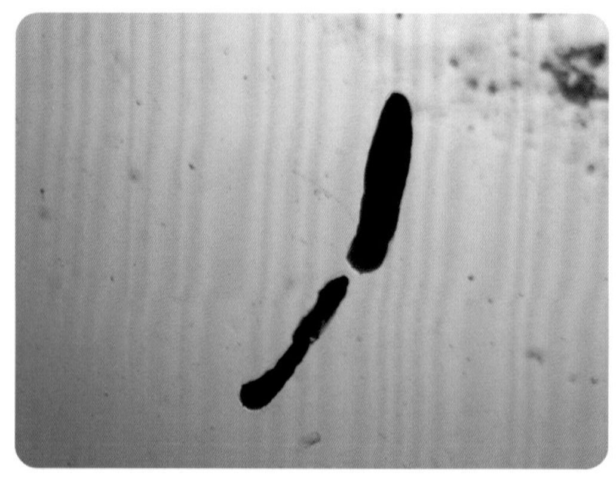

图 2　追随（150 ×）

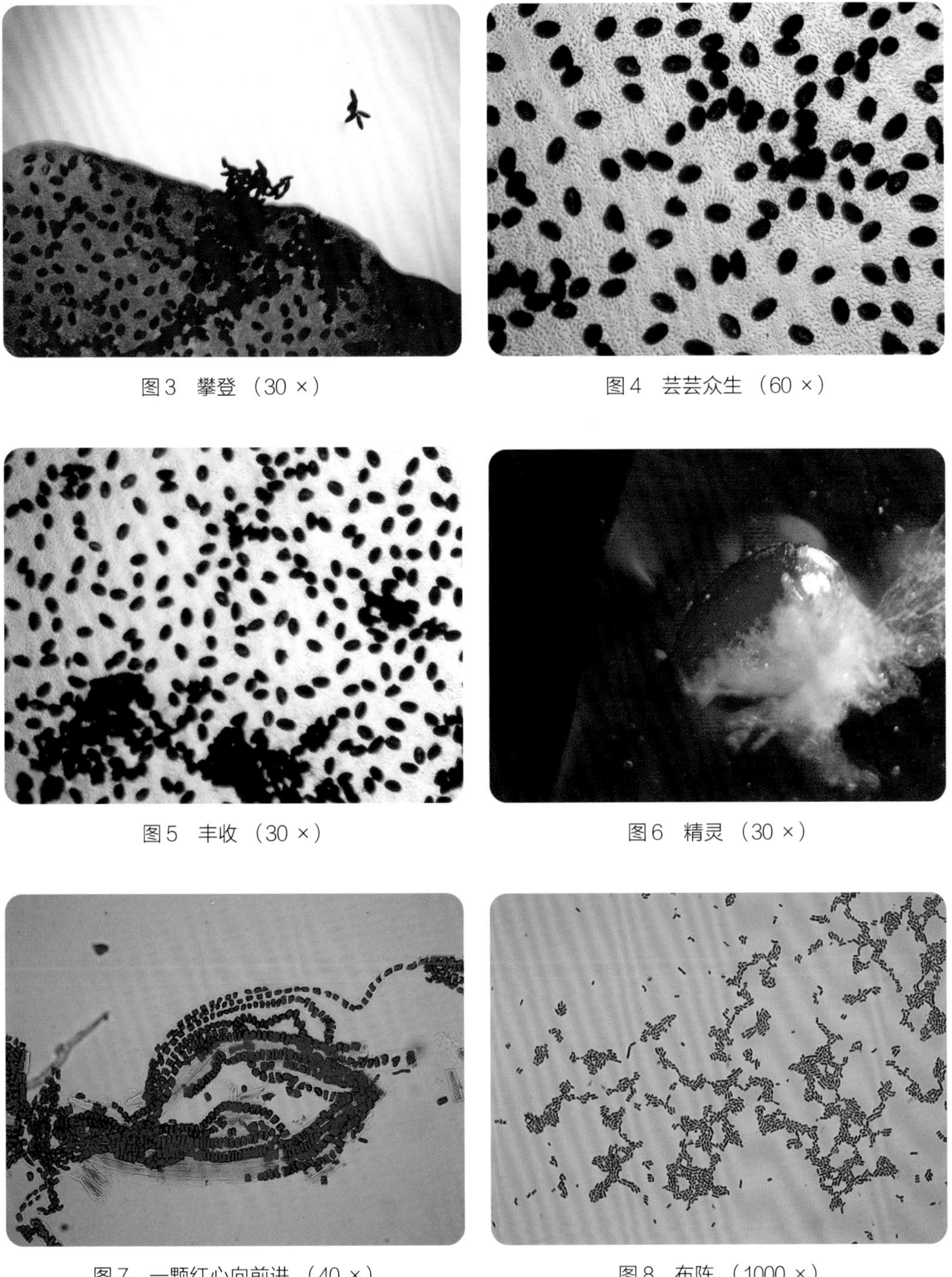

图3 攀登 （30 ×）

图4 芸芸众生 （60 ×）

图5 丰收 （30 ×）

图6 精灵 （30 ×）

图7 一颗红心向前进 （40 ×）

图8 布阵 （1000 ×）

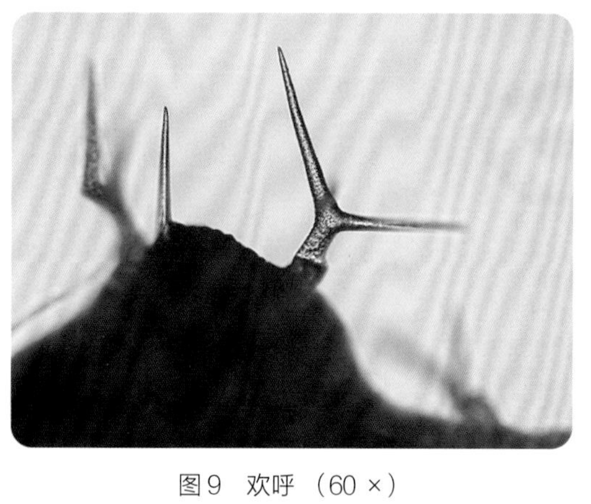

图 9　欢呼（60 ×）

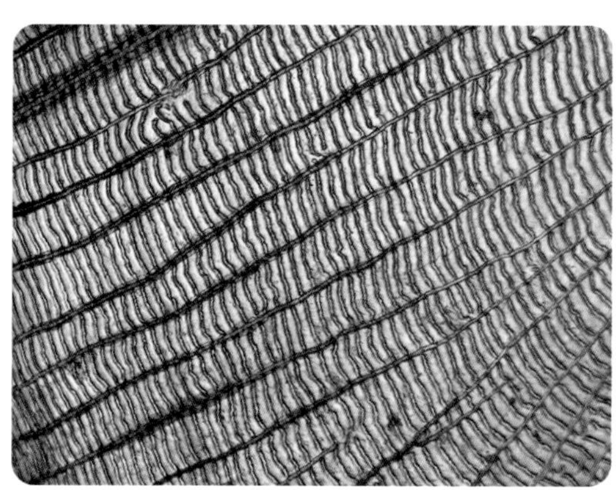

图 10　梯田（150 ×）

图 11　羽扇纶巾（30 ×）

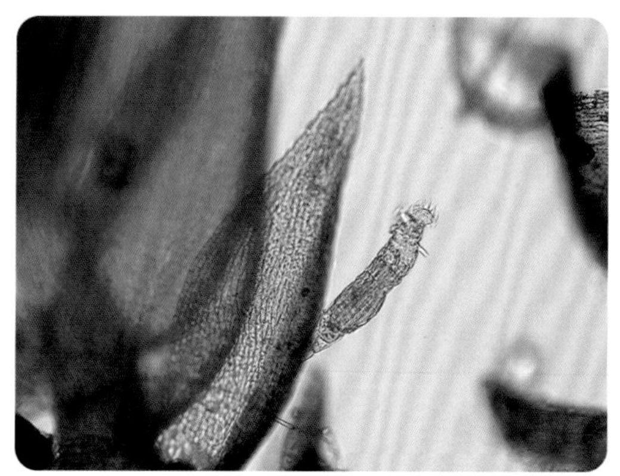

图 12　早安（600 ×）

图 13　相依（30 ×）

图 14　幻灭（150 ×）

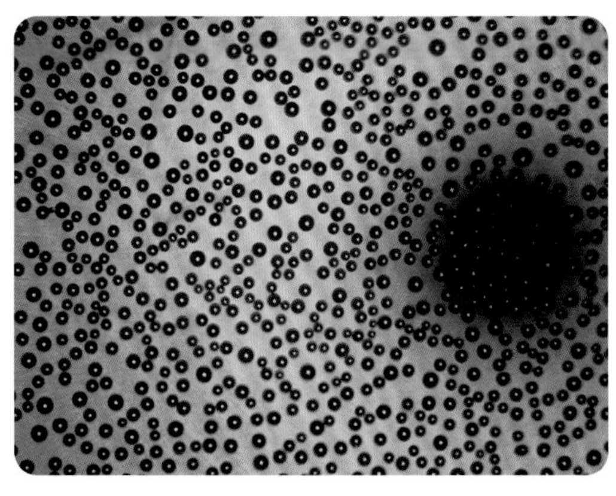

图 15 黑洞 （60 ×）

图 16 自然之眼 （40 ×）

说 明

1. 制作装片在显微镜下观察时，要全方位扫描，及时发现一些不一样的美，拍照留存。
2. 从另一种角度去看待科学实验中的美，这也是一种创新。

06 实验结论

1. 无论观察对象是植物、动物还是微生物，在显微镜下的图像跟宏观世界是不同的。
2. 在完成明确的实验任务后，还可以寻找不同的拍摄角度，发挥想象，拍出一些优美的作品。
3. 科学实验与艺术结合起来，提高了审美情趣。

探究作业

微观世界寻美之旅

平时我们吃的各种水果的果肉、果皮，在显微镜下观察它们的微观结构，会是什么样子呢？光滑的白纸，在显微镜下还是那么平整吗？一粒微尘、一个气泡，在显微世界里都会呈现不一样的形态，给你带来极大的震撼。利用你身边的材料，借助于显微镜，开始一场微观世界寻美之旅吧！

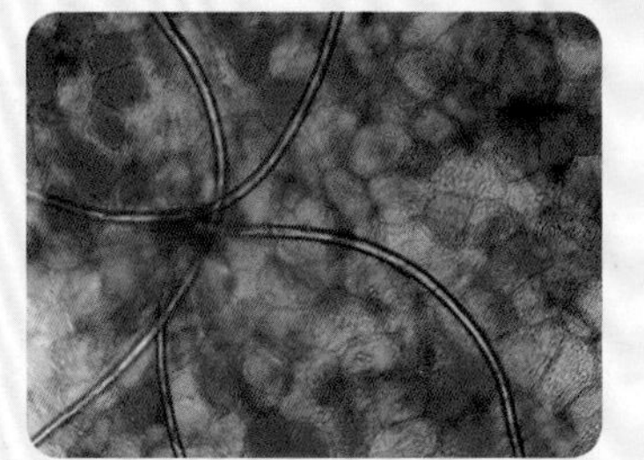

花环 （草莓的果肉细胞，60 ×）

1.2 池塘中的微小生物

池塘中生活着各种各样的微小生物，有长得像草鞋的草履虫，也有“手拉手”连成一串的蓝藻。那么除此之外，池塘中还生活着哪些“神奇生物”呢？让我们一起来探究吧！

01 实验原理

池塘中生活着舟形藻、鼓藻、异极藻、轮虫、水蚤和钟形虫等，在数码液晶显微镜下可以观察到它们的形态结构，也可以观察到微小动物的运动和摄食等生命活动。

02 实验目的

1. 观察池塘中的微小生物。
2. 尝试对池塘中生活的微小生物进行分类。

03 实验仪器及材料

数码液晶显微镜、载玻片、盖玻片、取水器、培养皿、胶头滴管、镊子；池塘水、黄丝藻、金鱼藻（或其他水生植物）、水生植物的根。

04 实验步骤

1. 选择池塘安全取水点，在水草丰富的区域，快速取水，并取少量水生植物。
2. 在载玻片上滴一滴带有微小生物的池塘水，制成临时装片，放到显微镜下观察。
3. 将带有水草的池塘水，倒进培养皿中，放到显微镜下观察水生动物的活动，记录观察到的水生生物。

05 实验结果

1. 金鱼藻

金鱼藻叶片（图 1）：金鱼藻是一种多年生草本的沉水性水生植物，别名细草、软草、鱼草。全株暗绿色，茎细柔，有分枝。

2. 水绵

水绵（图2）：水绵是藻类植物，呈多细胞丝状结构，最明显的特征是具有螺旋形的带状叶绿体，可进行光合作用。水绵可作某些鱼类的饵料，大量分布于池塘、沟渠、河流等淡水中。

3. 蛋白核小球藻

蛋白核小球藻（图3）：属于小球藻科、小球藻属植物，是一种球形单细胞淡水藻类，含有丰富的叶绿素，光合作用非常强。除此以外，我国常见的小球藻种类有椭圆小球藻、普通小球藻等，常单生，也有多细胞聚集，细胞呈球形、椭圆形，内有一个杯状或片状的色素体。

4. 红球藻

红球藻（图4）：红球藻能大量累积虾青素而呈现红色，故名红球藻，又称雨生红球藻。红球藻是科学界发现的继螺旋藻、小球藻之后，富含营养价值和药用价值的藻类食品。

5. 黄丝藻

黄丝藻（图5）：黄丝藻是一种黄藻。植物体为不分枝丝状体，细胞为圆柱形或两侧略膨大呈腰鼓形，细胞壁由2个相等的“H”形节片套合而成。

6. 空球藻

空球藻（图6）：空球藻是一种绿藻。空球藻由多个细胞排列在球面上组成，群体中央是一个空腔，其中充满液体，无细胞分布，所以叫作空球藻。

7. 鼓藻

鼓藻（图7）：鼓藻是一种单细胞绿藻，由2个“半细胞”和中间窄的藻腰组成。分布广泛，常使水变成绿色。

8. 卵囊藻

卵囊藻（图8）：卵囊藻是一种绿藻。植物体为球形或椭圆形的群体，群体通常是由2个、4个或8个细胞组成，在群体外面有一层果胶质构成的胶质包被。

9. 异极藻

异极藻（图9）：异极藻是一种硅藻。壳面棍棒状，一端比另一端粗，切顶轴不对称，壳环面呈楔形。以胶质柄附着于他物上，常附生在水中各种基质或其他水生植物体上。

10. 舟形藻

舟形藻（图10）：舟形藻是一种硅藻，由于其外形细胞呈舟形至椭圆形，中部宽两端尖，像一只小船，因而得名。舟形藻能进行光合作用产生大量的氧气，它也是多种水生动物的主要食物。

11. 新月藻

新月藻（图 11）：新月藻是绿藻门小球藻科，单细胞生物。细胞为新月形，中央有一核，核两边各有一个叶绿体。

12. 贝棘尾虫

贝棘尾虫（图 12）：贝棘尾虫是一种原生动物。体形大小常有变化。前端小膜口缘区宽大，呈扇形向左扩开。

13. 钟形虫

钟形虫（图 13）：钟形虫的形状如钟形或圆筒形，口端有一圈明显的纤毛环，以细菌和微小的原生动物为食。常附于淡水或咸水的水生植物、水面浮膜、淹没物或各种水生动物上。

14. 游仆虫

游仆虫（图 14）：游仆虫属于纤毛虫纲游仆虫属的原生动物。游仆虫个体基本为卵形或卵圆形，扁平的腹部表面着生许多纤毛。存在于各种淡水和咸水环境中，以细菌、藻类和小原生动物为食。

15. 水蚤

水蚤（图 15）：水蚤俗称红虫，甲壳动物。身体短小，一般体长 0.3 ~3 毫米。头部有 2 对明显的触角，能在水中划动，这是它的运动器官。胸肢有长刚毛，摆动时可将食物过滤后送入口中。

16. 桡足类

桡足类（图 16）：桡足类为小型甲壳动物，一般体长 0.5 ~5 毫米，营浮游与寄生生活，分布于海洋、淡水或半咸水中。

17. 水蛋

水蛋（图 17）：水蛋是蜻蜓目的幼虫，体色一般是暗褐色或暗绿色，或因栖息环境而异。通常喜欢潜伏在溪池的泥底或水草密集处，等待猎物的到来。

18. 轮虫

轮虫（图 18）：轮虫的头部有一个由 1 ~2 圈纤毛组成的、能转动的轮盘，形如车轮，故称轮虫。

图 1　金鱼藻叶片（150 ×）

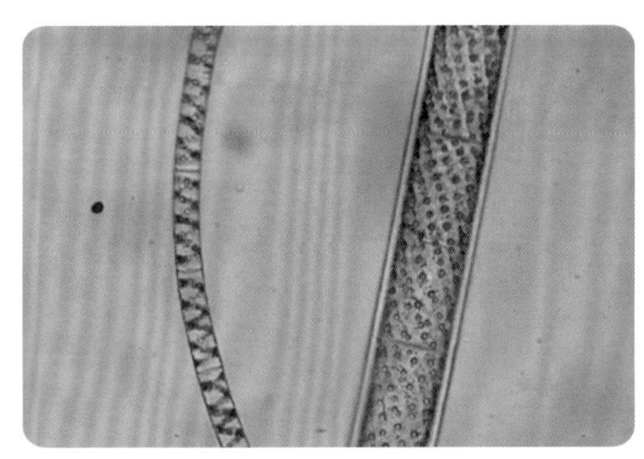
图 2　水绵（左 60 ×，右 150 ×）

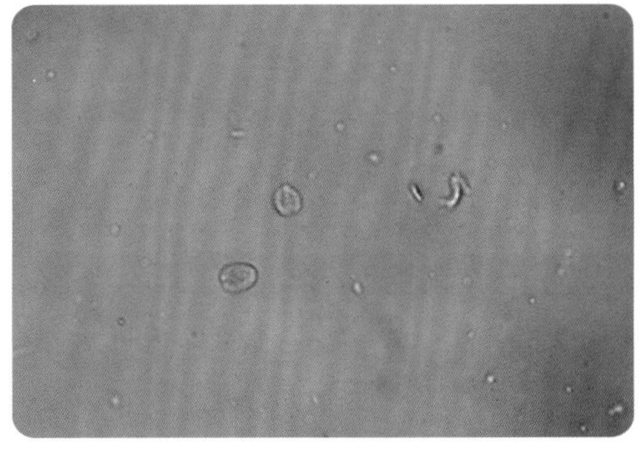
图 3　蛋白核小球藻（600 ×）

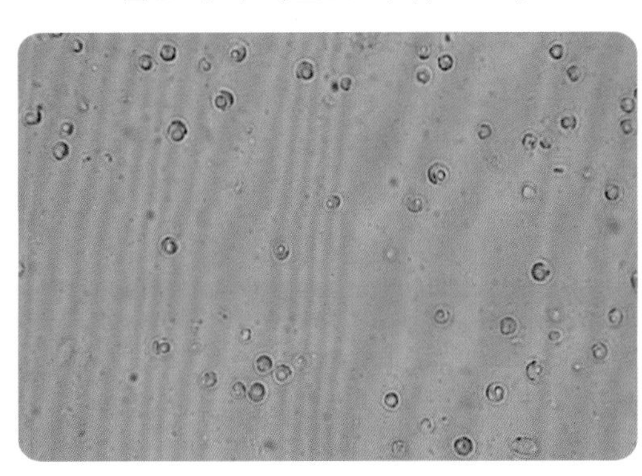
图 4　红球藻（600 ×）

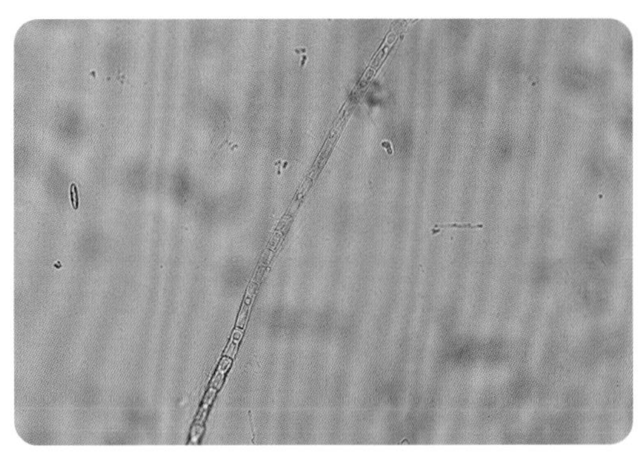
图 5　黄丝藻（600 ×）

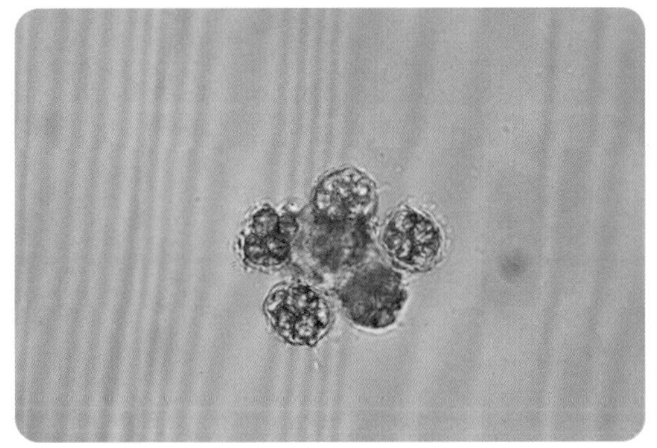
图 6　空球藻（600 ×）

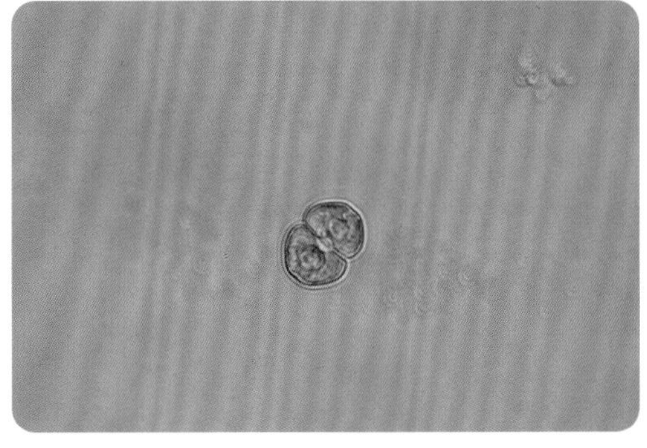
图 7　鼓藻（600 ×）

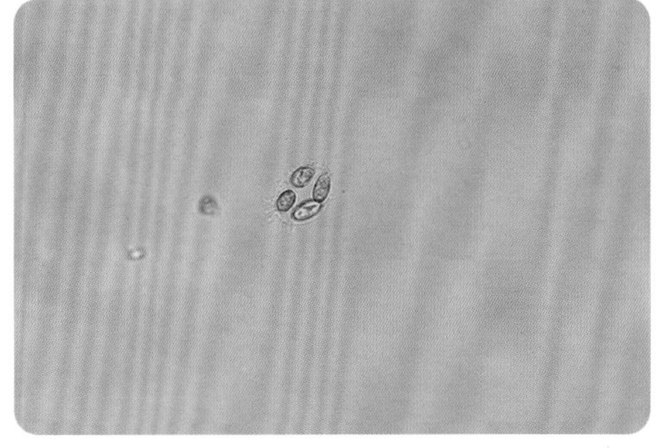
图 8　卵囊藻（600 ×）

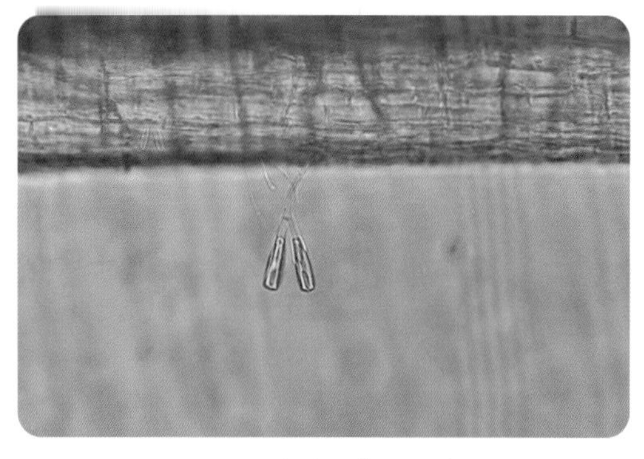
图 9　异极藻（600 ×）

图 10　舟形藻（600 ×）

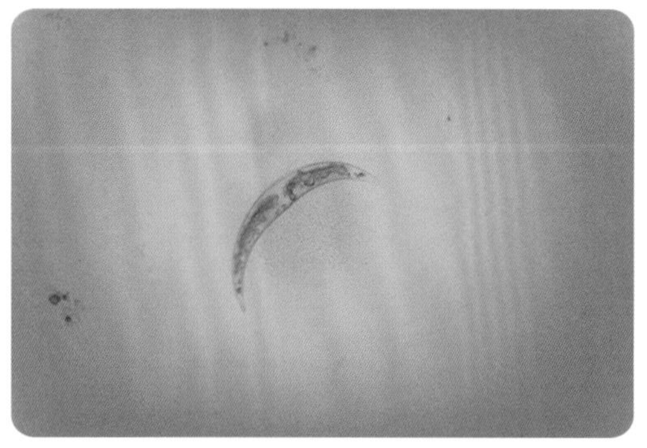
图 11　新月藻（600 ×）

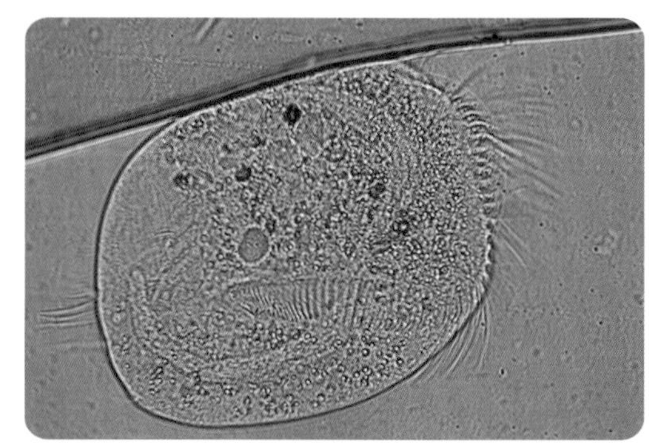
图 12　贝棘尾虫（600 ×）

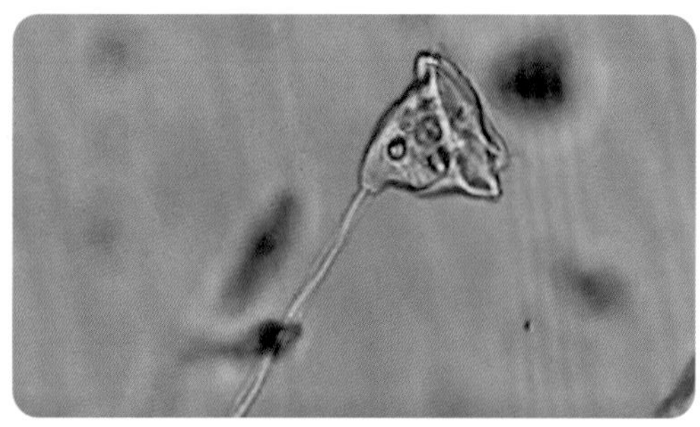
图 13　钟形虫（150 ×）

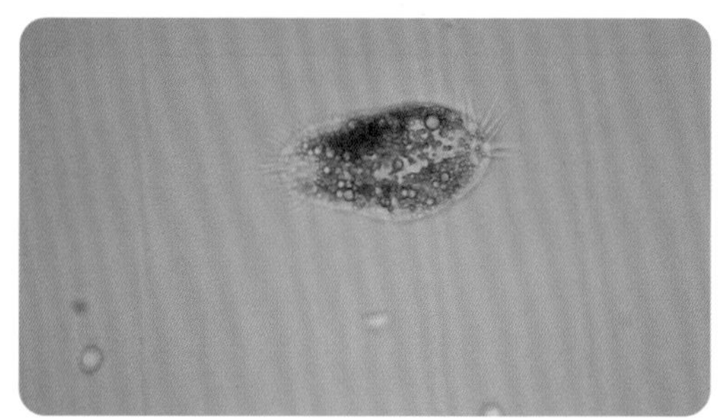
图 14　游仆虫（600 ×）

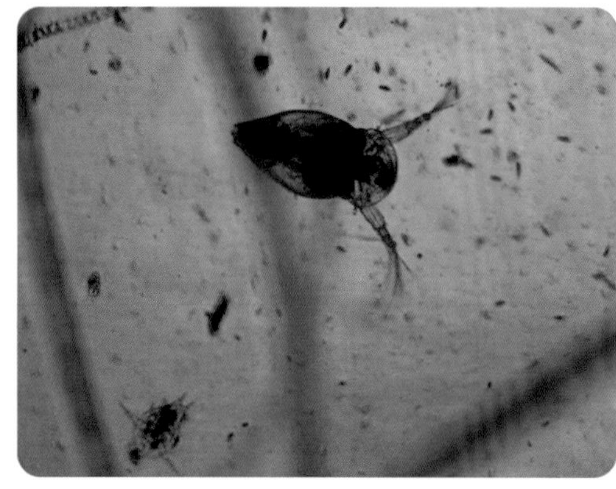
图 15　水蚤（150 ×）

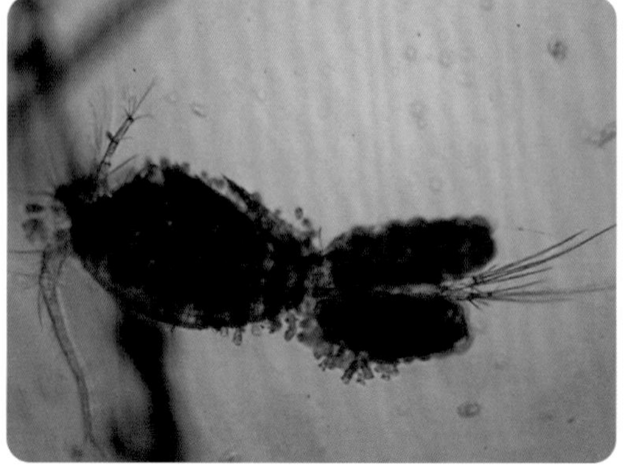
图 16　桡足类（150 ×）

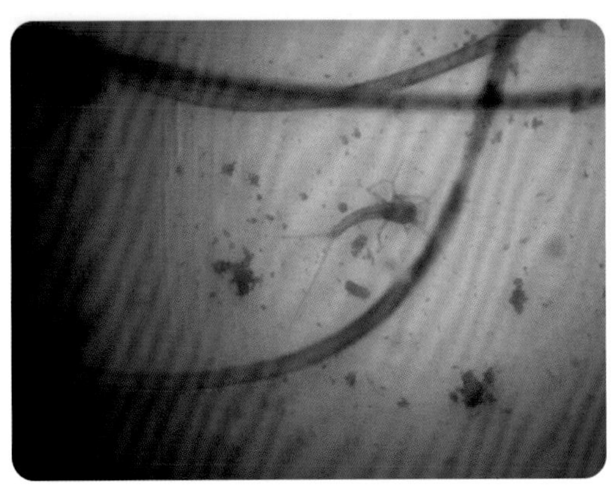

图 17　水蚕 （150 ×）

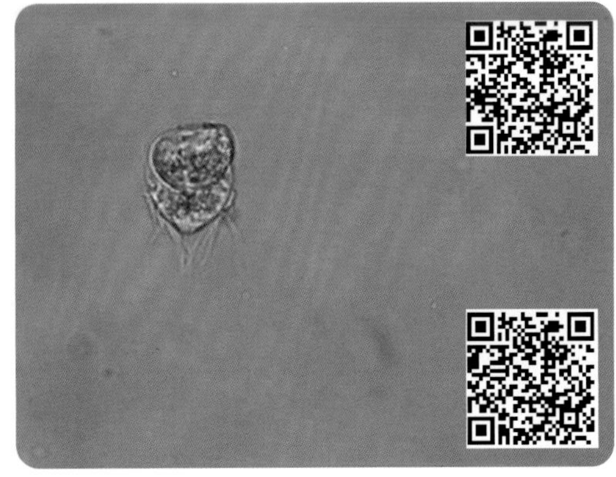

图 18　轮虫 （600 ×）

06 实验结论

池塘中生物种类丰富，从细胞数量看，有单细胞生物，也有多细胞生物；从生物种类看，有动物也有植物。

探究作业

身边水体中的生物

取池塘水或者其他的水体进行观察，你能观察到哪些生物？你还发现了哪些新的生物？试着拍下照片并查找资料进行识别。下图是蜻蜓幼虫的尾部，你看出来了吗？

蜻蜓幼虫的尾部 （150 ×）

1.3 空气中的细菌和真菌

空气中存在大量的细菌、真菌等微生物，这些微生物形态各异，我们的肉眼并不能直接观察。但是我们可以利用培养基来培养这些微生物，通过它们形成的菌落来进一步观察和鉴定。细菌的菌落较小，表面或光滑黏稠，或粗糙干燥，外观多呈白色，边缘较整齐、黏稠。与细菌的菌落不同，真菌的菌落一般较大，呈绒毛状、絮状或蜘蛛网状，颜色更多样。

01 实验原理

将微生物接种到培养基上培养一段时间会形成相应的菌落，在显微镜下可以观察这些菌落，并根据菌的形态区分细菌和真菌。

02 实验目的

探究空气中常见的细菌和真菌的形态特点。

03 实验仪器及材料

数码液晶显微镜、载玻片、盖玻片、胶头滴管、无菌的牙签；PDA 培养基、培养皿、清水。

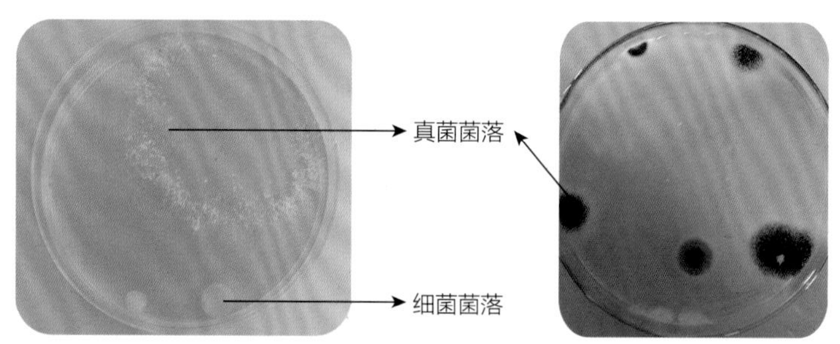

PDA 培养基上的不同菌落

04 实验步骤

1. 将 PDA 培养基倒平板。
2. 将平板不封口，正置于室内窗台上，培养一段时间。
3. 待长出菌落后，打开培养皿，放在显微镜下观察菌落的外部形态。
4. 制作玻片：用胶头滴管在载玻片中央滴加一滴清水，用无菌的牙签从菌落上挑取少量的菌丝或者菌液，置于载玻片上的清水中，再轻轻盖上盖玻片。
5. 将玻片置于显微镜下观察并拍照。

05 实验结果

（一）细菌

细菌 （150 ×）

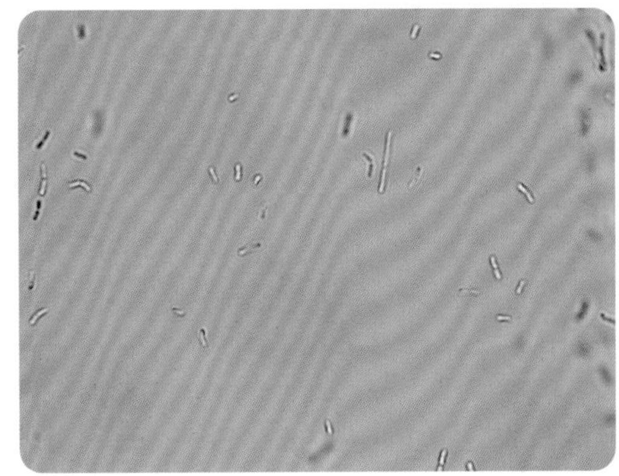

细菌 （600 ×）

（二）真菌

1. 蓝色菌落

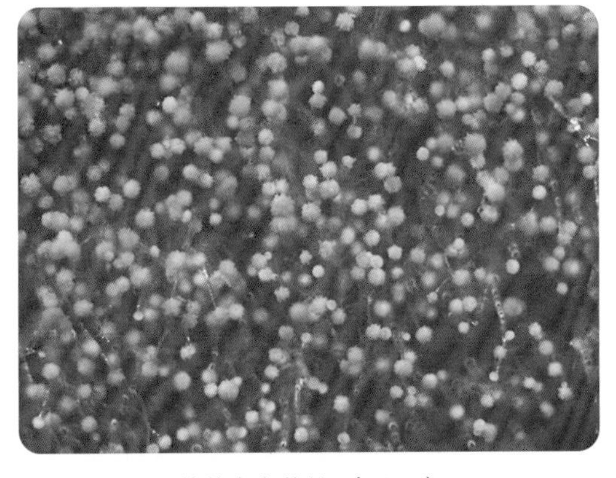

菌落中心菌丝 （60 ×）

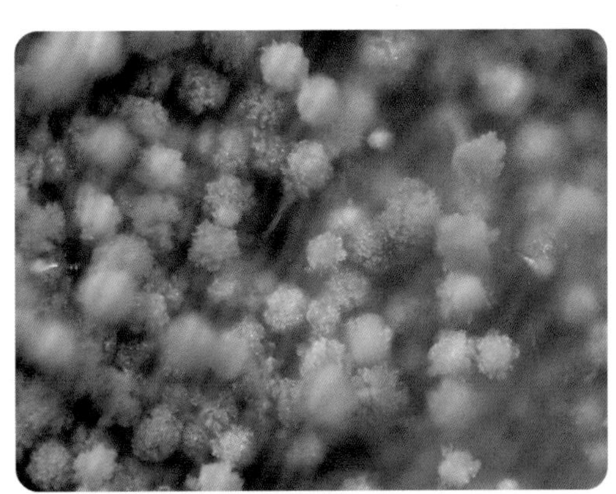

菌落中心菌丝顶端 （150 ×）

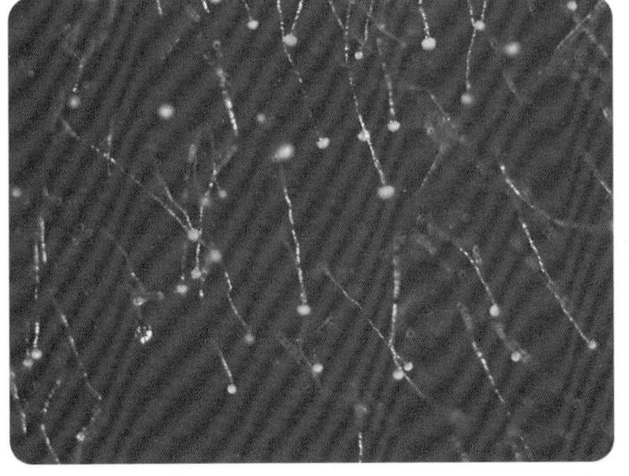

近菌落边缘菌丝 （60 ×）

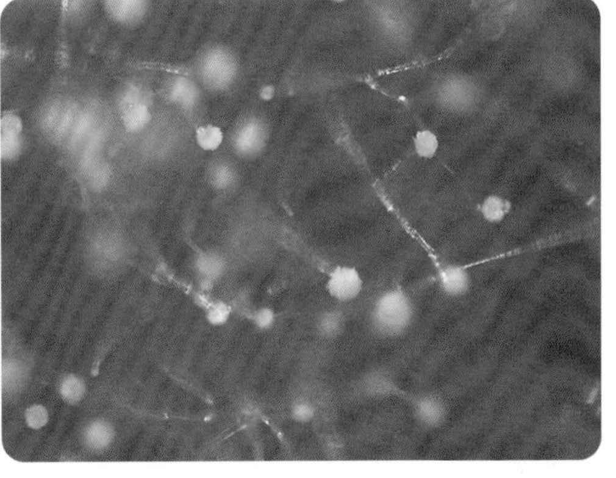

近菌落边缘菌丝顶端 （150 ×）

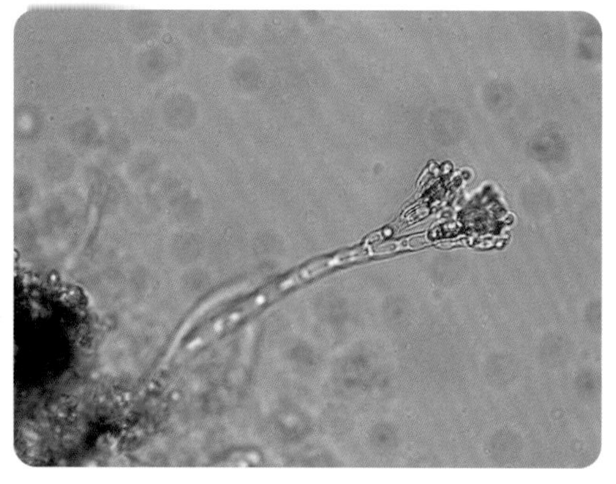
菌丝及产孢结构 （600 ×）

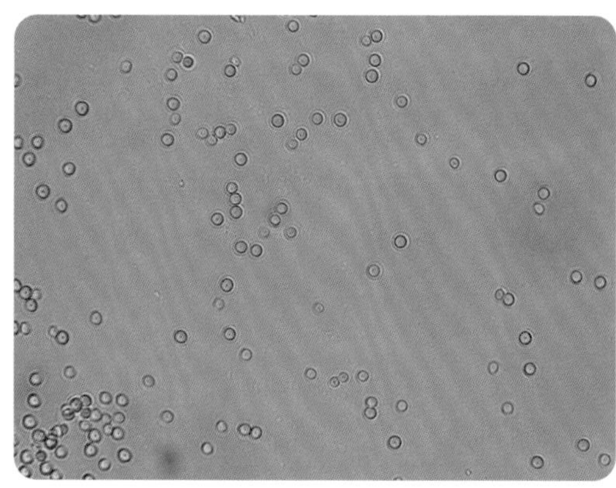
孢子 （600 ×）

2. 棕褐色菌落

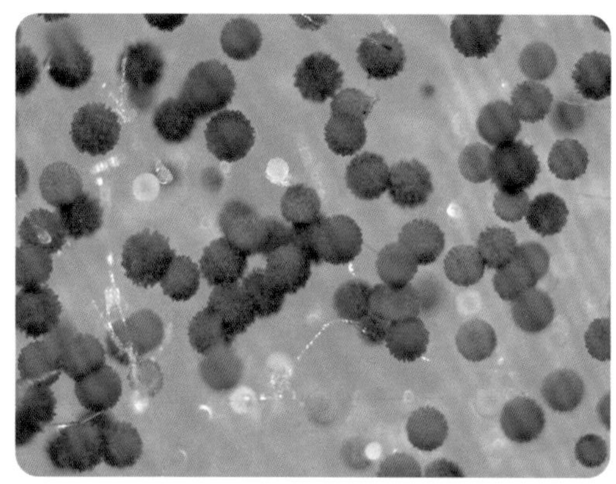
菌落中心菌丝 （60 ×）

菌落中心菌丝顶端 （150 ×）

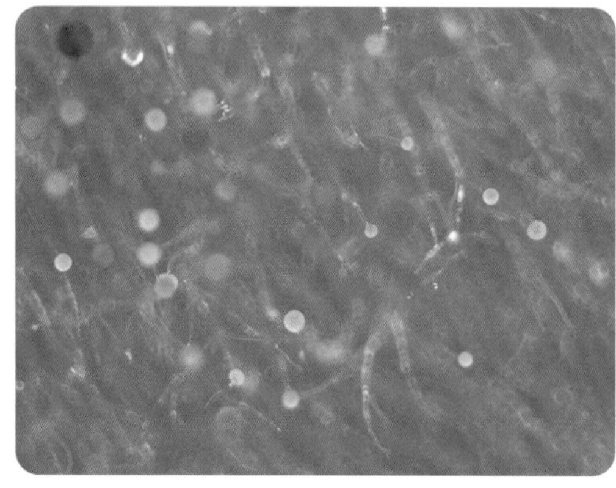
近菌落边缘菌丝 （60 ×）

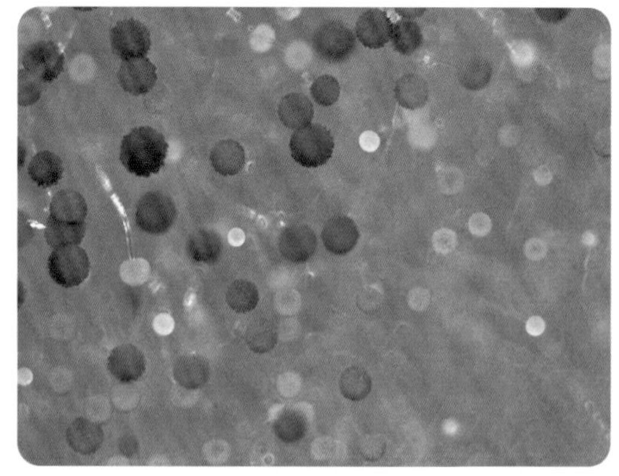
近菌落中心菌丝 （60 ×）

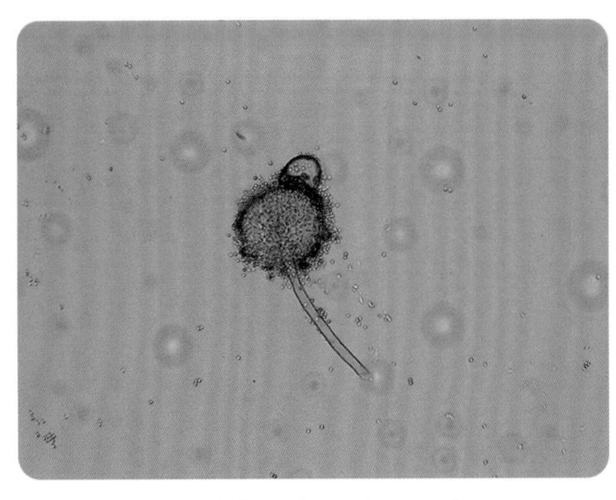

产孢结构及孢子 （150 ×）

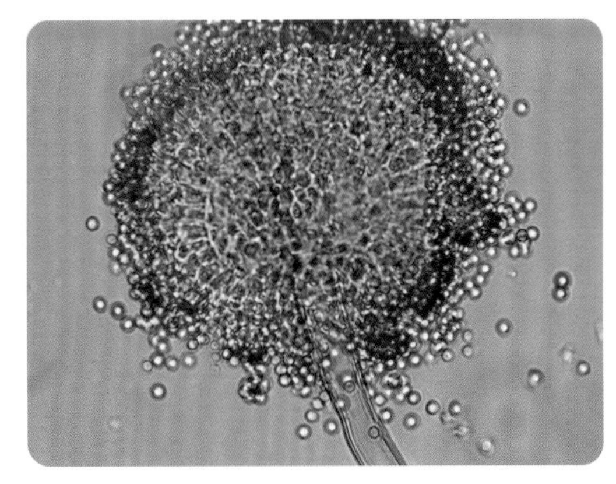

产孢结构及孢子 （600 ×）

06 实验结论

1. 空气中的微生物多数为真菌，少数为细菌。
2. 该细菌个体为杆状，一些正在进行分裂生殖。
3. 两种真菌的菌落培养条件一致，棕褐色菌落生长速度较快。两者的孢子均近球形，产孢结构不同。根据形态特征，蓝色菌落属于青霉属，棕褐色菌落属于曲霉属。蓝色菌落中心呈蓝色，向边缘逐渐变浅色，直至白色。棕褐色菌落中心呈棕褐色，向边缘逐渐变浅色，直至白色。

探究作业

手指或钱币上的微生物

用手指或钱币（硬币）轻轻接触培养基，观察形成的菌落，探究手指或钱币上微生物的形态和种类。

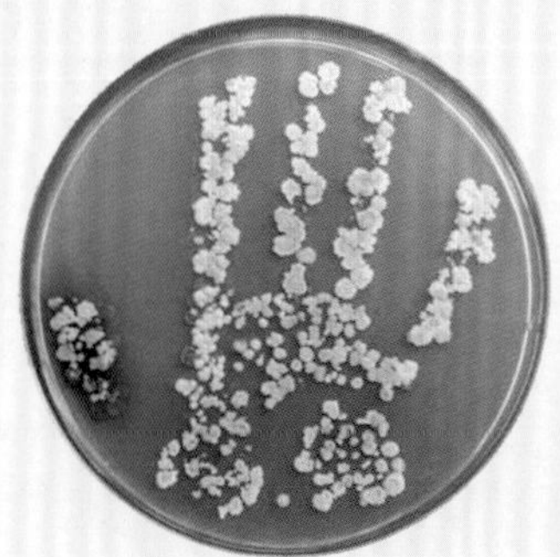

培养基上的手掌印

1.4 雪花的形态结构

“忽如一夜春风来，千树万树梨花开。”雪花是冬天的舞者，它让整个世界银装素裹，我们不禁赞叹它的洁白与美丽。

雪花其实是一种晶体，是天空中水汽凝华形成的，我们熟悉的雪花大多是六角形的。雪花的各种图案经常会出现在童话书中、冬季节日的装饰品上，甚至是聊天工具的表情包里。那么，你见过真实的雪花是什么样子吗？让我们一起在显微镜下观察一下吧。

01 实验原理

在显微镜下，可以清晰地观察到雪花的微观结构。

02 实验目的

观察雪花的微观结构。

03 实验仪器及材料

数码液晶显微镜、载玻片、黑卡纸；漫天飞舞的雪花

04 实验步骤

1. 单个雪花的获得：雪花容易融化并且总是“结伴”飘落，因此要获得单个的雪花，最好选在比较寒冷并且雪量较大的时候，带上显微镜去室外进行实验（低温下显微镜内置电池消耗很快，如果条件允许，可以将插线板拉至室外，一定要注意用电安全）。提前将准备好的黑卡纸和载玻片置于室外，使黑卡纸和载玻片充分冷却，然后将黑卡纸和载玻片直接暴露在空气中，待雪花落下，马上放在显微镜下观察。
2. 将盛有雪花的黑卡纸或载玻片放在显微镜下观察（注意观察的过程要迅速，防止显微镜光源带来的热量使雪花融化）。
3. 观察雪花的微观结构。

05 实验结果

1. 六角形的雪花——蕨类形

黑卡纸上的蕨类形雪花 （60 ×）

黑卡纸上的蕨类形雪花 （60 ×）

黑卡纸上的蕨类形雪花 （60 ×）

黑卡纸上的蕨类形雪花 （60 ×）

黑卡纸上的蕨类形雪花 （60 ×）

黑卡纸上的蕨类形雪花 （60 ×）

黑卡纸上的蕨类形雪花 （60 ×）

黑卡纸上的蕨类形雪花 （60 ×）

载玻片上的蕨类形雪花 （60 ×）

载玻片上的蕨类形雪花 （60 ×）

2. 六角形的雪花——花瓣形

黑卡纸上的花瓣形雪花 （60 ×）

黑卡纸上的花瓣形雪花 （60 ×）

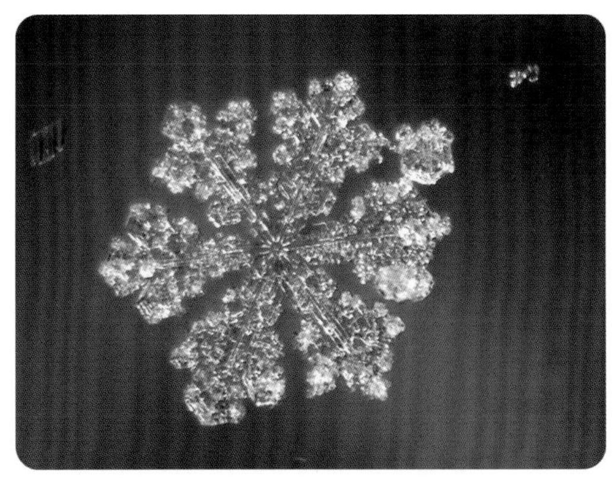
载玻片上的花瓣形雪花 （60 ×）

载玻片上的花瓣形雪花 （150 ×）

载玻片上的花瓣形雪花 （60 ×）

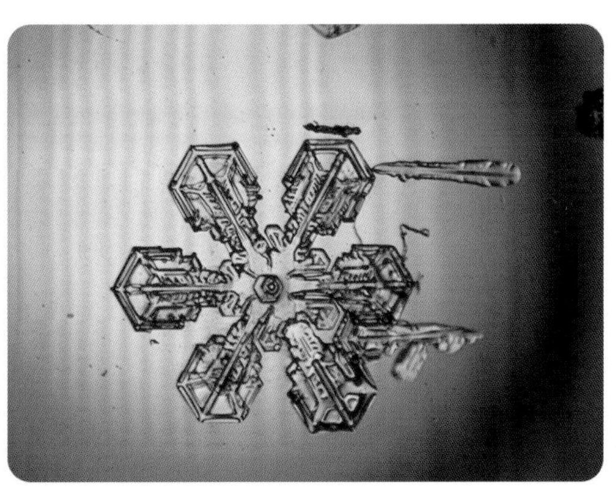
载玻片上的花瓣形雪花 （60 ×）

3. 六边形的雪花

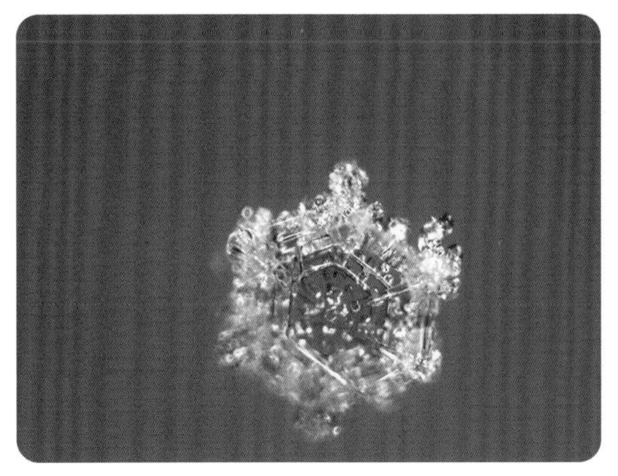
黑卡纸上的六边形雪花 （60 ×）

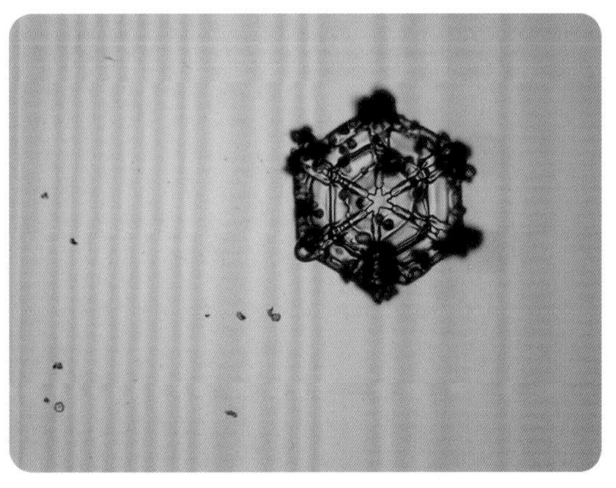
载玻片上的六边形雪花 （150 ×）

载玻片上的六边形雪花 （60 ×）

载玻片上的六边形雪花 （600 ×）

4. 雪花碎片

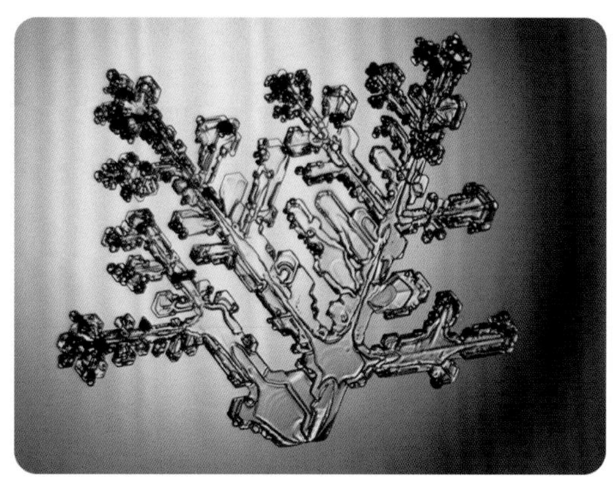

载玻片上的雪花碎片 （60 ×）

载玻片上的雪花碎片 （60 ×）

载玻片上的雪花碎片 （60 ×）

载玻片上的雪花碎片 （60 ×）

06 实验结论

1. 大多数雪花是六角形，有的像蕨类，有的像花瓣。
2. 少数雪花是六边形。
3. 雪花的大小不等，一般六角形的雪花比六边形的雪花大，六角形的雪花中，像蕨类的雪花一般比像花瓣的雪花大。

探究作业

各种类型的雪花

1. 查阅资料，梳理雪花的各种形态及影响雪花形态的因素。
2. 下雪时，观察不同的雪花，看看你会发现几种类型。

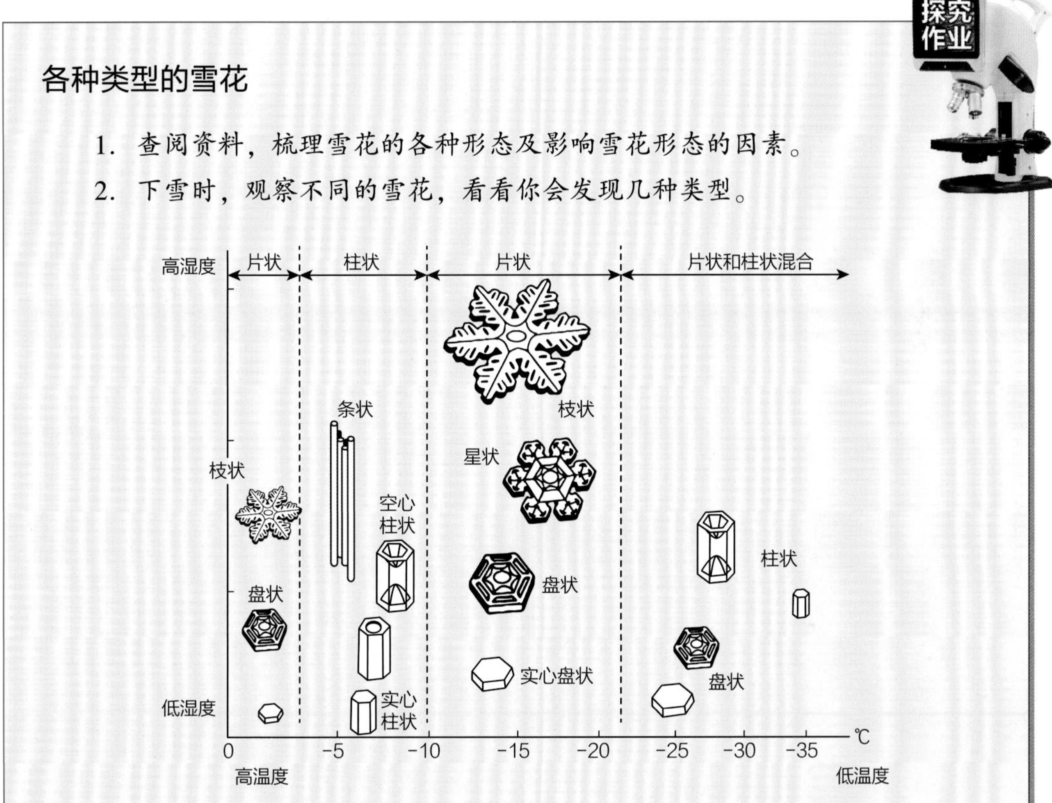

1.5 常见的化学反应现象

常温下，NaOH 溶液和 $CuSO_4$ 溶液会生成蓝色絮状沉淀 $Cu(OH)_2$。铁能够把含有铜离子溶液中的铜置换出来，假如将铁丝放入 $CuSO_4$ 溶液中，会看到铁丝表面逐渐生成一层红色金属铜。在显微镜下观察这些反应现象，你会对这些现象有更加清晰的认识。

01 实验原理

常温下，NaOH 溶液和 $CuSO_4$ 溶液的化学反应是复分解反应，方程式为：$2NaOH + CuSO_4 = Cu(OH)_2\downarrow + Na_2SO_4$。铁与 $CuSO_4$ 溶液反应，会发生置换反应，方程式为：$Fe + CuSO_4 = FeSO_4 + Cu$。

02 实验目的

在数码液晶显微镜下，可以清晰地观察到一些常见的化学反应现象，有助于理解化学反应的原理和过程。

1. 观察 NaOH 和 $CuSO_4$ 粉末以及晶体。
2. 观察 NaOH 溶液和 $CuSO_4$ 溶液的化学反应。
3. 观察铁丝和 $CuSO_4$ 溶液的置换反应。

03 实验仪器及材料

数码液晶显微镜、载玻片、镊子；铁钉、曲别针、NaOH 和 $CuSO_4$ 粉末，0.1 克/毫升的 NaOH 溶液，0.05 克/毫升的 $CuSO_4$ 溶液。

04 实验步骤

1. 分别取少量 NaOH 和 $CuSO_4$ 粉末，放置在载玻片中央，在显微镜下观察。
2. 在载玻片中央分别滴加几滴 NaOH 和 $CuSO_4$ 溶液，等待结晶后，在显微镜下观察。
3. 取一片带凹槽的载玻片，先滴 2 滴 NaOH 溶液，再滴 2 滴 $CuSO_4$ 溶液，在显微镜下观察化学反应。等反应混合物结晶后，继续观察晶体。
4. 用镊子取铁钉和曲别针，分别放置在 $CuSO_4$ 溶液中，一段时间后，在显微镜下观察铁钉和曲别针的变化。

05 实验结果

NaOH 粉末 (30 ×)

$CuSO_4$ 粉末 (30 ×)

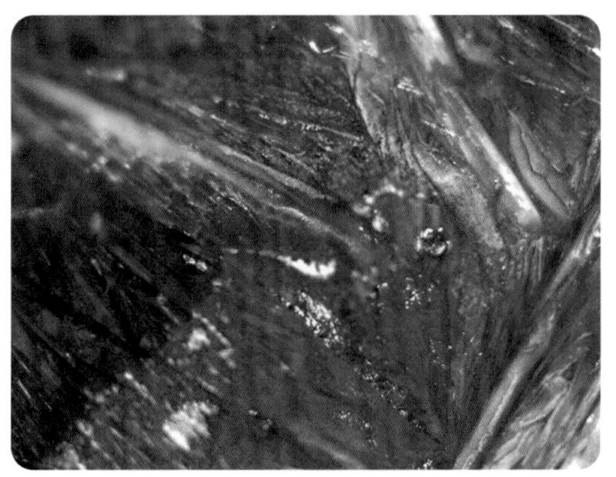
NaOH 溶液结晶后的晶体 (30 ×)

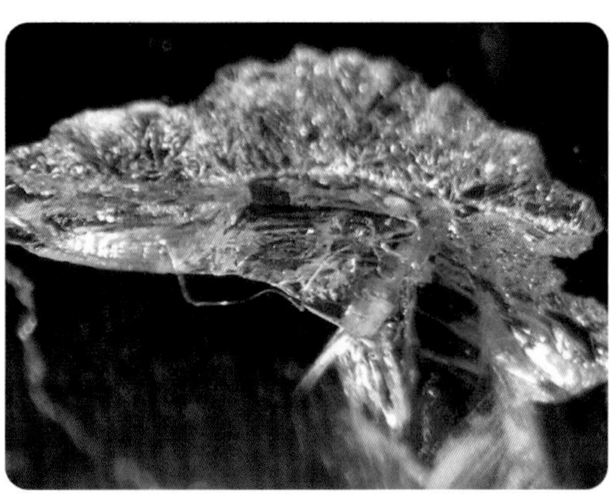
$CuSO_4$ 溶液结晶后的晶体 (30 ×)

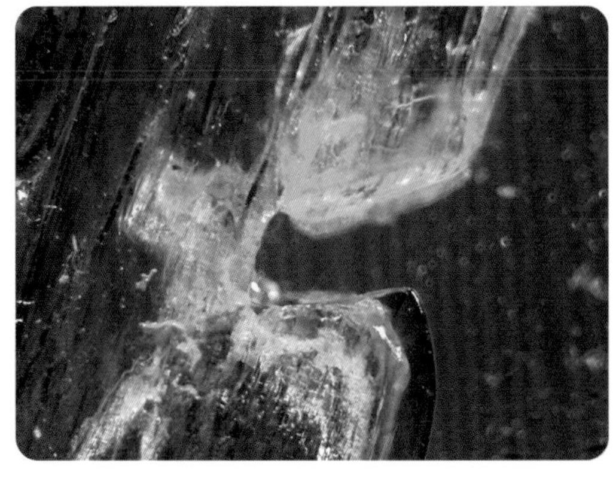
$CuSO_4$ 溶液结晶后的晶体 (60 ×)

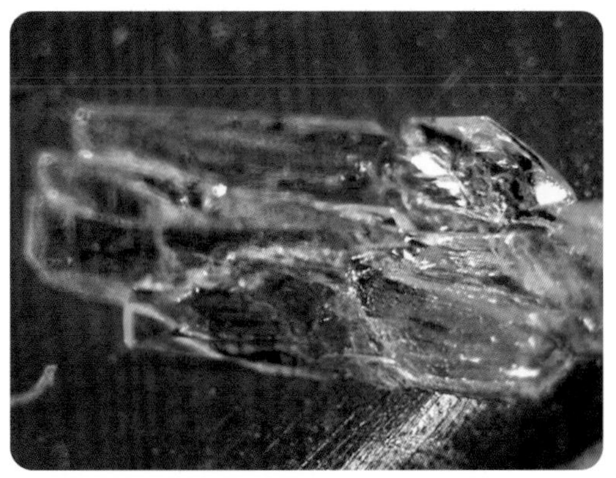
$CuSO_4$ 溶液结晶后的晶体 (60 ×)

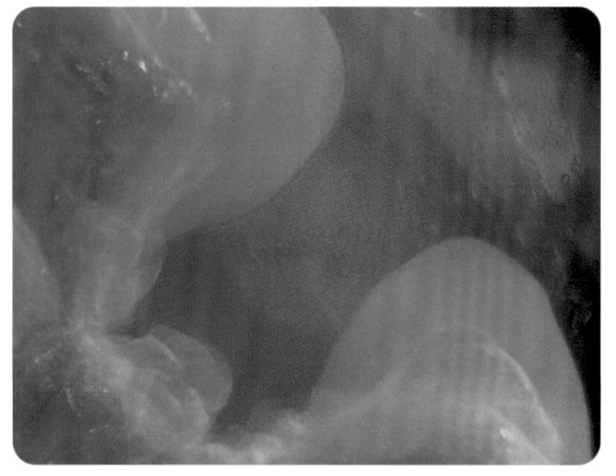

NaOH 溶液与 $CuSO_4$ 溶液反应初期，出现蓝色絮状沉淀（30×）

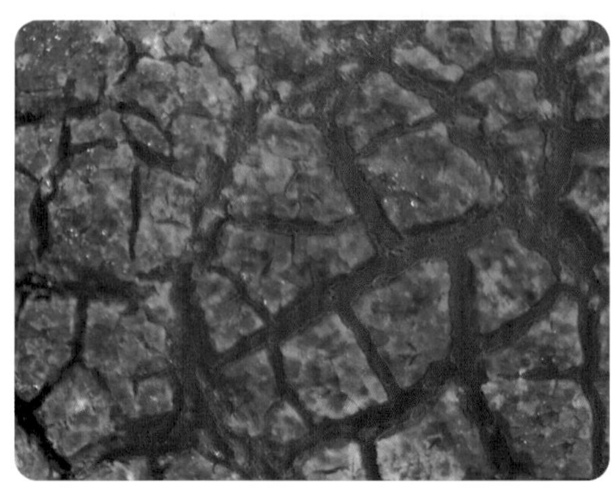

NaOH 溶液与 $CuSO_4$ 溶液反应生成的 $Cu(OH)_2$ 晶体（30×）

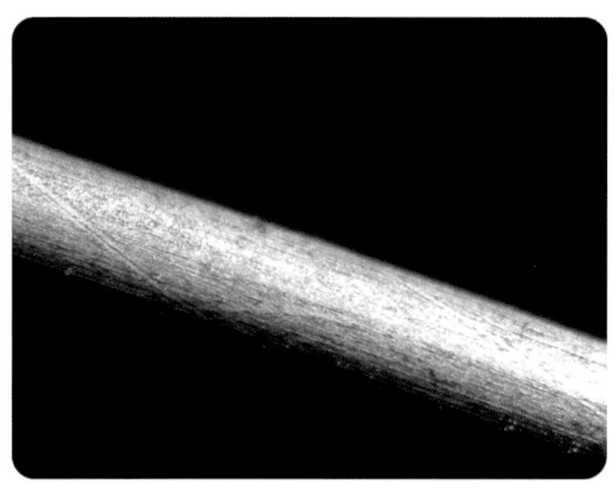

铁钉（30×）

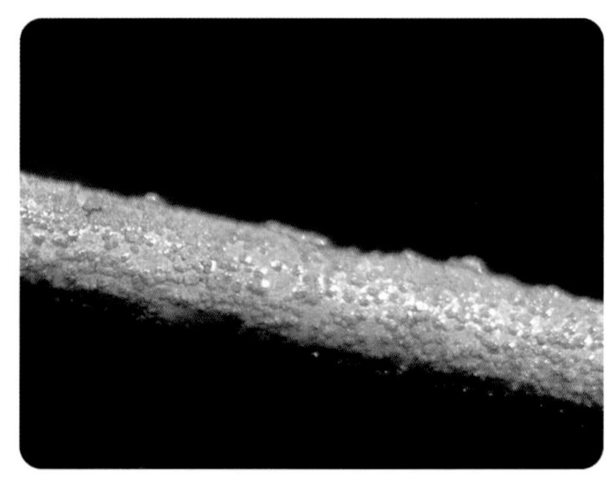

铁钉表面置换出铜（30×）

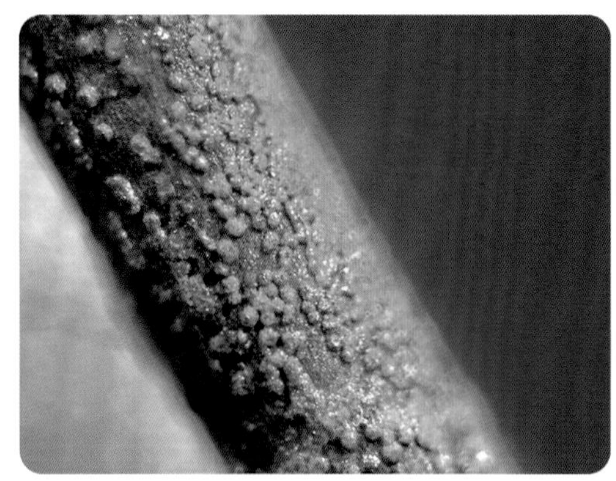

铁钉表面置换出铜（60×）

一天后，铁钉表面的变化（60×）

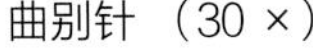

曲别针 （30 ×）

曲别针表面置换出铜 （60 ×）

06 实验结论

1. NaOH 溶液结晶后形成白色不规则形状的晶体，$CuSO_4$ 溶液结晶后形成蓝色不规则形状的晶体。
2. NaOH 溶液与 $CuSO_4$ 溶液的复分解反应迅速，初期出现蓝色絮状沉淀，该沉淀结晶后形成不规则形状的$Cu(OH)_2$晶体。
3. 铁钉、曲别针和 $CuSO_4$ 溶液会发生置换反应，表面有红色的金属铜出现。

探究作业

花青素在酸碱条件下的化学反应

花青素是一类广泛存在于植物中的水溶性天然色素。花青素是天然的酸碱指示剂，它具有不稳定性，其颜色随 pH 的变化而变化：pH < 7 时呈红色，pH 在 7 ~ 8 之间时呈紫色，pH > 11 时呈蓝色。花青素多采用甲醇、乙醇、水等极性溶剂提取。利用这个原理，我们可以测试生活中常见物质的酸碱度，比如柠檬汁、苹果汁、洗衣粉溶液、苏打水等。

请选择富含花青素的材料，如紫甘蓝、黑枸杞等，制作出花青素溶液，再分别滴加几滴醋酸和碱水，观察实验现象。请在显微镜下观察神奇的颜色变化吧。还可以分别取几滴变化后的溶液，等待结晶，观察晶体的结晶过程。

三种不同 pH 的花青素溶液

1.6 金属枝晶的结构

由于原电池的存在，置换反应中新生成的金属单质呈树枝状，我们称之为金属枝晶，也可称之为金属树，包括铜树、银树、铅树等。常规的置换反应在试管中进行，将金属丝放入相应的溶液中即可观察到现象，但是这种观察非常粗略，只能看清生成物的颜色，而无法观察生成物的细节结构和生成过程。

如果将置换反应制成临时装片，将反应空间压缩至薄层，不仅可以防止金属枝晶重叠干扰，还可以利用数码液晶显微镜更形象地观察金属枝晶，可清晰观察到金属枝晶的生成过程和细节结构，加深对置换反应的认识。

01 实验原理

常温下，铁与 $CuSO_4$ 溶液反应，会发生置换反应，方程式为：$Fe + CuSO_4 = FeSO_4 + Cu$。用刀片代替铁丝，与较高浓度的 $CuSO_4$ 溶液反应，可以观察到金属枝晶结构。

02 实验目的

在数码液晶显微镜下观察置换反应中金属枝晶的生成过程和细节结构，理解化学反应的原理和过程。

03 实验仪器及材料

数码液晶显微镜、载玻片、盖玻片、胶头滴管、钳子；刀片、质量分数0.5 克/毫升的 $CuSO_4$ 溶液。

04 实验步骤

1. 用钳子小心地弄断一小片美工刀的刀片，放置在载玻片中央，在显微镜下观察。
2. 用胶头滴管在刀片上方滴加几滴质量分数为 0.5 克/毫升的 $CuSO_4$ 溶液，盖上盖玻片，制成临时装片，在显微镜下观察。

05 实验结果

刀片的刀刃（60 ×）

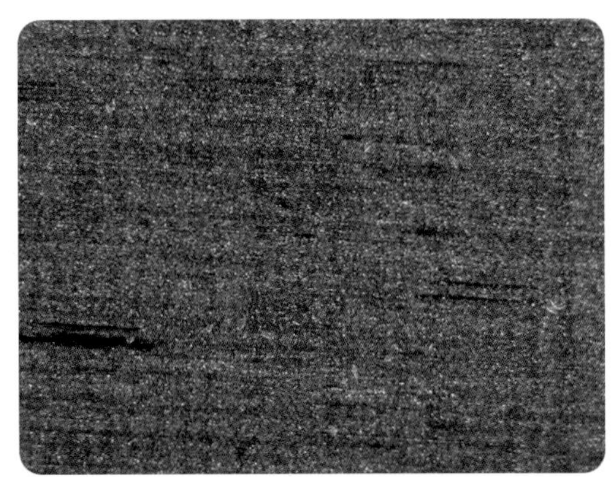

刀片的刀身（60 ×）

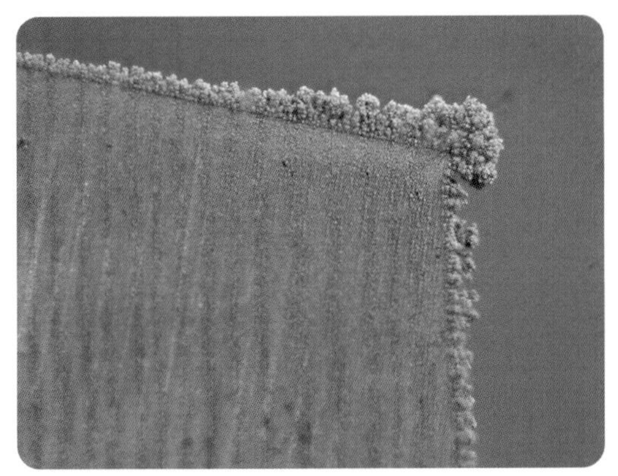

刀刃边缘生出金属枝晶（60 ×）

金属枝晶迅速长大（60 ×）

刀刃生出的金属枝晶（150 ×）

刀身生出的金属枝晶（150 ×）

反应生成的 $FeSO_4$ 晶体 （60×）

反应生成的 $FeSO_4$ 晶体 （60×）

06 实验结论

1. 刀片与 $CuSO_4$ 溶液发生置换反应，反应速度很快，金属枝晶不断向外围生长，仅需几分钟，就能观察到树状金属单质生成。
2. 用数码液晶显微镜观察置换反应，可以清晰地观察到铜树生长的细节，甚至可以直接观察单棵铜树树枝状的形态。
3. 刀刃比刀身生成的金属枝晶更容易观察结构。
4. 铁与 $CuSO_4$ 溶液发生的置换反应，在一定时间后，会出现 $FeSO_4$ 晶体。

探究作业

其他金属枝晶

金属活动性顺序是体现金属活动性的重要规律，大部分活泼金属可以与酸以及某些化合物的溶液发生置换反应。例如，锌片可以与适宜浓度的硫酸铜溶液、硝酸银溶液、乙酸铅溶液发生置换反应，可以生成金属铜树、银树和铅树。

可以在试管中观察置换反应，可以利用滤纸、粉笔等作为介质观察反应，还可以在数码液晶显微镜下观察这些置换反应，探究铜树、银树和铅树的生成过程和形态结构。

值得注意的是，硝酸银溶液和乙酸铅溶液有一定的毒性。安全起见，我们还可以采用不同活泼性的金属来置换铜，比较探究制作铜树的最佳金属材料，并观察不同金属置换出的铜树形态结构有何不同。

金属活动性顺序表

K Ca Na Mg Al Zn Fe Sn Pb (H) Cu Hg Ag Pt Au

金属活动性逐渐减弱 →

CHAPTER 02

第二篇

细胞和组织

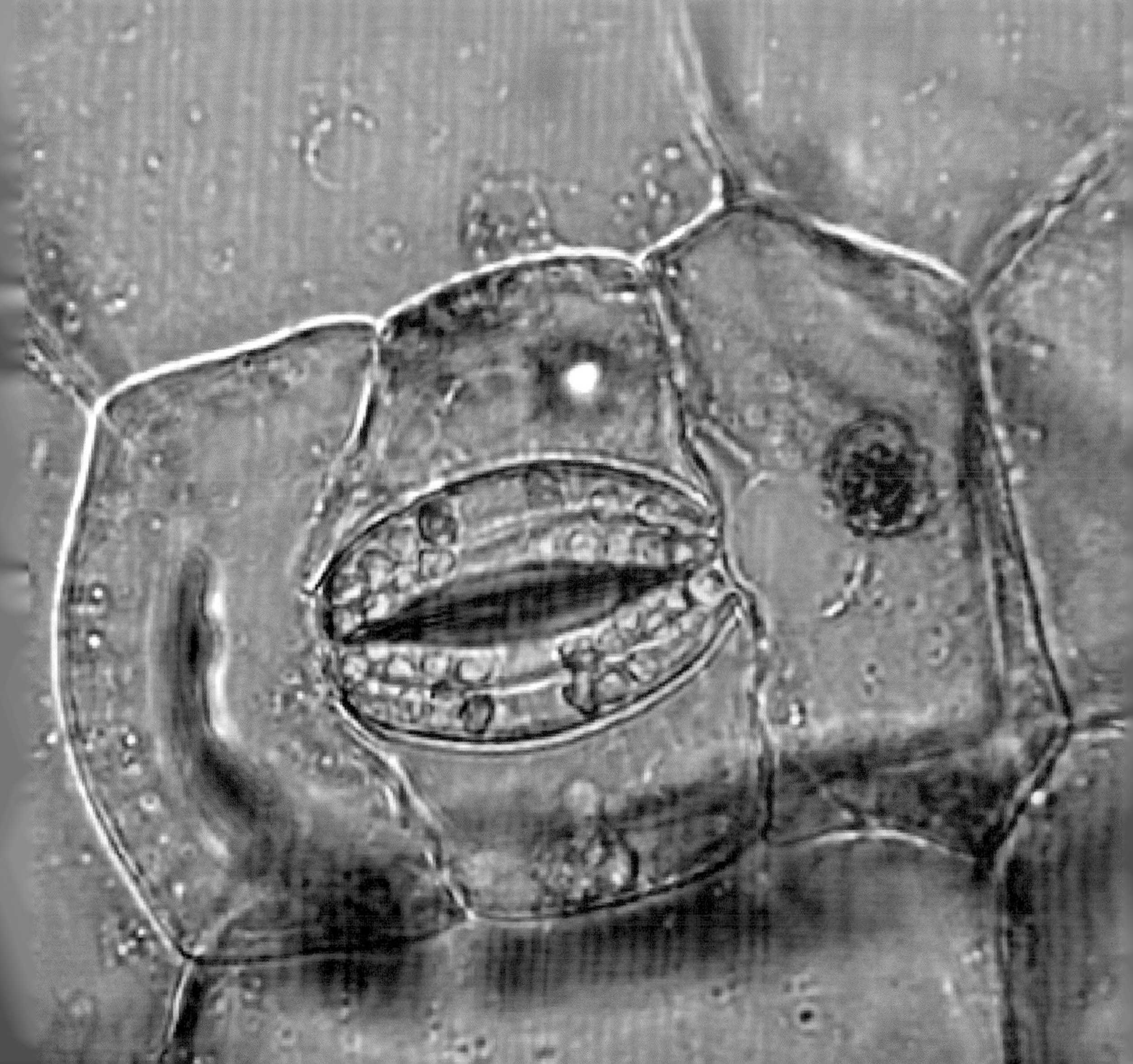

2.1 水果的表皮细胞

水果放置一段时间之后，从外表看可能已经萎蔫了，但里面的果肉仍然没有腐败；如果水果的表皮被破坏了，即使短时间暴露在空气中，水果也会很快腐烂。这说明，水果的表皮有一定的保护作用。这里说的表皮是指水果果实的最外面一层结构，也叫外果皮。果皮一般可分为外果皮、中果皮和内果皮 3 层，它们都是由子房壁的组织分化、发育而成的。果肉一般指的是中果皮，内果皮是果肉里面的一层，有些水果的内果皮硬质化，如桃里的硬核就是内果皮。

外果皮由已分化的表皮细胞组成，它的主要作用是保护，有的植物表皮还有气孔，可以用于水分散失和气体进出。有些外果皮还有加厚的角质层或蜡质层，有些果皮细胞还能形成表皮毛，并产生一些挥发性物质，这些结构特点可以很好地保护果实内部的组织和细胞。正是由于果皮的保护作用，果实才能够正常地生长和发育。

我们可以在显微镜下观察水果的外表皮细胞及其附属结构，分析思考它具有保护作用的原因。

01 实验原理

在显微镜下，可以清晰地观察到不同水果的表皮细胞。

02 实验目的

观察不同水果的表皮细胞。

03 实验仪器及材料

数码液晶显微镜、载玻片、盖玻片、镊子；清水、黑提、圣女果、香瓜、香蕉、奇异果、桃。

04 实验步骤

1. 在载玻片中央滴加一滴清水。
2. 用镊子撕取不同水果表皮。
3. 将表皮放在载玻片上的清水中，盖上盖玻片，放在显微镜下观察。
4. 黑提、圣女果、香瓜、香蕉、奇异果、桃等水果，可以撕取表皮后直接放在载玻片上，在显微镜下用侧光源进行观察。

05 实验结果

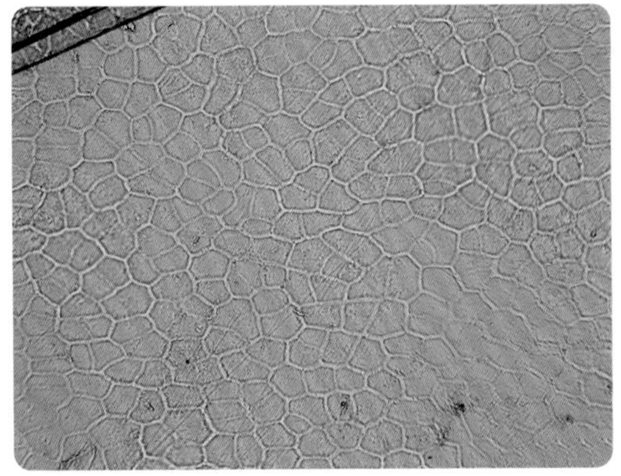

黑提表皮细胞 （600 ×）

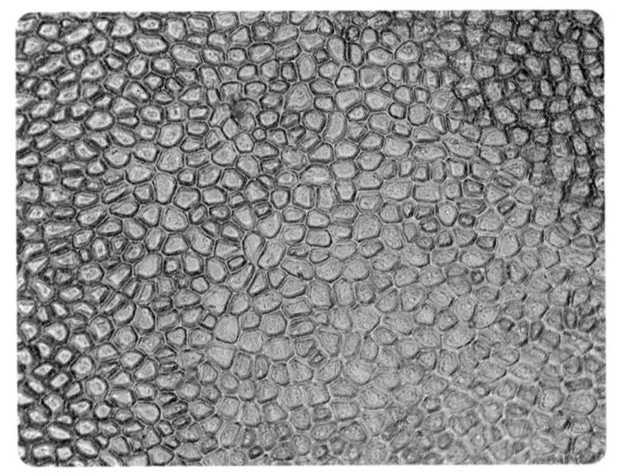

圣女果表皮细胞 （600 ×）

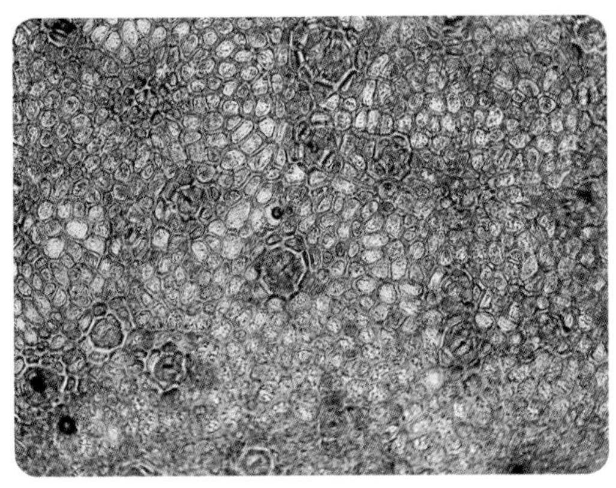

香瓜表皮细胞 （150 ×）

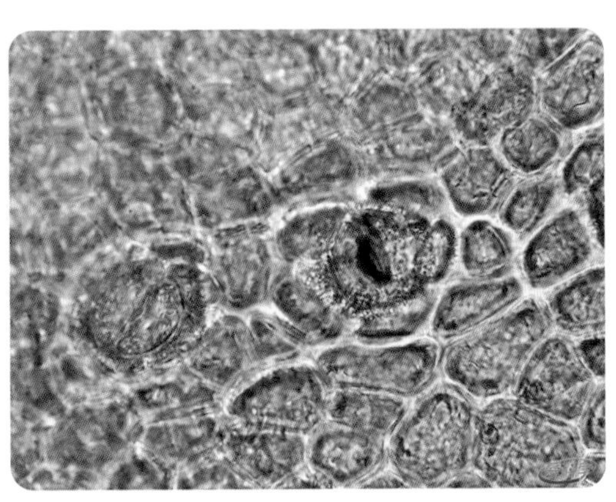

香瓜表皮细胞 （600 ×）

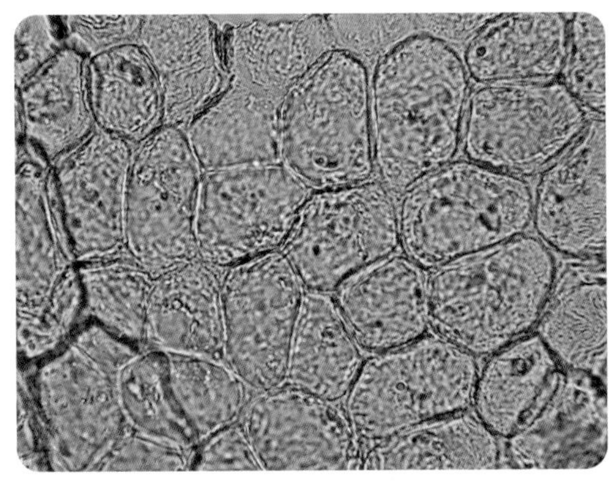

香蕉表皮细胞 （600 ×）

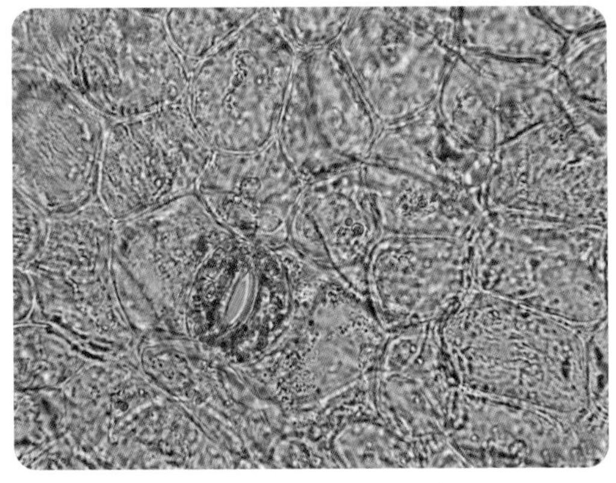

香蕉表皮细胞 （600 ×）

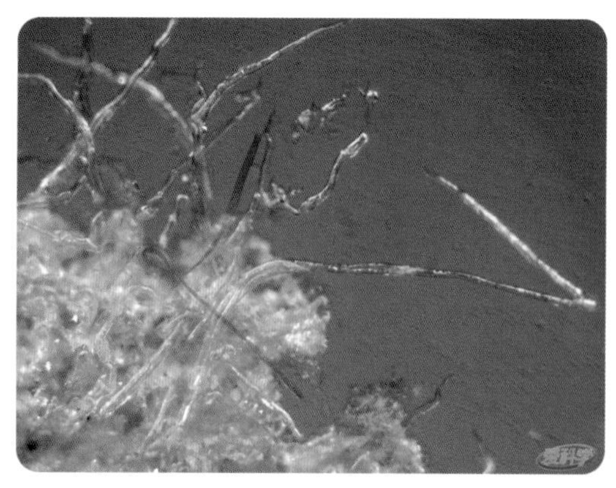

奇异果表皮细胞的绒毛 （150 ×）

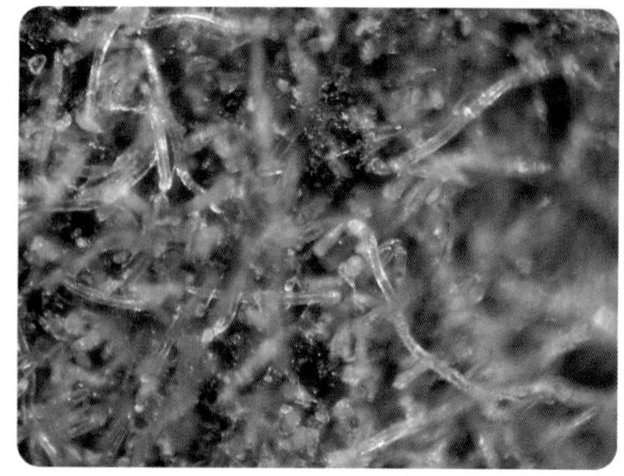

桃表皮细胞的绒毛 （150 ×）

说 明

1. 显微镜下的水果表皮细胞大多排列整齐。
2. 香蕉、香瓜等水果表皮细胞可观察到气孔。
3. 奇异果、桃等水果表皮具有丰富的表皮毛。

06 实验结论

水果的表皮细胞大多排列整齐、致密，有的表皮存在气孔，有的表皮附着表皮毛。

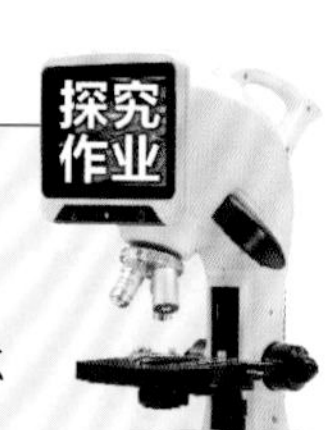

苹果、梨等水果的表皮细胞

观察苹果、梨等其他水果的表皮细胞，并在显微镜下拍照，对比不同水果的表皮细胞，看看它们有什么共同点和不同点。

苹果、梨

2.2 植物的保护组织

保护组织是覆盖在植物体表面起保护作用的组织，由一层或数层细胞构成，其功能主要是避免水分过度散失、调节植物与环境的气体交换、抵御外界风雨和病虫害的侵袭以及防止机械或化学的损伤。保护组织由于来源和形态结构不同，又分为初生保护组织——表皮，次生保护组织——木栓层。

表皮是包被在植物体幼嫩的根、茎、叶、花、果实的表面，直接接触外界环境的细胞层，一般由单层活细胞组成。不含叶绿体的无色扁平的普通表皮细胞是其基本成分，表皮细胞间往往还有一些其他类型的细胞，如构成气孔的保卫细胞、表皮毛等。

01 实验原理

种类丰富的植物叶片是我们触手可及的实验材料，叶的表皮细胞可以制作成临时装片，利用显微镜可以观察到表皮细胞、保卫细胞（围成的孔为气孔）和表皮毛。

02 实验目的

1. 学会植物细胞临时装片的制作方法。
2. 在显微镜下寻找并观察植物的保护组织。

03 实验仪器及材料

数码液晶显微镜、载玻片、盖玻片、镊子；芹菜叶（各种绿色蔬菜叶子）、吊兰、紫鸭跖草、红花檵木、透明指甲油、清水。

04 实验步骤

1. 表皮细胞、保卫细胞的观察：撕取植物表皮，以肉眼可见的透明及盖玻片能平整地覆盖为标准。
2. 指甲油覆膜法：用不含色素的透明指甲油，均匀涂抹在取材的叶片上，使其自然晾干5分钟左右，待干透略有分离，用镊子撕下已干的指甲油涂层，涂层置于载玻片上，滴水展开，盖上盖玻片，临时装片制作完成。
3. 表皮毛或腺毛等附属物的观察：找到叶子摸上去毛茸茸的植物，将叶子置于显微镜下直接观察，可以看到毛茸茸的表皮毛。

05 实验结果

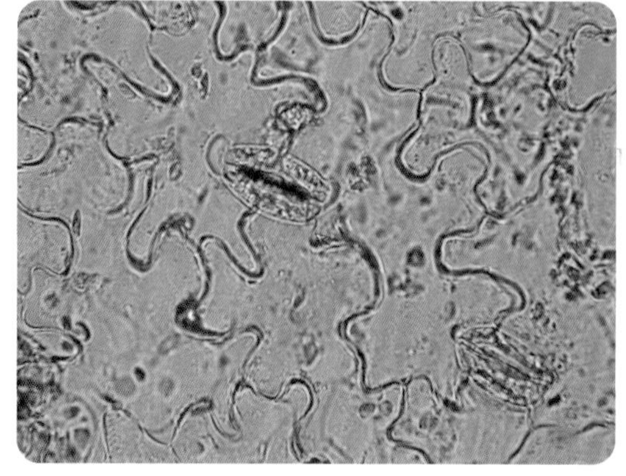

芹菜叶上表皮 （150 ×）

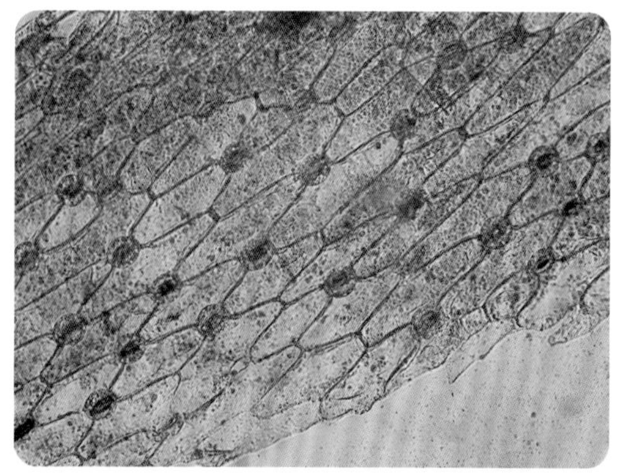

吊兰叶上表皮 （150 ×）

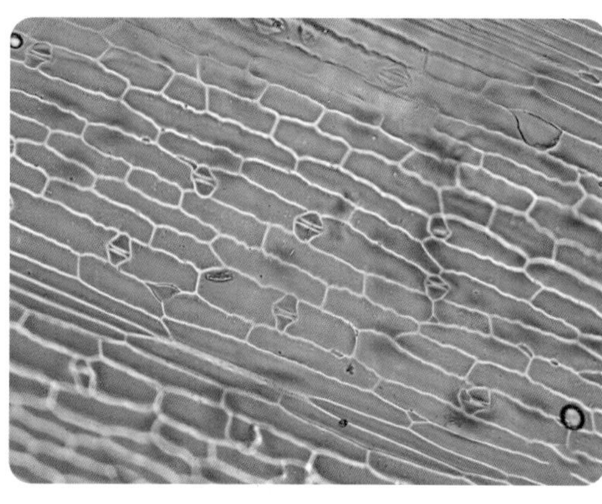

吊兰叶上表皮 （指甲油覆膜法）（150 ×）

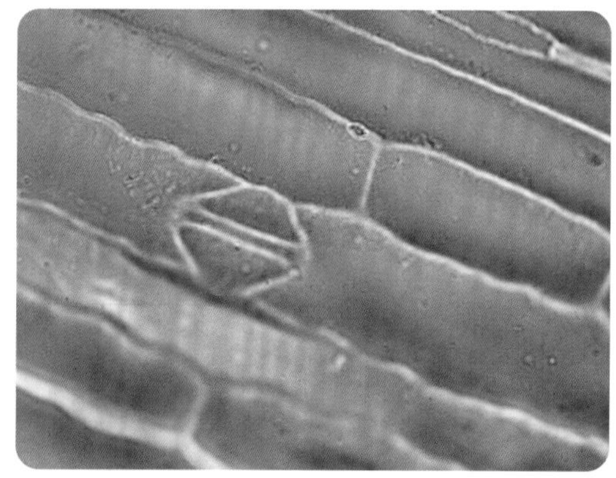

吊兰叶上表皮 （指甲油覆膜法）（600 ×）

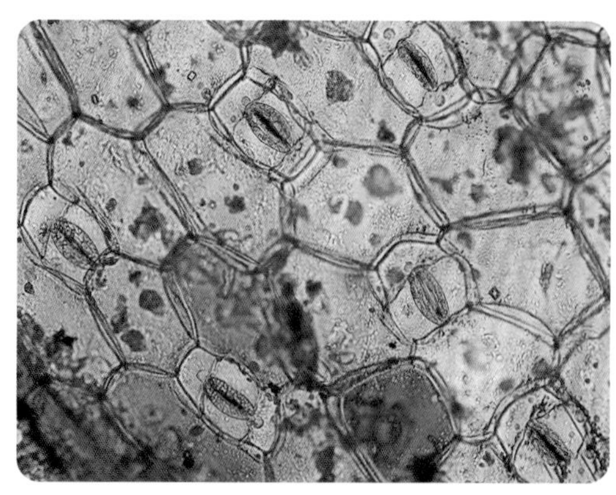

紫鸭跖草下表皮 （150 ×）

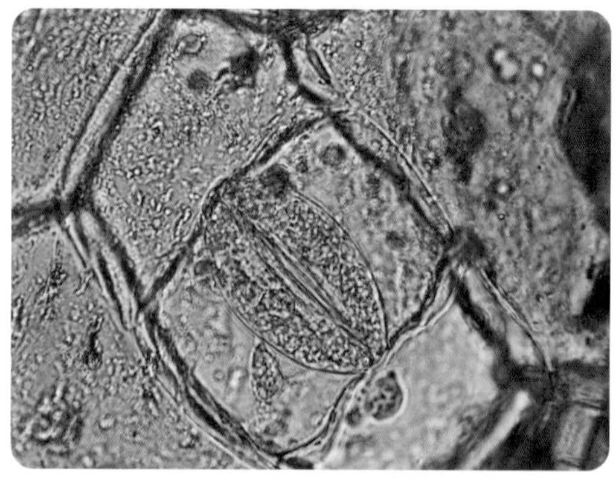

紫鸭跖草下表皮 （600 ×）

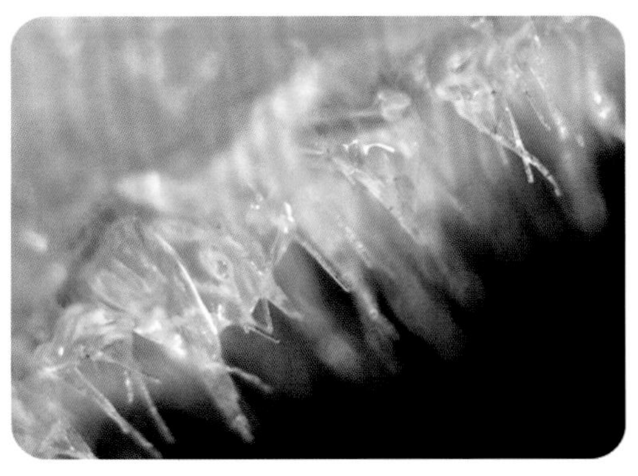
吊兰根毛（60 ×）

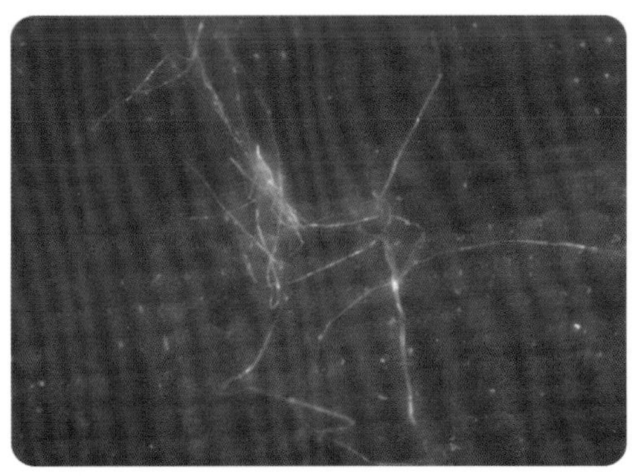
紫鸭跖草叶表皮毛（60 ×）

红花檵木表皮簇生毛（60 ×）

红花檵木表皮簇生毛（600 ×）

06 实验结论

1. 植物表皮细胞通常由单层无色而扁平的活细胞构成，其特点是细胞排列紧密，无细胞间隙，有大型液泡，一般不含叶绿体。表皮细胞分布有由保卫细胞围成的气孔。
2. 表皮毛由植物表皮细胞发育而来，广泛分布于陆生植物的表皮，是一种特化结构。植物的根毛属于表皮毛的一种。
3. 表皮毛与表皮上的气孔、角质层、蜡质等互相配合，共同完成各种不同的保护功能。

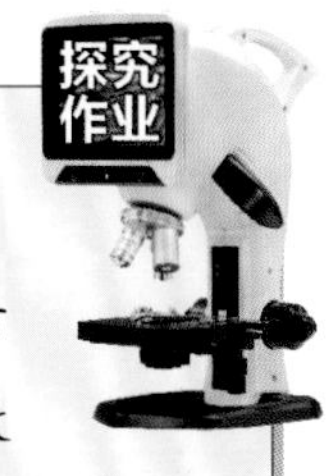

叶片的表皮细胞

选取几种绿色植物的叶片，可采用指甲油覆膜法撕取叶片的上、下表皮，观察表皮细胞和保卫细胞，比较上、下表皮气孔的数量。分析数量不同的原因。

2.3 植物的果肉细胞

当我们在吃水果时，那甜美的汁液来自哪里？你一定会毫不犹豫地回答："果肉！"。果肉是植物体内储存营养的重要部位，也称营养组织。营养组织是植物体最基本的组织之一。植物的根、茎、叶、花、果实、种子中都含有大量的营养组织。营养组织又叫薄壁组织，是因为这些细胞具有薄的初生壁。

番茄、黄瓜、香蕉等是我们常吃的果实，它们的果肉细胞是什么样的呢？让我们一起来探索吧！

01 实验原理

植物的果肉细胞取材方便，体积大，常为球形。细胞排列疏松，细胞壁薄，液泡较大并且常常含有色素，便于制作临时装片进行观察。

02 实验目的

制作植物果肉细胞的临时装片并观察这些细胞的形态特点。

03 实验仪器及材料

数码液晶显微镜、载玻片、盖玻片、镊子、胶头滴管、解剖针（或牙签）；各种瓜果、吸水纸、擦镜纸、清水。

04 实验步骤

1. 擦：取载玻片，一手拿着载玻片的两侧，另一手用擦镜纸擦拭，不能用手直接拿镜面来擦拭。擦好后平放在实验台正前方。再取盖玻片，放在纸上轻轻擦拭。擦好后搭靠在载玻片的一端。
2. 滴：用胶头滴管滴一滴清水在载玻片的中央，悬空着滴。
3. 取：用解剖针（牙签）在番茄中央的果肉处轻轻搅动，使番茄果肉成糊状，粘取少量的番茄果肉细胞。
4. 涂：用解剖针（牙签）将番茄果肉细胞均匀地涂抹在载玻片中央的水滴中。
5. 盖：用镊子夹起盖玻片，可以用手指从对侧辅助。倾斜45度角，使盖玻片的左侧先接触水滴，再慢慢地放下盖玻片，盖在番茄果肉细胞上。
6. 吸：用吸水纸吸去多余的液体。

05 实验结果

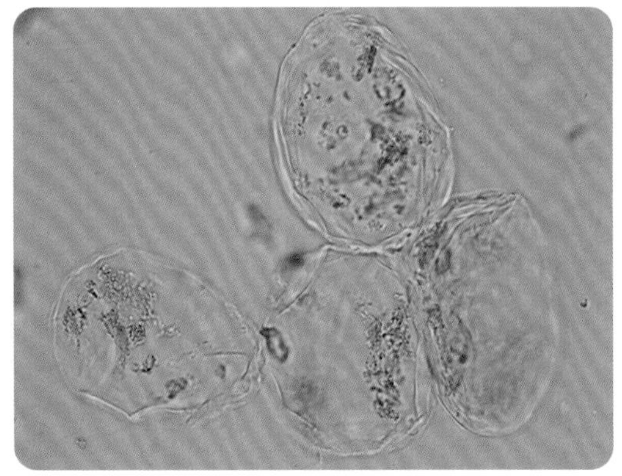
番茄果肉细胞 （150 ×）

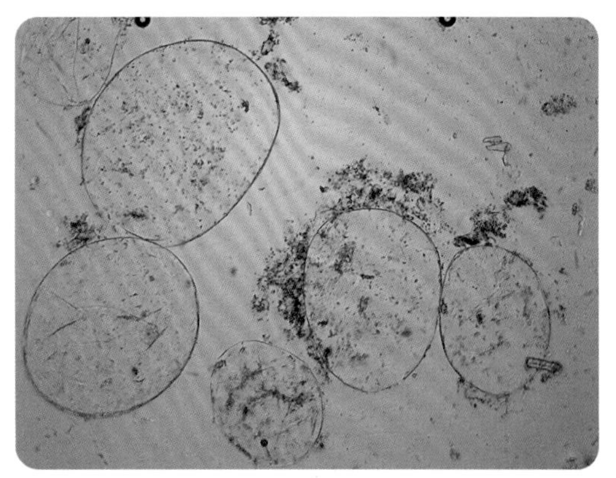
番茄果肉细胞 （60 ×）

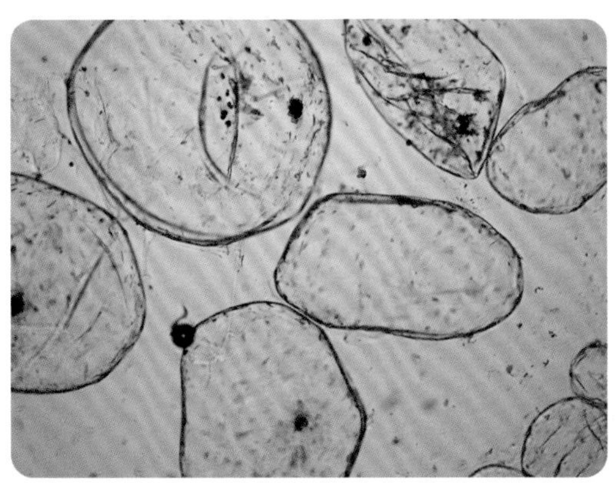
蓝莓果肉细胞 （150 ×）

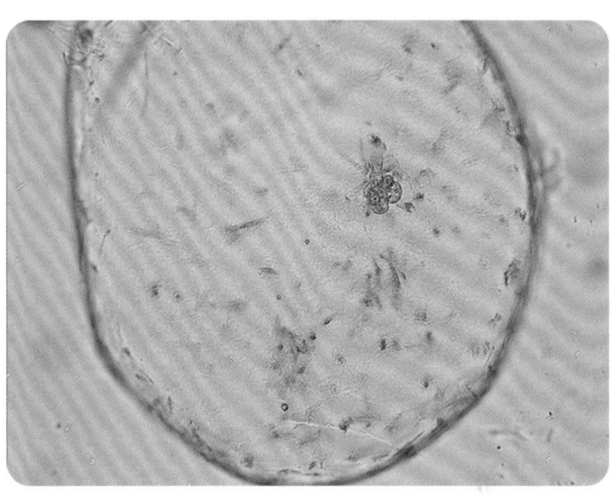
蓝莓果肉细胞 （600 ×）

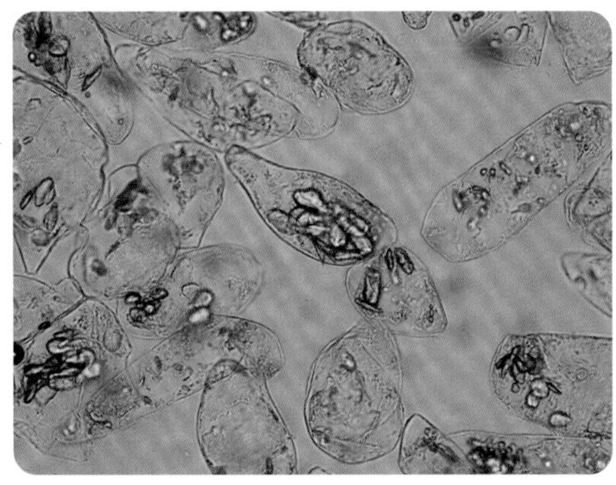
香蕉果肉细胞 （150 ×）

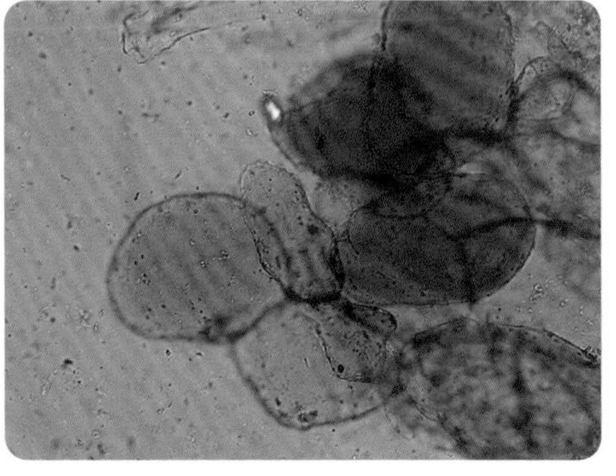
火龙果果肉细胞 （150 ×）

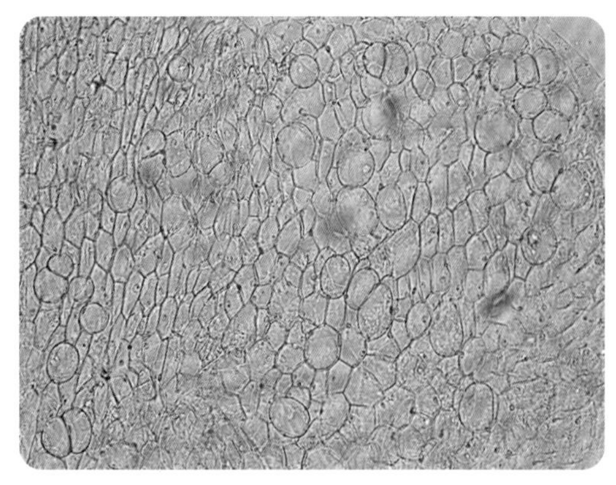

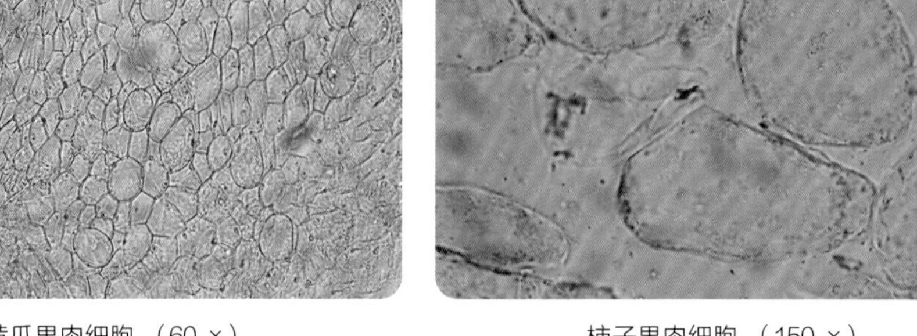

黄瓜果肉细胞 （60 ×）

柿子果肉细胞 （150 ×）

06 实验结论

1. 番茄和蓝莓的果肉细胞排列疏松，易于分散，细胞是比较规则的圆形，液泡中含有色素。
2. 香蕉与柿子的果肉呈不规则椭圆形，虽然组织细胞也易于分散，但不利于细胞大小的测量。
3. 黄瓜果肉细胞紧密且细胞较小，不适合作为观察材料。

探究作业

比较番茄果肉细胞和蓝莓果肉细胞的大小

番茄果肉细胞和蓝莓果肉细胞一样大吗？通过上面的探究活动，我们可以做一个初步的估计，但更为精确的结果还需要进行测量。注意，要在同一放大倍数时进行测量，且测量时不能只测一个细胞，要多测一些细胞，如 5 个细胞的直径，并计算平均值。

番茄 蓝莓

2.4 白菜的组织细胞

白菜是生活中常见的蔬菜，由许多细胞组成。这些细胞分化产生了不同的细胞群，每个细胞群都是由形态相似、结构和功能相同的细胞联合在一起形成的，这样的细胞群叫作组织。不同的组织又构成了不同的器官，如根、茎、叶等，最终组成了白菜。白菜的主要组织有保护组织、营养组织和输导组织等。这些组织都分布在白菜的哪些部位，不同组织的形态有哪些差别，我们吃的白菜叶和叶柄在细胞层次上又有何不同呢？

01 实验原理

细胞分化形成不同的组织，构成不同组织的细胞具有不同的形态特点。在显微镜下可以清楚地观察植物体中的不同组织，了解构成不同组织细胞的结构特点。

02 实验目的

1. 观察白菜不同组织细胞的形态结构。
2. 对比构成不同组织细胞的差异。

03 实验仪器及材料

数码液晶显微镜、载玻片、盖玻片、双面刀片（两片，并排在一起，一侧用胶布粘牢）、镊子、胶头滴管；清水、新鲜白菜叶（见右图）。

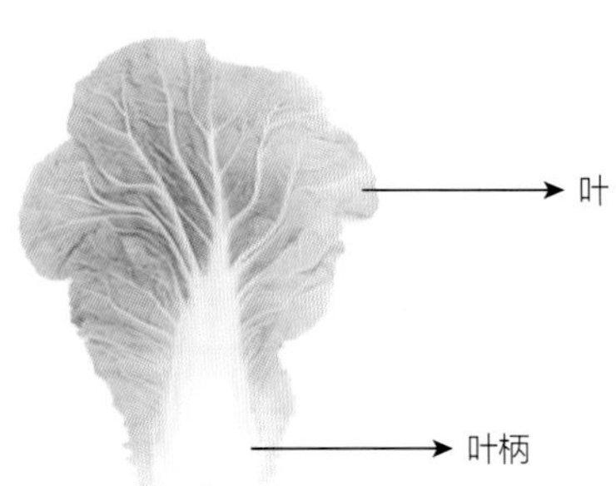

04 实验步骤

1. 用胶头滴管在每个载玻片中央滴一滴清水。
2. 用镊子从白菜外部撕取一小块叶柄的表皮（如下页图中保护组织①）和叶的表皮（如下页图中保护组织②），将它们分别放入不同载玻片的水滴中，并用镊子展平，盖上盖玻片，制成临时装片。
3. 用双面刀片迅速切割白菜叶的叶柄，将切下的薄片放入载玻片的水滴中，用镊子展平，盖上盖玻片，制成临时切片。
4. 用镊子夹取0.5厘米左右白菜叶内的丝状结构，将其放入载玻片的水滴中，盖上盖玻片，轻轻挤压成丝状结构，制成临时装片；用双面刀片迅速切割白菜叶内的丝状结构，将切下的薄片放入载玻片的水滴中，盖上盖玻片，制成临时切片。
5. 将以上玻片置于显微镜下观察。

05 实验结果

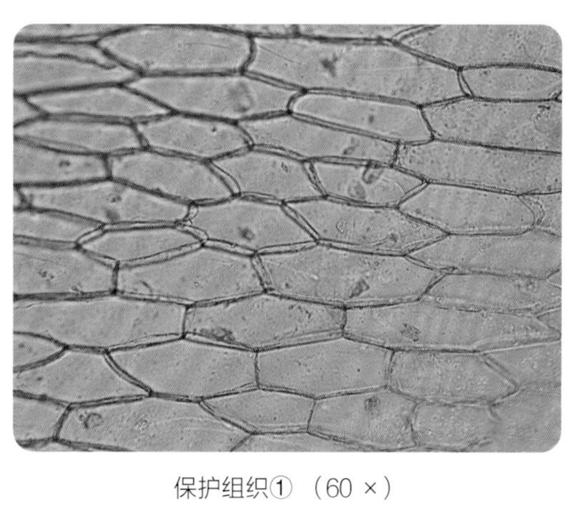

保护组织① （60 ×）

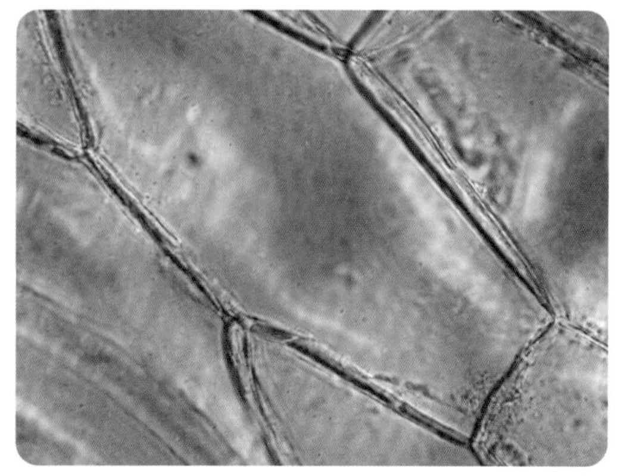

表皮细胞 （600 ×）

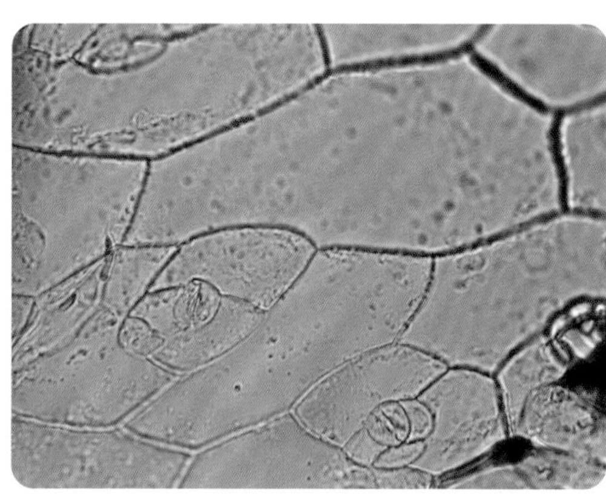

保护组织② （150 ×）

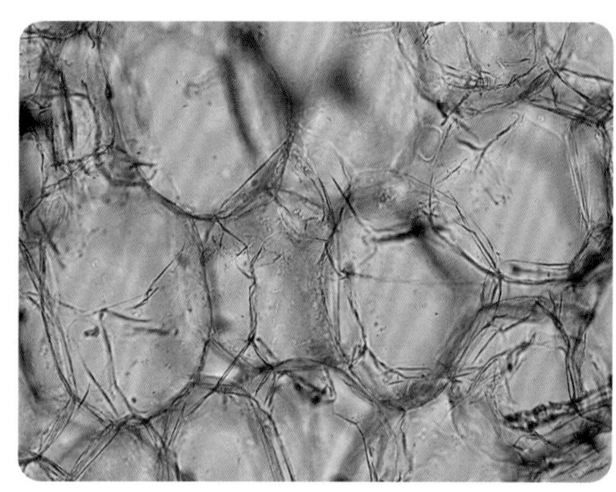

营养组织 （150 ×）

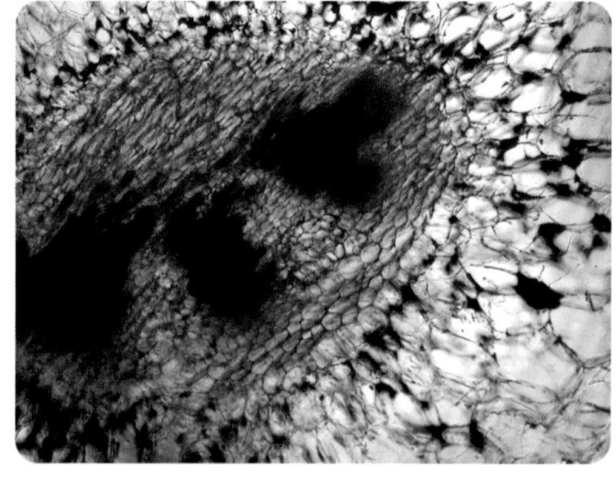

输导组织纵切图 （60 ×）

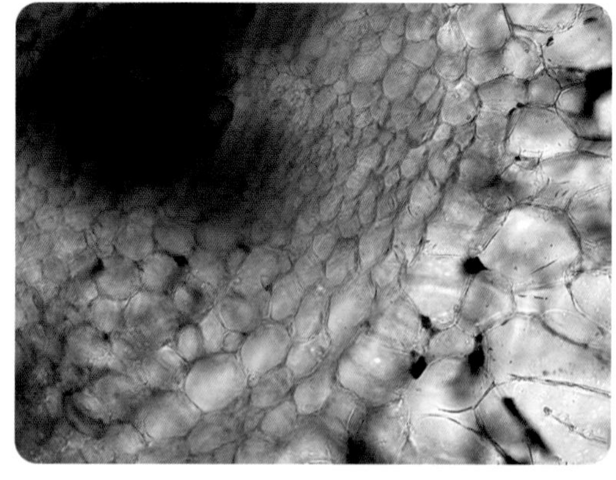

输导组织 （左上角黑色区，150 ×）

螺纹导管 （150 ×）

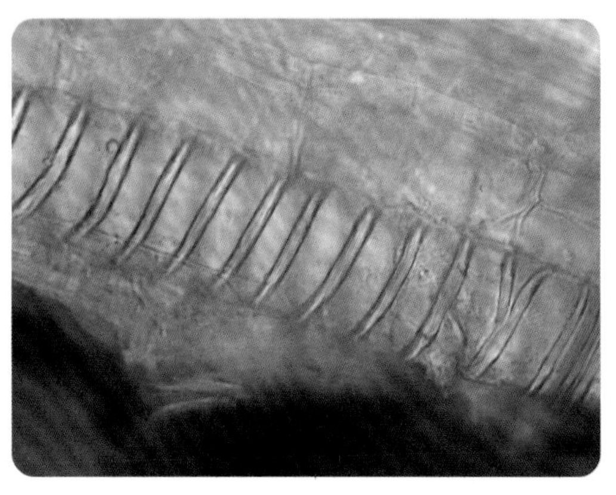

螺纹导管 （600 ×）

06 实验结论

白菜叶是由不同的组织构成的，主要包括保护组织、营养组织和输导组织。其中，叶柄和叶的保护组织组成有差别，叶柄处的保护组织是由形状不规则的多边形细胞组成的，见上页图中保护组织①，绿叶处的保护组织是由表皮细胞和构成气孔的保卫细胞组成的，见上页图中保护组织②。白菜的输导组织中的导管主要是螺纹导管。

探究作业

常见蔬菜的组织

菠菜是一种常见的蔬菜，选取新鲜的菠菜叶，取不同部位制成临时装片，在显微镜下观察，看看你能观察到几种组织，这些组织的细胞组成有何不同。

菠菜

2.5 颤藻细胞和水绵细胞

曾经在很长一段时间里，颤藻（一种蓝藻）被归为植物，后来分类学家发现它们和其他藻类植物有着显著的不同：蓝藻没有以核膜为界限的细胞核，属于原核生物，结构与细菌相似，在进化中出现较早；而其他藻类植物有以核膜为界限的细胞核，属于真核生物，进化上出现较晚。所以最终蓝藻被改名为蓝细菌，将其从植物归为原核生物。颤藻呈现蓝绿色，是由一列单细胞组成的丝状体，因其能前后运动或左右摆动而得名。

水绵是常见的真核生物，属水绵科、水绵属植物，多生长在淡水处。水绵为多细胞丝状结构个体，叶绿体呈带状，可进行光合作用。藻体是由一列圆柱状细胞连成的不分枝的丝状体。在显微镜下，可见每个细胞中有一至多条带状叶绿体。

01 实验原理

原核细胞与真核细胞的主要区别就是有无成形的细胞核。颤藻和水绵分别是典型的原核生物和真核生物，由于取材方便，是观察学习原核细胞和真核细胞最常用的实验材料。碘液与细胞核中的蛋白质分子结合显现棕黄色，使细胞核形态明显，便于观察。

02 实验目的

1. 通过制作及观察颤藻和水绵的临时装片，在显微镜下比较两种生物的细胞大小、结构、颜色、形态的不同之处。
2. 学会引流法用碘液进行染色，初步学会辨别原核生物和真核生物。

03 实验仪器及材料

数码液晶显微镜、载玻片、盖玻片、胶头滴管、镊子、培养皿、解剖刀；清水、碘液、吸水纸、颤藻、水绵。

04 实验步骤

1. 用肉眼观察颤藻，其呈现蓝绿色并散发出臭味。在盛有颤藻的培养皿中，用胶头滴管吸取溶液并滴回培养皿，反复吸取几次，使颤藻分散开，不至于杂质密度太高，影响观察。最后避开杂质较多区域，用胶头滴管吸取一胶头滴管，滴一到两滴在干净的载玻片中央，盖上盖玻片。

2. 用肉眼观察水绵，如发丝，呈绿色。在盛有水绵的培养皿中，用镊子轻轻挑取 1 条水绵，如果太长，就用解剖刀切断，将其放在滴有清水的载玻片中央，盖上盖玻片。
3. 用显微镜分别观察两张临时装片，先用低倍镜再用高倍镜，比较两种生物的细胞大小、结构、颜色、形态的不同之处。对于细胞观察比较熟练的观察者，也可以尝试将取材后的颤藻和水绵放在同一张载玻片上，并盖一张盖玻片，这样就能在同一视野中同时进行比较和观察。但是对于初学者而言，这样做可能会与其他藻类或杂质混淆，还是分开制作装片观察较好。
4. 观察结束，将装片从载物台上取下，在盖玻片的一侧滴加碘液，另一侧用吸水纸引流，重复多次，直至肉眼观察到水绵被染成黄色，再次镜检。

05 实验结果

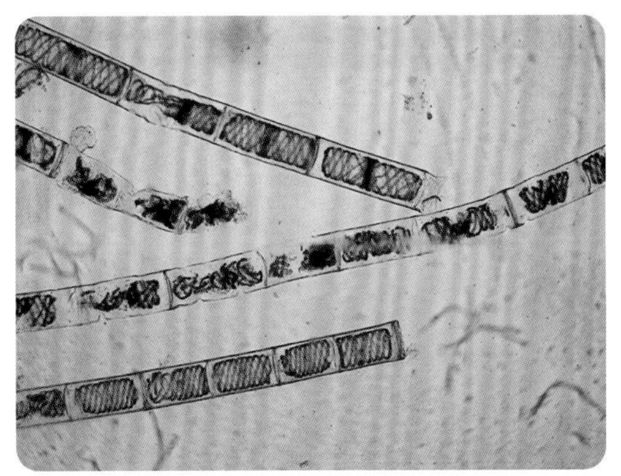

水绵 （60 ×）

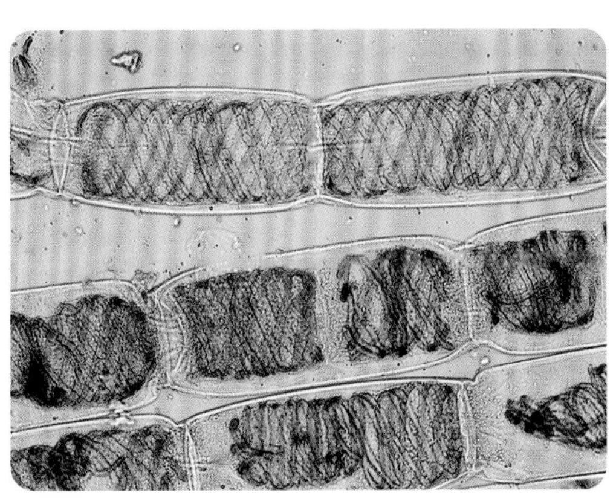

水绵 （150 ×）

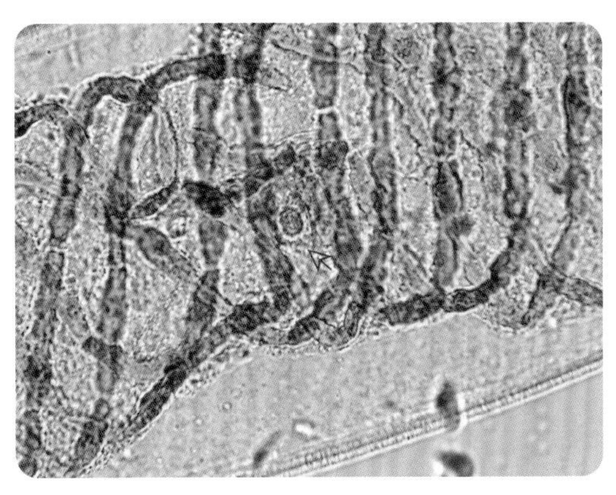

水绵 （600 ×） 箭头指示细胞核

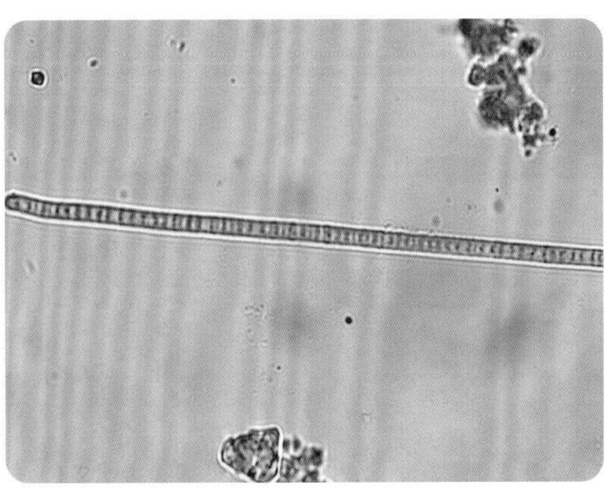

颤藻 （600 ×）

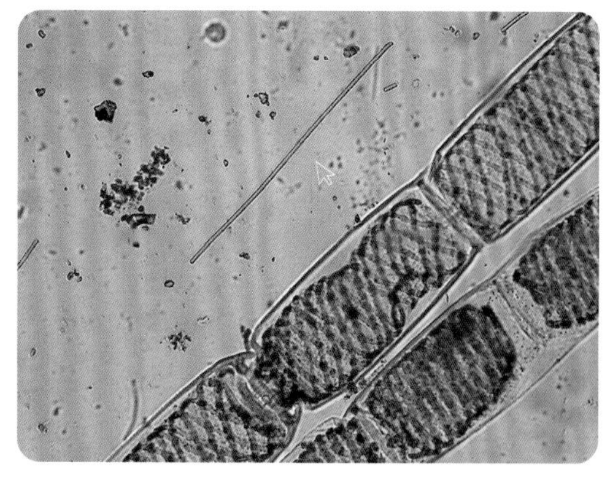

颤藻和水绵（150×）箭头指示颤藻

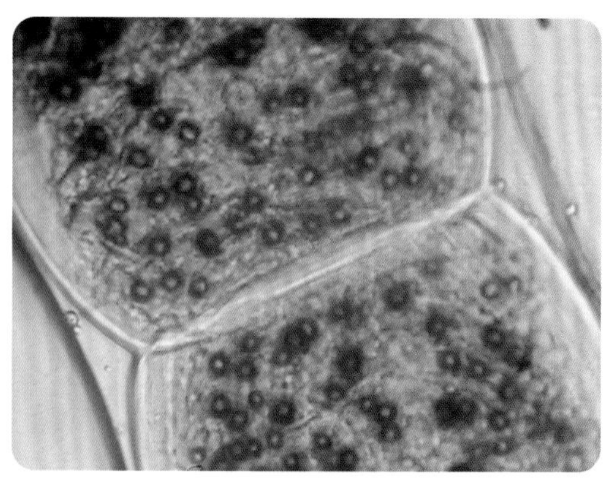

水绵（600×）经碘液染色后蓝色淀粉颗粒

06 实验结论

比较	染色前			染色后		结论
	大小	颜色	色素分布	细胞核	淀粉颗粒	
颤藻	较小	蓝绿色	均匀分散在细胞质上	无	无	原核生物
水绵	较大	黄绿色	集中在带状叶绿体上	棕黄色	蓝色	真核生物

探究作业

水绵的接合生殖诱导

在洗净的培养皿内垫上1～2层吸水滤纸，滴入少量蒸馏水润湿滤纸，以倾斜培养皿无积水滴下为宜。把采来的新鲜水绵藻丝薄薄地铺在培养皿内的滤纸上，盖上皿盖，置于光照培养箱或家用电冰箱冷藏室内，在4～5℃低温下培养。5～7天后即有接合生殖现象发生。培养过程中要保持滤纸湿润，干时应及时滴加蒸馏水润湿。镜检时用镊子夹取少量藻丝制成临时装片观察即可，通常在一个视野内就可观察到水绵梯状接合生殖的各个时期形态。

在采集水绵标本时，应注意观察藻丝的颜色，尽量采集呈黄绿色、漂浮在水面上或近岸边的藻丝，以此作为诱导水绵接合生殖的培养材料，效果会更好。

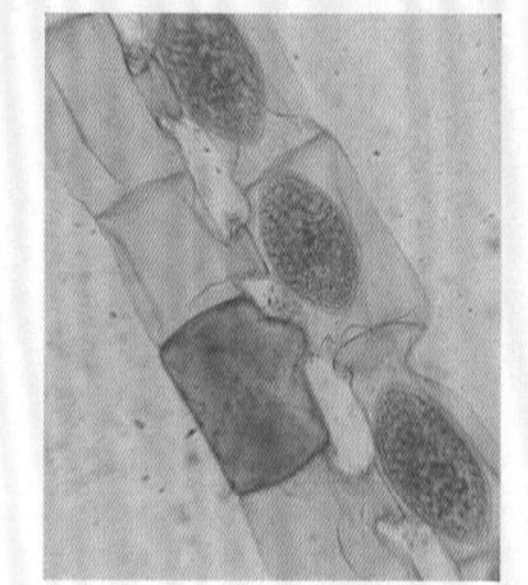

水绵

2.6 细胞中的颜色

四季都有自己的色彩，是因为各种植物赋予了四季不同的颜色，叶片的翠绿，花朵的缤纷，果实的鲜艳，那么植物中的这些颜色又是来自哪里呢？

细胞是植物体结构和功能的基本单位，叶片、花朵、果实都是由细胞构成的，我们要探索植物颜色的秘密，就需要从细胞入手。叶片的绿色来自哪些细胞？如果我们尝试撕取月季叶片的上下表皮，会发现它们都是透明无色的，而夹在中间的叶肉细胞都是绿色的。那叶肉细胞的绿色又来自哪里呢？并不是所有的叶子都是绿色的，如紫色洋葱鳞片叶，一品红的红叶，它们的紫色和红色也是来自细胞吗？同样是月季花，花朵颜色不同，细胞中颜色来源也不太一样！让我们一起进入细胞的世界去寻找答案吧！

01 实验原理

叶绿体中的叶绿素、液泡中的花青素、细胞质基质中的有色体都可以使细胞呈现不同的颜色。

02 实验目的

观察各种有颜色的细胞，判断颜色的来源。

03 实验仪器及材料

数码液晶显微镜、载玻片、盖玻片、镊子、吸水纸；清水、不同颜色的月季花、紫色洋葱、西瓜、西红柿、黑藻、水盾草等植物。

04 实验步骤

1. 在载玻片中央滴加一滴清水。
2. 取实验材料置于清水中。
3. 盖上盖玻片，在显微镜下观察。

05 实验结果

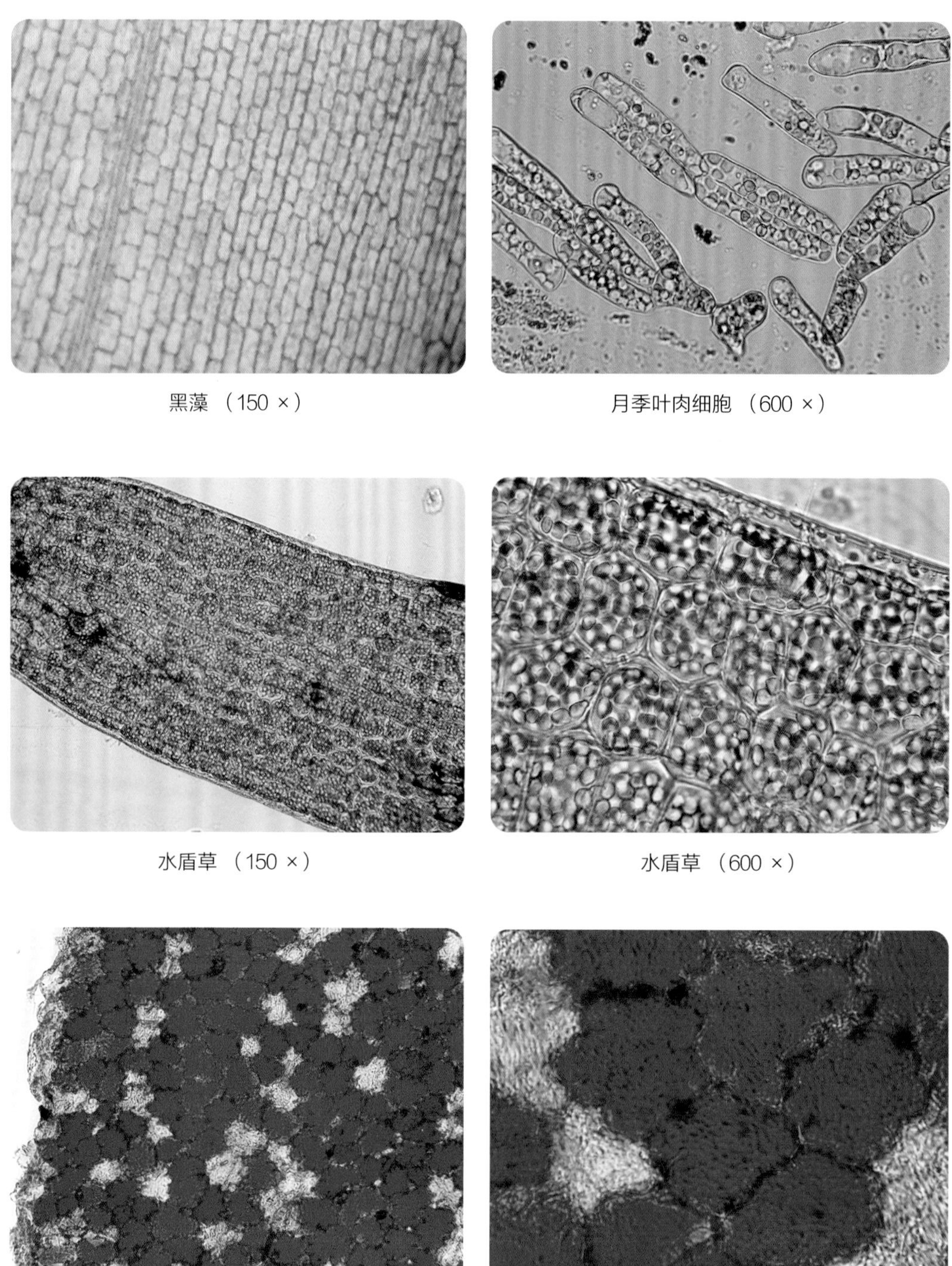

黑藻 （150 ×）

月季叶肉细胞 （600 ×）

水盾草 （150 ×）

水盾草 （600 ×）

红色月季花瓣下表皮细胞 （150 ×）

红色月季花瓣下表皮细胞 （600 ×）

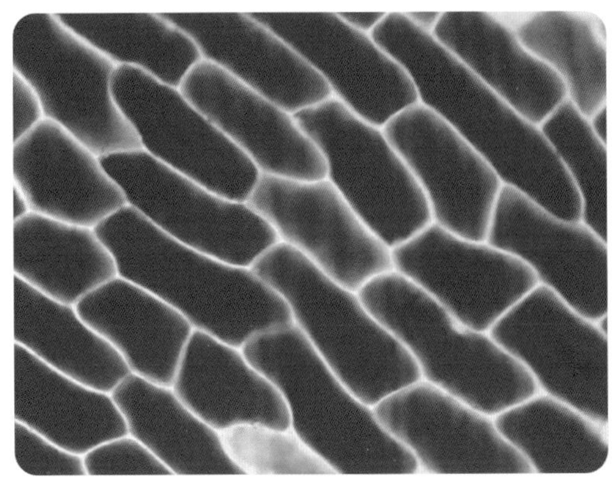

紫色洋葱鳞片叶外表皮细胞 （150 ×）

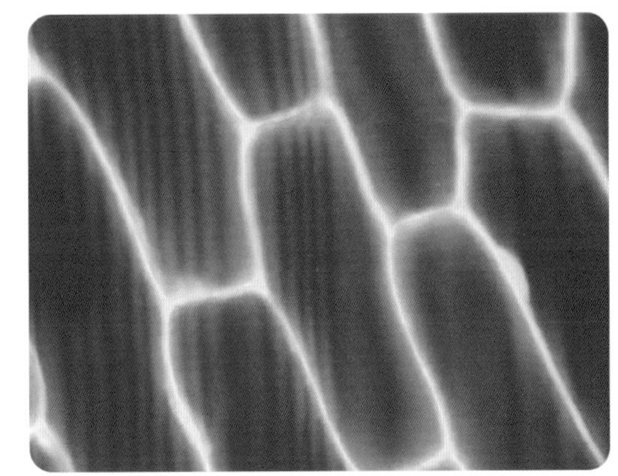

紫色洋葱鳞片叶外表皮细胞 （600 ×）

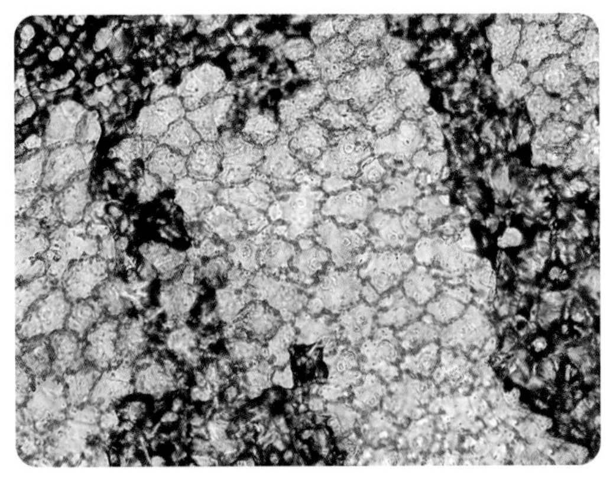

黄色月季花瓣下表皮细胞 （150 ×）

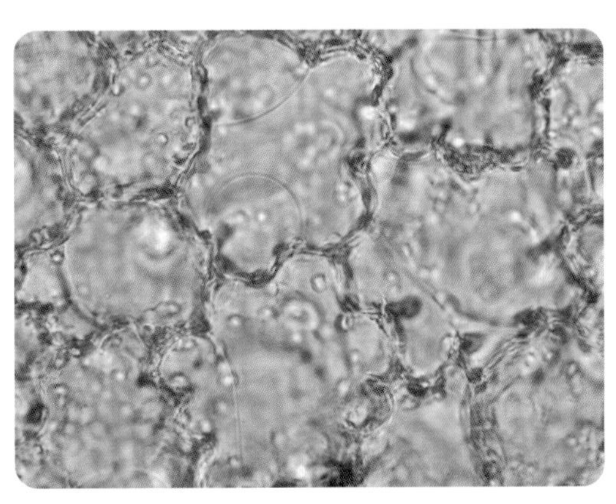

黄色月季花瓣下表皮细胞 （600 ×）

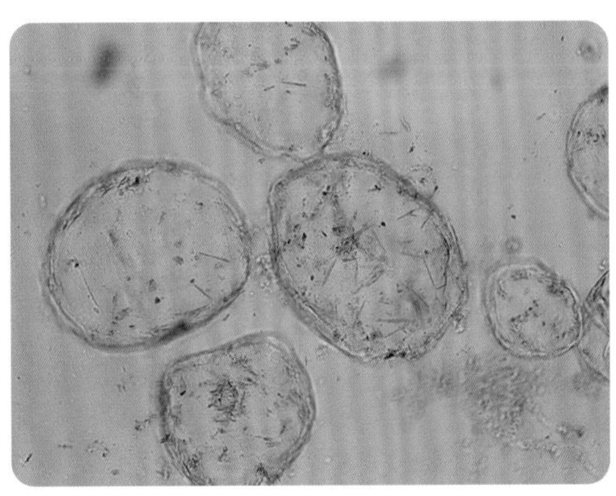

西红柿果肉细胞 （600 ×）

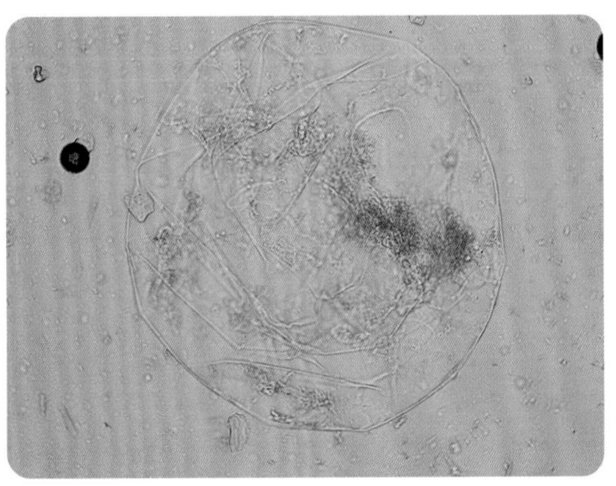

西瓜果肉细胞 （600 ×）

说明

1. 黑藻、水盾草、月季叶肉细胞都可以观察到大量的叶绿体，因此可以判断细胞颜色来源于叶绿体中的叶绿素。

2. 紫色洋葱鳞片叶外表皮、红色月季花瓣明显可以观察到颜色丰富的中央大液泡，因此可以判断细胞颜色来源于液泡中的花青素。

3. 黄色月季花瓣、西红柿、西瓜不能观察到叶绿体和颜色均匀、丰富的中央大液泡，但是细胞中有很多棒状或颗粒状的有色体，因此可以判断细胞颜色来源于细胞质基质中的有色体。

06 实验结论

1. 绿色植物叶片颜色主要来自于叶绿体中的叶绿素。
2. 花朵、果实、鳞片叶等颜色可能来自于液泡中的花青素，也可能来自于细胞质基质中的有色体。

探究作业

其他花朵颜色的来源

判断细胞颜色来源的方法你学会了吗？请收集生活中不同颜色的花朵，观察并判断不同花朵颜色的来源吧！

油菜花

2.7 植物组织中的导管

导管是由许多长形、管状的细胞构成的，这些细胞没有细胞质和细胞核，上下细胞间的细胞壁消失，形成了一根中空的管道。导管属于输导组织，功能是把植物吸收的水和无机盐输送到植株体的各个部位。导管在发育初期是生活的细胞，成熟后细胞会死亡。在成熟过程中，细胞壁木质化有不同程度的增厚，形成各种花纹。因为花纹形态不同，导管的名称也就各异，有环纹、螺纹、梯纹、网纹和孔纹等。

01 实验原理

导管在植株体内相互连接，形成“管网”，运输水和无机盐。在植物的根、茎、叶、花、果实、种子中都有导管存在，因此比较容易观察。

02 实验目的

1. 观察植物组织中不同类型的导管，并尝试对其进行区分。
2. 掌握导管临时装片的制作技巧。

03 实验仪器及材料

数码液晶显微镜、载玻片、盖玻片、镊子、刀片、解剖针；清水、番茄果实、吊兰花冠、非洲凤仙花冠、马齿苋茎、苋菜茎、穿心莲茎、葡萄茎卷须。

04 实验步骤

1. 在载玻片中央滴一滴清水。
2. 取实验材料，放在载玻片的清水中，展平。由于材料不同，取材的方法也不一样。

   番茄果实：用刀片将果实切开，用解剖针从靠近果柄中间部分挑取少量发黄的细丝，在载玻片水滴中展平；吊兰花冠、非洲凤仙花冠：用镊子撕取花冠的下表皮靠中央主脉的部位，在载玻片水滴中展平；马齿苋茎、苋菜茎、穿心莲茎、葡萄茎卷须：将其茎纵切，用解剖针从其切面上挑取少量输导组织，在载玻片水滴中用镊子分散开。
3. 盖上盖玻片，制成临时装片。在盖玻片上再加盖一片载玻片，用手指轻压，使实验材料分散开，再取下载玻片。

4. 在进行显微镜观察时，先用低倍镜再用高倍镜。注意区分其花纹的不同，辨别导管种类（有的材料可提前用红墨水浸泡染色，便于观察到导管）。

05 实验结果

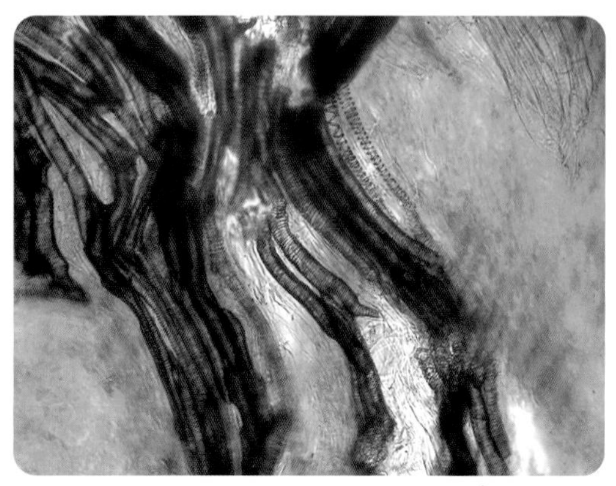

番茄果实中的导管（红墨水染色，150 ×）

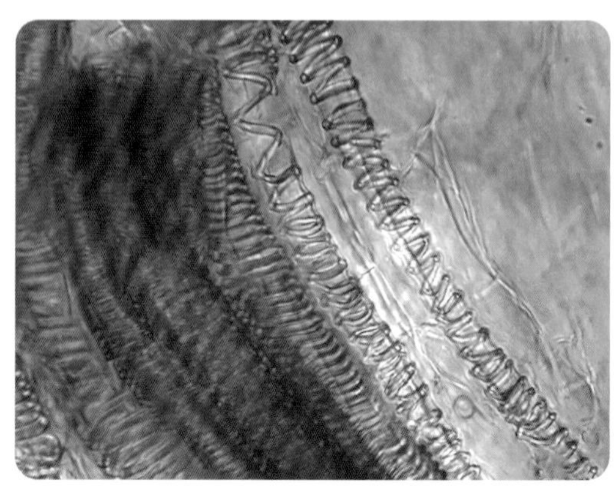

番茄果实中的螺纹导管（红墨水染色，600 ×）

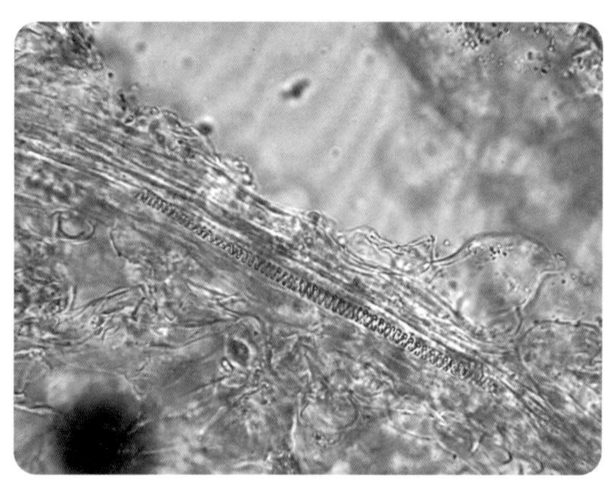

吊兰花冠中的螺纹导管（未染色，600 ×）

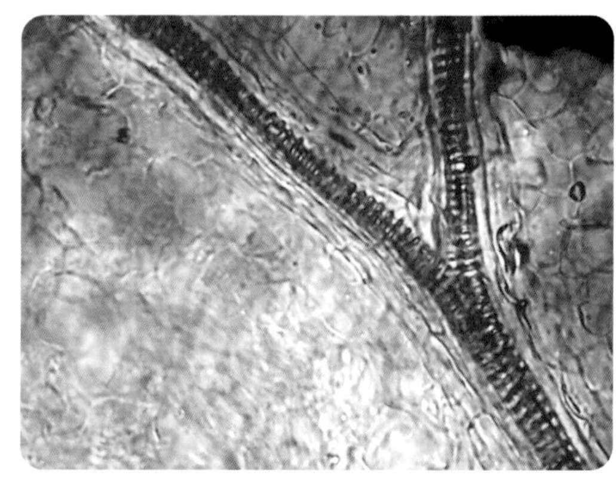

非洲凤仙花冠中的螺纹导管（未染色，600 ×）

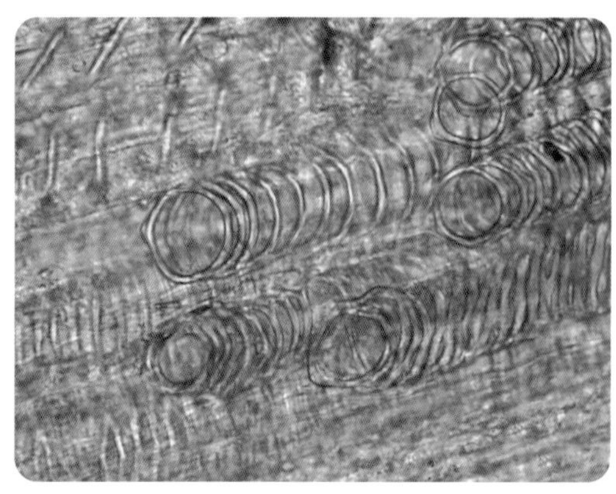

马齿苋茎中的螺纹和环纹导管（未染色，600 ×）

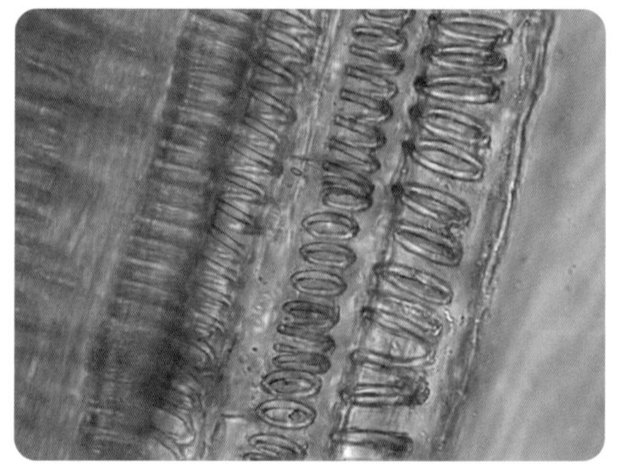

马齿苋茎中的螺纹和环纹导管（未染色，600 ×）

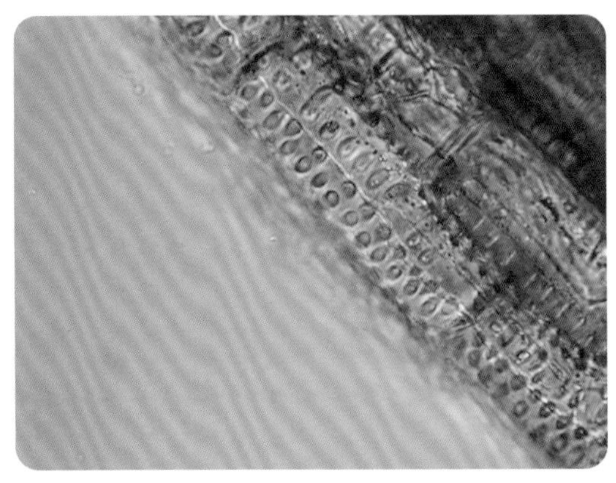
苋菜茎中的孔纹导管（红墨水染色，600 ×）

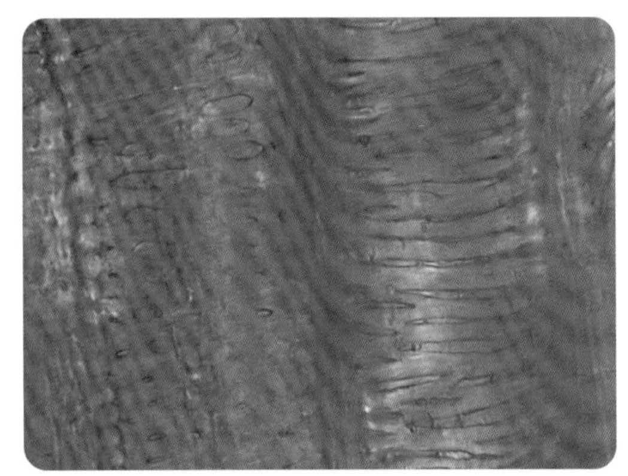
苋菜茎中的网纹和梯纹导管（600 ×）

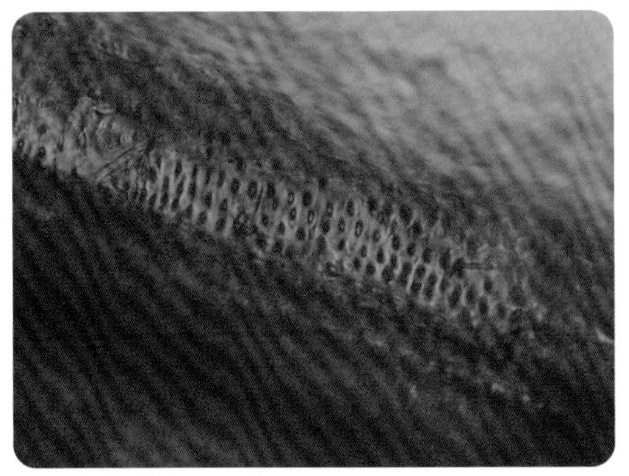
穿心莲茎中的孔纹导管（红墨水染色，600 ×）

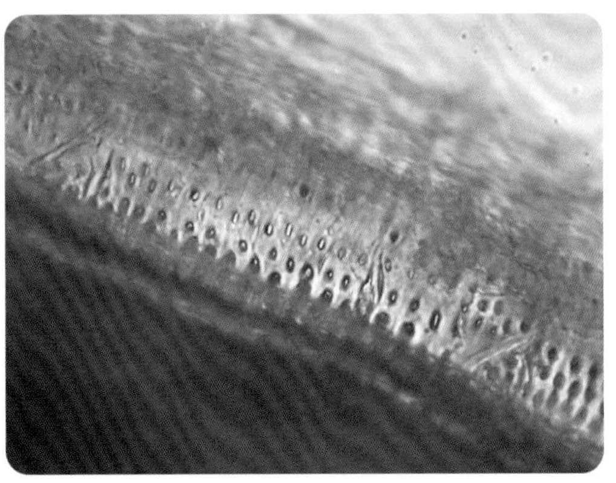
穿心莲茎中的孔纹导管（未染色，600 ×）

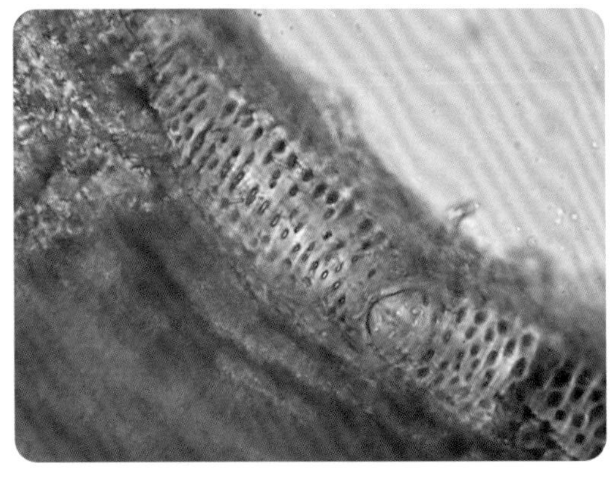
穿心莲茎中的孔纹导管示接头（未染色，600 ×）

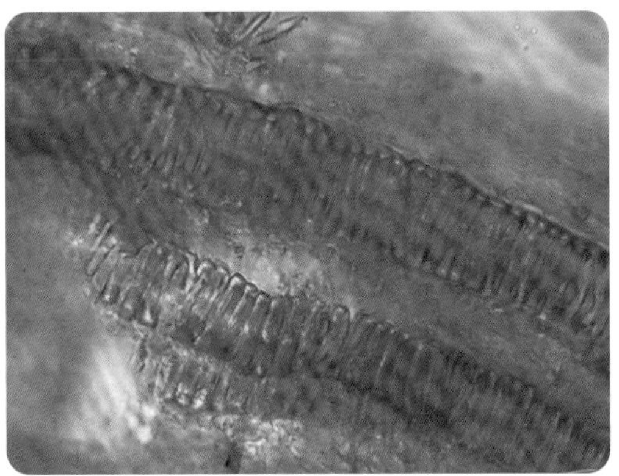
穿心莲茎中的梯纹导管（未染色，600 ×）

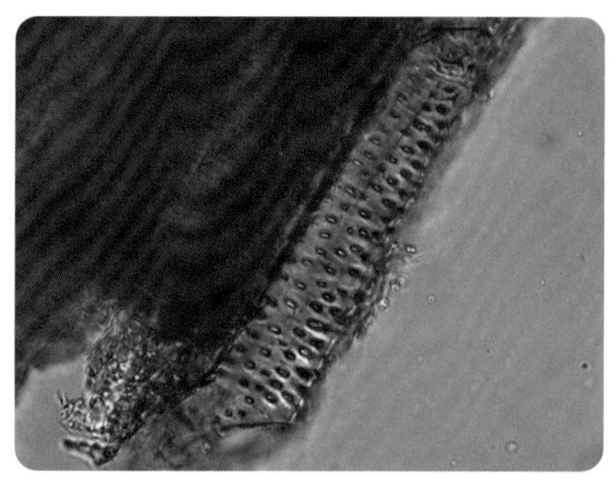

葡萄茎卷须中的孔纹导管 （红墨水染色， 600 ×）

葡萄茎卷须中的梯纹导管 （红墨水染色， 600 ×）

06 实验结论

1. 番茄果实、吊兰花冠和非洲凤仙花冠中都能观察到螺纹导管。
2. 马齿苋茎中的螺纹导管和环纹导管清晰，易区分。
3. 苋菜茎、穿心莲茎、葡萄茎卷须中可观察到孔纹导管和梯纹导管。

探究作业

芹菜叶柄和叶脉中的导管

芹菜是常见的蔬菜，四季都有，材料易得。我们可以尝试用其叶柄或叶脉观察导管。具体操作提示如下。

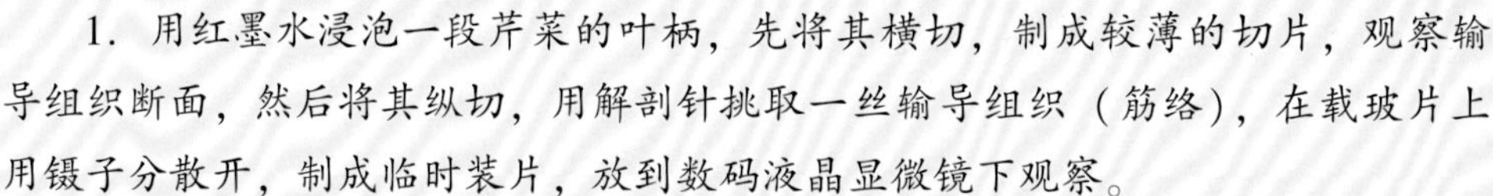

1. 用红墨水浸泡一段芹菜的叶柄，先将其横切，制成较薄的切片，观察输导组织断面，然后将其纵切，用解剖针挑取一丝输导组织（筋络），在载玻片上用镊子分散开，制成临时装片，放到数码液晶显微镜下观察。

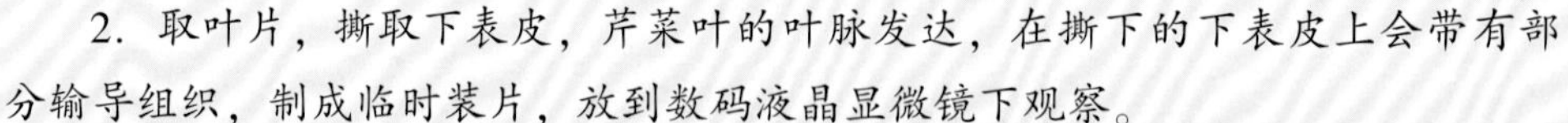

2. 取叶片，撕取下表皮，芹菜叶的叶脉发达，在撕下的下表皮上会带有部分输导组织，制成临时装片，放到数码液晶显微镜下观察。

观察过程中，先用低倍镜再用高倍镜。请将你看到的导管拍照保存，并尝试描述其特点。

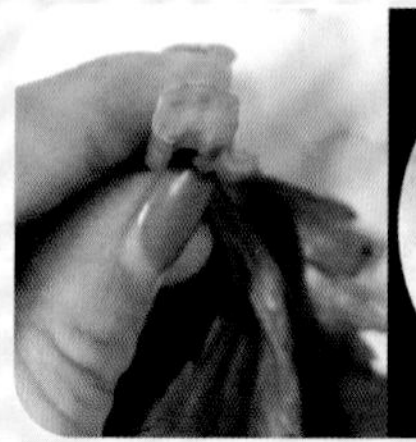

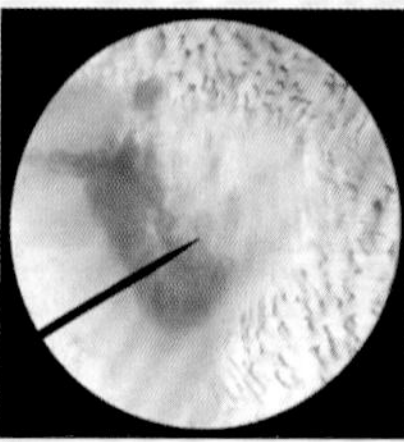

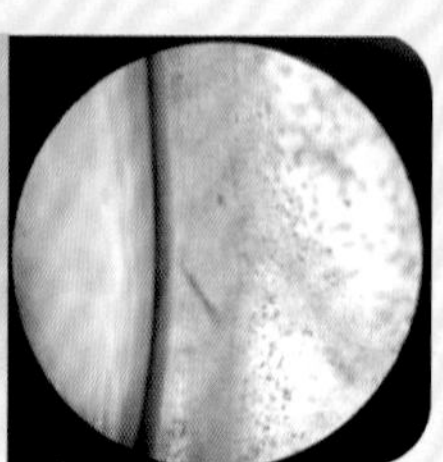

红墨水染色的芹菜叶柄分别进行横切和纵切

2.8 植物的气孔

气孔是两个保卫细胞之间形成的小孔。保卫细胞区别于表皮细胞最显著的特征是细胞中含有叶绿体。气孔在光合、呼吸、蒸腾作用等代谢活动中起着重要作用，是水分散失和气体进出的通道。气体或水蒸气通过量可由保卫细胞控制的气孔开闭作用来调节，在生理上具有重要的意义。气孔在叶表皮上是均匀分布的吗？植物的其他器官有没有气孔？我们借助数码液晶显微镜来一探究竟吧！

01 实验原理

多数陆生阔叶植物的气孔主要分布在叶，子叶、花冠、嫩茎、果皮等部位也存在少量的气孔，叶的气孔主要分布在下表皮，不同植物气孔的密度和排列方式也不一样。

02 实验目的

1. 观察叶上、下表皮及气孔的结构，了解气孔在叶上、下表皮分布的数量差异。
2. 观察单子叶植物和双子叶植物的气孔分布，描述两类植物气孔分布特点的主要差异。
3. 观察胚轴、子叶、花冠等部位的气孔，了解气孔在其他器官的分布。

03 实验仪器及材料

数码液晶显微镜、载玻片、盖玻片、镊子、刀片；清水、萱草叶、小叶黄杨叶、景天白牡丹叶、长寿花叶、百合的叶、吊兰的叶、球兰的叶、天竺葵叶、盾叶天竺葵叶、红色非洲菊和黄色非洲菊的花冠、红色月季花冠、吊兰花冠、西瓜果皮、黄豆芽。

04 实验步骤

1. 在载玻片中央滴一滴清水。
2. 用镊子分别撕下一小块新鲜叶片或花冠的表皮，放到载玻片中央的清水中，用镊子轻轻展开并赶走气泡。单层细胞不易获得，可先用刀片切出一小块薄片，然后再用刀片轻轻将果肉细胞层刮掉，形成果皮细胞单层。
3. 盖上盖玻片，制成临时装片。

05 实验结果

1. 单子叶植物上、下表皮细胞及气孔

萱草叶上表皮气孔 （150 ×）

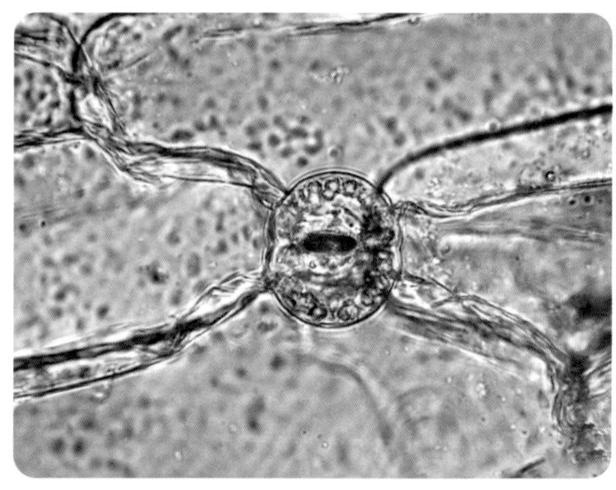
萱草叶上表皮气孔 （600 ×）

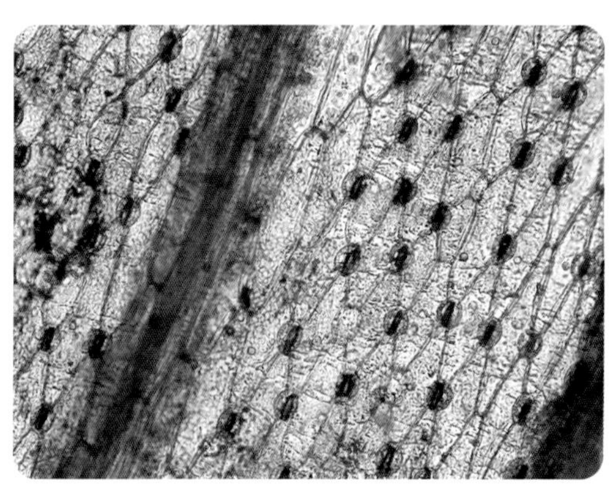
萱草叶下表皮气孔 （150 ×）

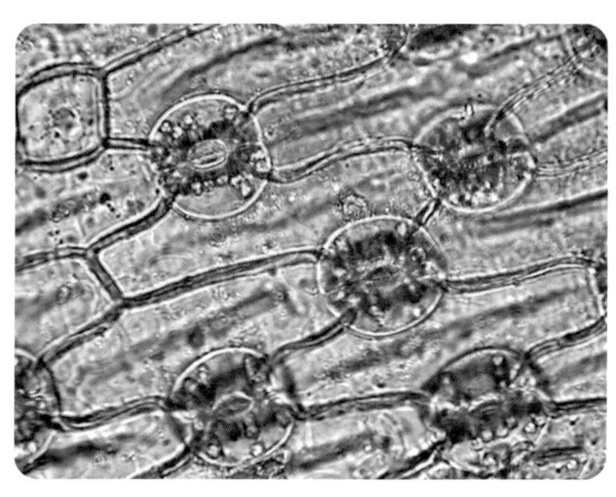
萱草叶下表皮气孔 （600 ×）

百合叶下表皮气孔 （150 ×）

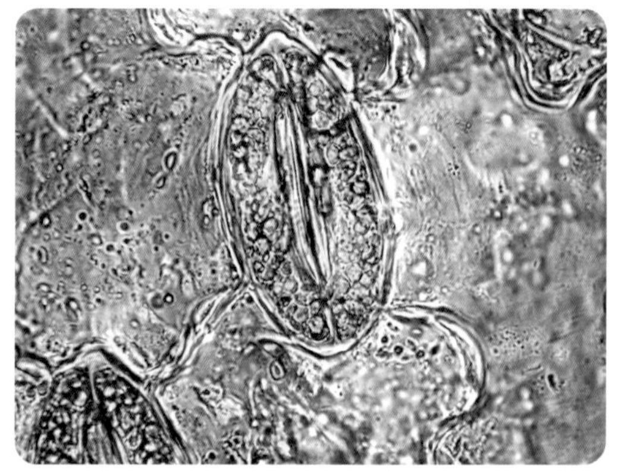
百合叶下表皮气孔 （600 ×）

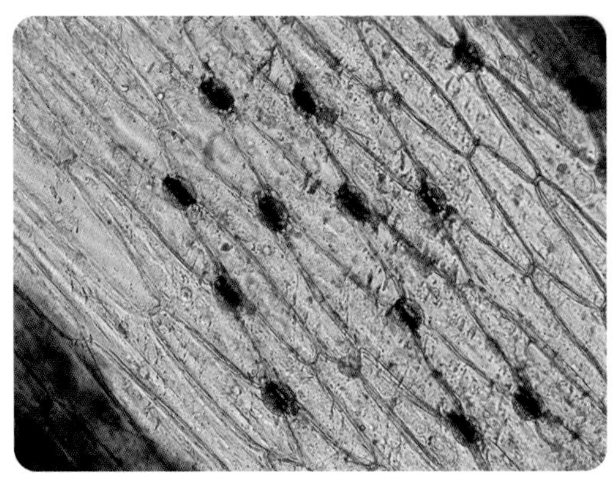
吊兰叶下表皮气孔 （150 ×）

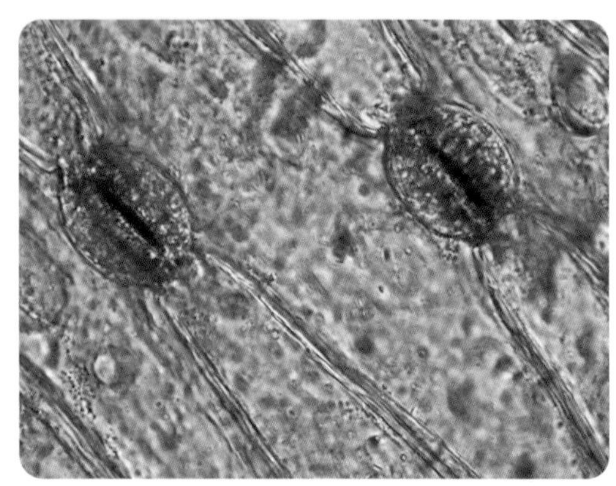
吊兰叶下表皮气孔 （600 ×）

2. 双子叶植物上、下表皮细胞及气孔

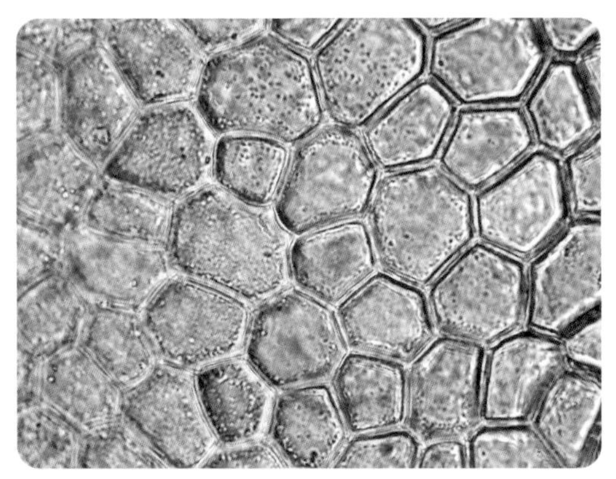
球兰叶上表皮： 无气孔 （600 ×）

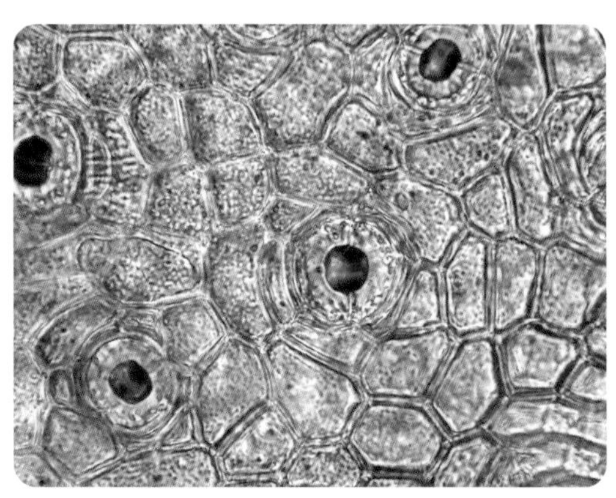
球兰叶下表皮： 气孔多 （600 ×）

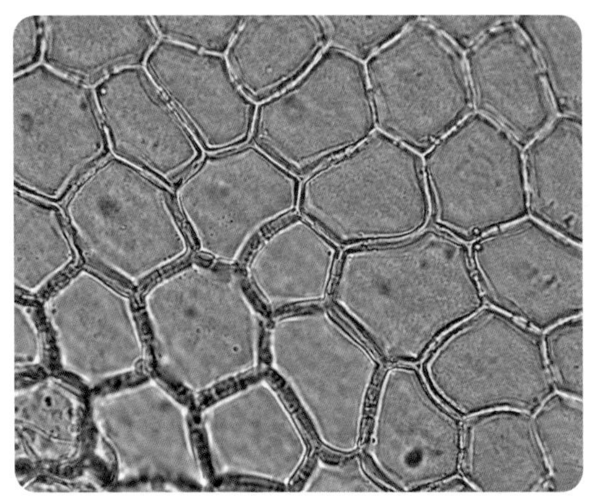
小叶黄杨叶上表皮： 无气孔 （600 ×）

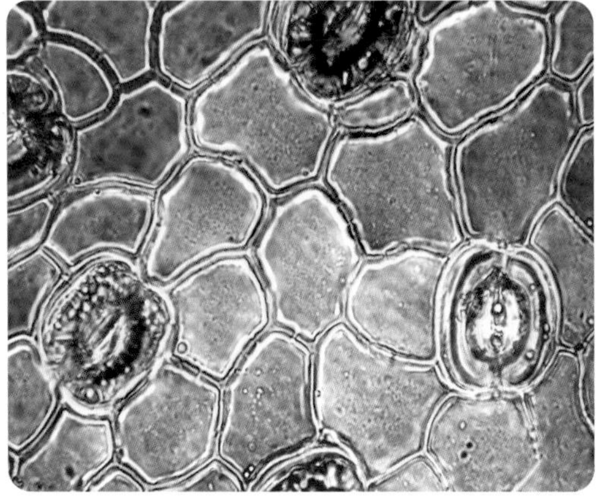
小叶黄杨叶下表皮： 气孔多 （600 ×）

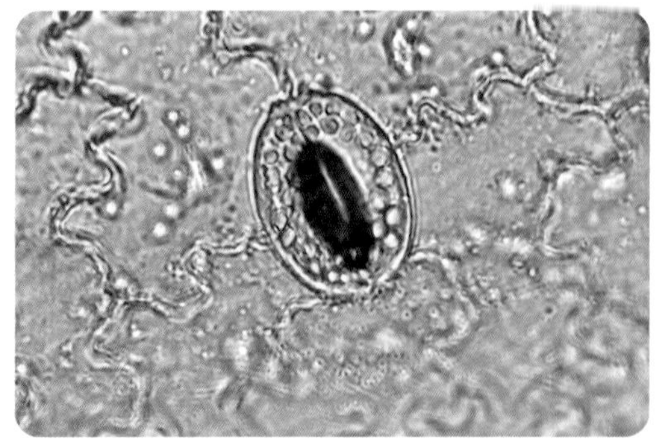
天竺葵叶下表皮气孔 （600 ×）

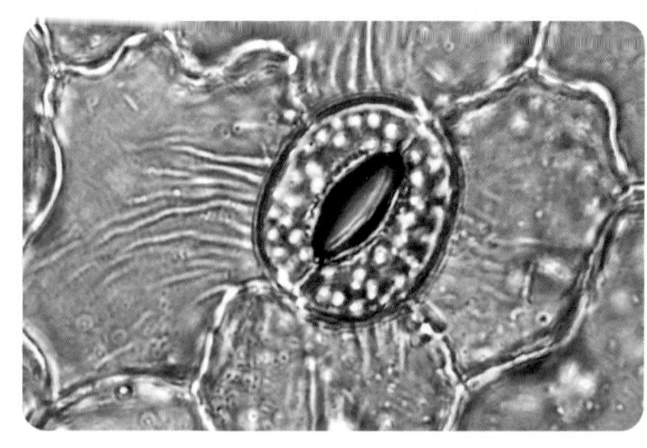
盾叶天竺葵叶下表皮气孔 （600 ×）

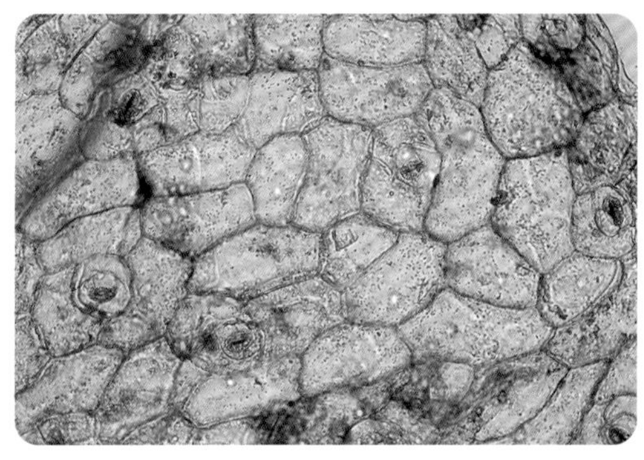
长寿花叶上表皮气孔 （150 ×）

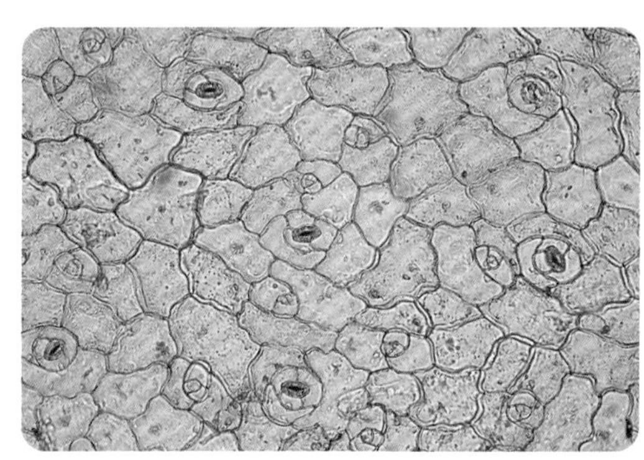
长寿花叶下表皮气孔 （150 ×）

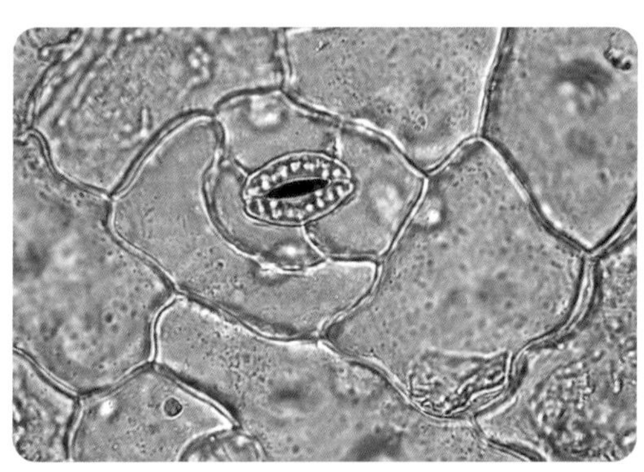
长寿花叶下表皮气孔 （600 ×）

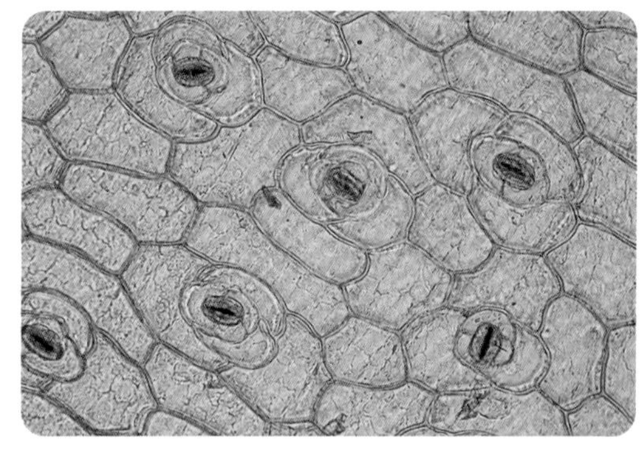
景天白牡丹叶上表皮气孔 （150 ×）

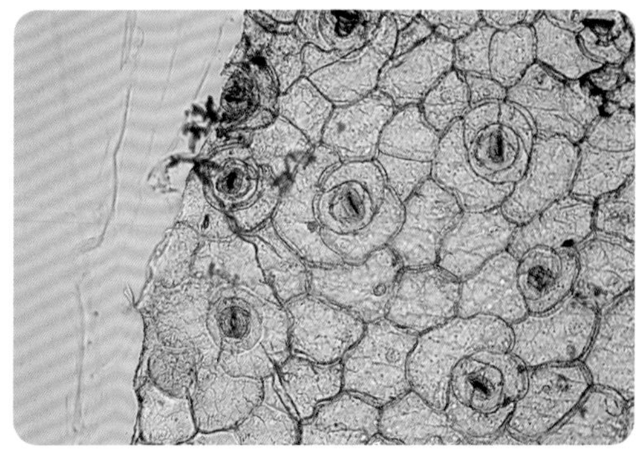
景天白牡丹叶下表皮气孔 （150 ×）

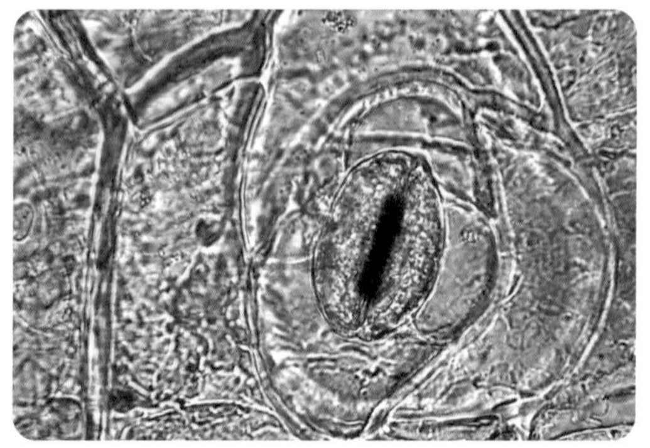
景天白牡丹叶下表皮气孔 （600 ×）

3. 其他器官表皮细胞及气孔

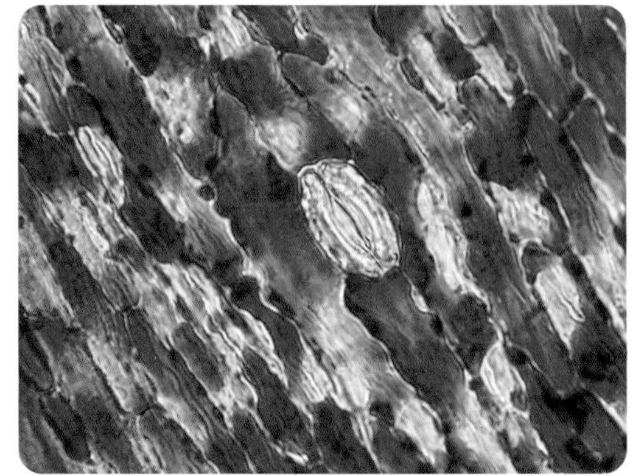
红色非洲菊花冠下表皮气孔 (600 ×)

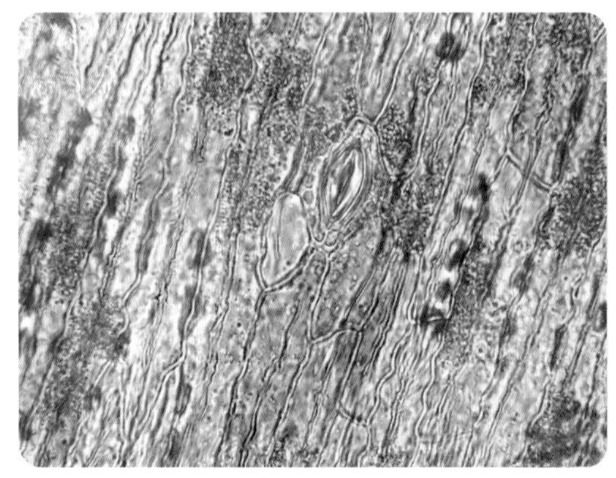
黄色非洲菊花冠下表皮气孔 (600 ×)

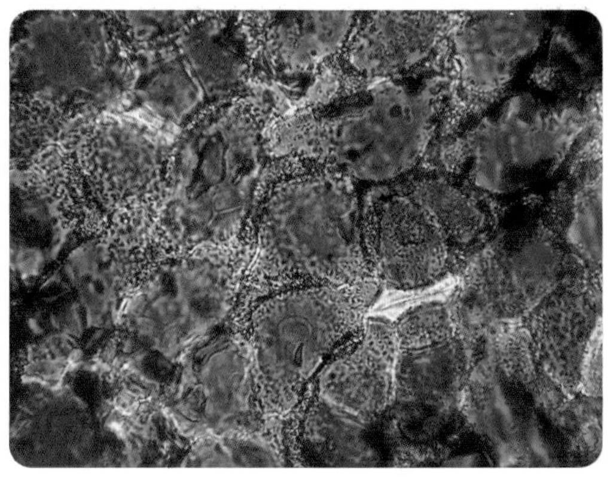
红色月季花冠下表皮气孔 (600 ×)

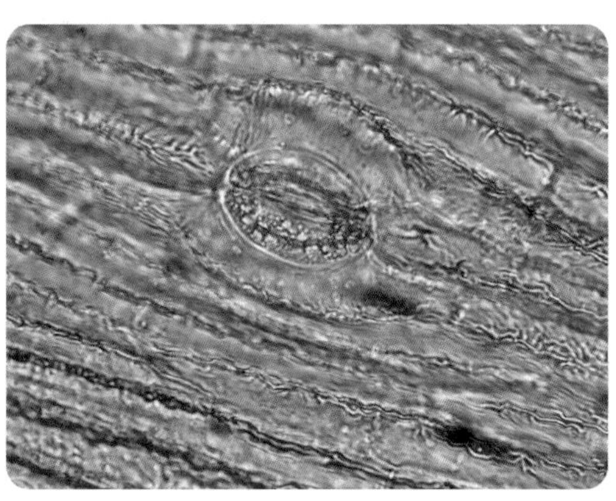
吊兰花冠下表皮气孔 (600 ×)

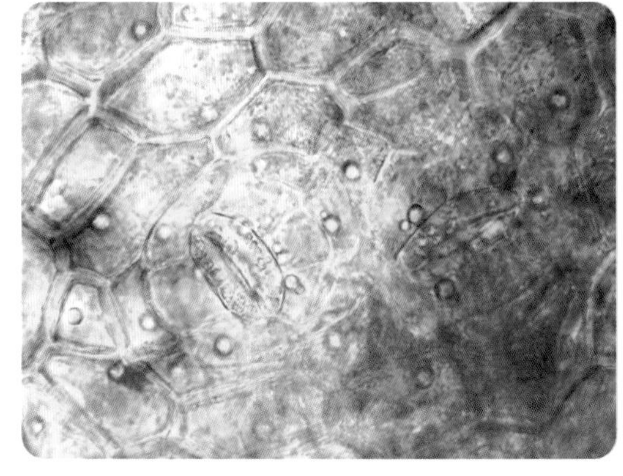
未刮掉果肉细胞的西瓜果皮气孔 (600 ×)

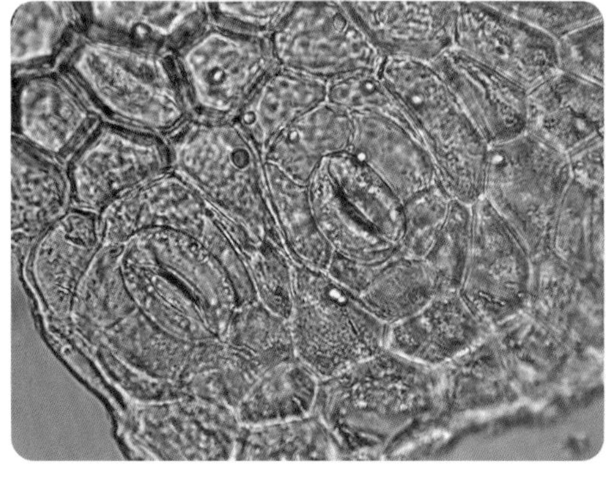
刮掉果肉细胞的西瓜果皮气孔 (600 ×)

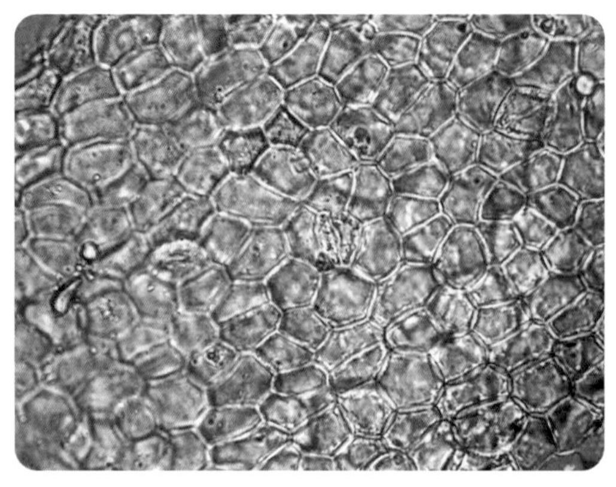

黄豆芽子叶下表皮气孔（600 ×）

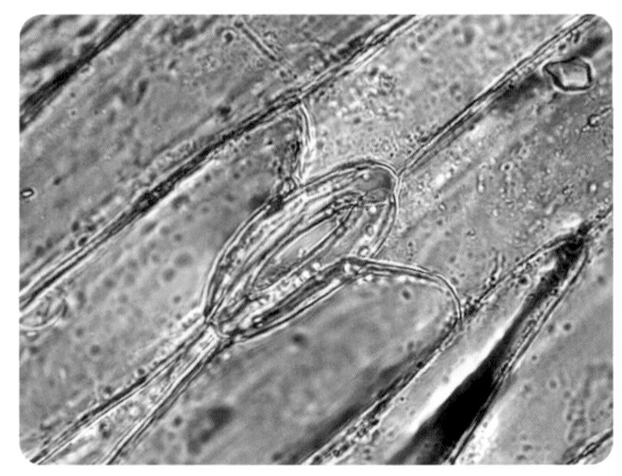

黄豆芽胚轴外表皮气孔（600 ×）

06 实验结论

1. 单子叶植物和双子叶植物的叶多数都是上表皮气孔数量少，下表皮气孔数量多。
2. 单子叶植物的气孔在表皮分布比较规则且密集，双子叶植物的气孔分布相对随机。
3. 景天科多肉植物上、下表皮的气孔数量没有明显差异。
4. 植物的器官除叶以外，其他的器官如花（花冠）、果实（果皮）、种子（子叶）、幼茎（胚轴）的部位也存在气孔结构。

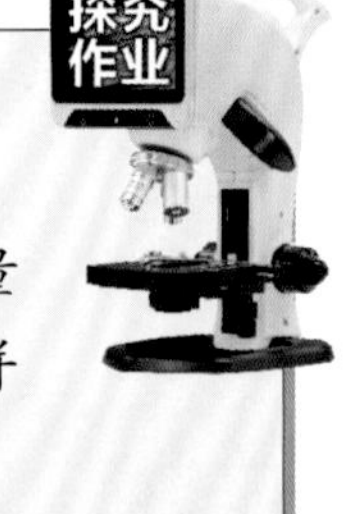

陆生植物和浮水植物上下表皮的气孔数量

陆生植物和浮水植物的生活环境差异很大，上、下表皮的气孔数量有何不同呢？你可以先做出假设，再真实观察，进行统计，分析结果并得出结论。

荷叶

2.9 植物的胞间连丝和纹孔

植物细胞壁的次生壁在加厚过程中并不是均匀增厚，在很多地方留有一些没有增厚的部分，这里没有次生壁，只有胞间层和初生壁，这种比较薄的区域称为纹孔。纹孔的类型、形状和数目随不同的细胞而异。相邻细胞的纹孔常成对发生，称为纹孔对，纹孔对使相邻植物细胞的物质交换易于进行，从而保持联系。细胞间有许多纤细的原生质丝，穿过细胞壁上的微细孔眼或纹孔对彼此相连，这种原生质丝被称为胞间连丝。在高等植物的活细胞中，胞间连丝是普遍存在的，在显微镜下便可观察。纹孔和胞间连丝的存在，使各细胞连为一个整体，有利于细胞间物质运输和信息传递。

01 实验原理

胞间连丝是细胞之间保持联系的通道，是植物进行物质运输和信息传导的特有结构。对某些植物的特定器官如叶或果实中有次生壁的部位进行特定的处理，如用刀片将果肉或叶肉等细胞刮掉，只保留表皮细胞，就比较容易观察到胞间连丝的存在；而用植物的石细胞如梨果肉的石细胞则容易观察到纹孔的结构。

02 实验目的

1. 认识多细胞植物体的活细胞通过胞间连丝相互联系。
2. 学习制作胞间连丝、纹孔等临时装片的方法。

03 实验仪器及材料

数码液晶显微镜、载玻片、盖玻片、镊子、刀片；清水、大叶黄杨、小叶黄杨、新鲜的红辣椒果实、甜椒果实、柿胚乳胞间连丝永久装片、梨、柠檬叶、樱桃。

04 实验步骤

1. 在载玻片中央滴一滴清水。
2. 用镊子分别撕下一小块新鲜叶片的表皮或果实的果皮，放到载玻片中央的清水中（内侧朝上），然后再用刀片轻轻将叶肉或果肉细胞层刮掉，形成叶表皮或果皮细胞单层。
3. 重新在实验材料上滴加清水，盖上盖玻片，制成临时装片。
4. 梨果肉临时装片制作：用镊子取少许梨果肉的离散组织，放在载玻片上，拨碎；加一滴清水，盖上盖玻片，制成临时装片。

5. 用显微镜观察制成的临时装片和柿胚乳胞间连丝永久装片，并拍照记录。

05 实验结果

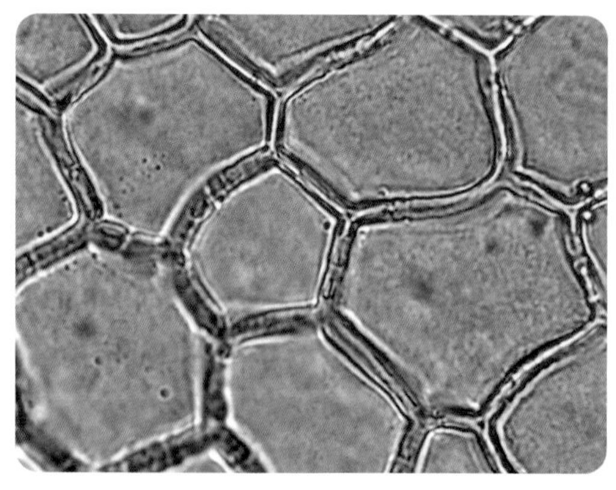

小叶黄杨叶上表皮胞间连丝（600 ×）

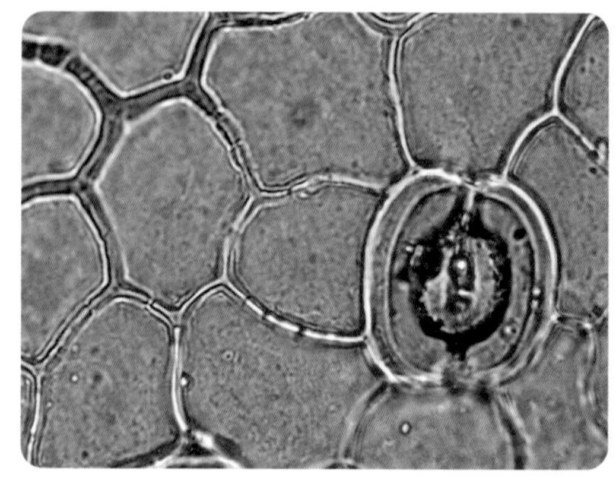

小叶黄杨叶下表皮胞间连丝（600 ×）

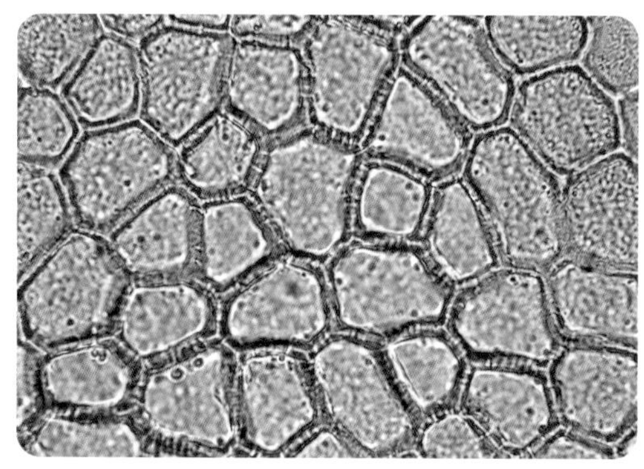

大叶黄杨叶上表皮胞间连丝（600 ×）

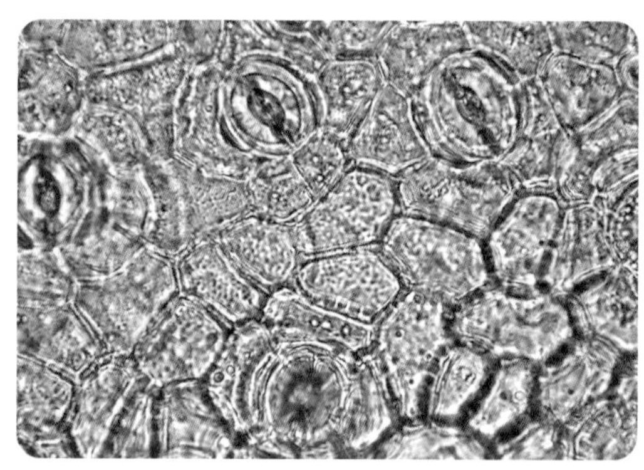

大叶黄杨叶下表皮胞间连丝（600 ×）

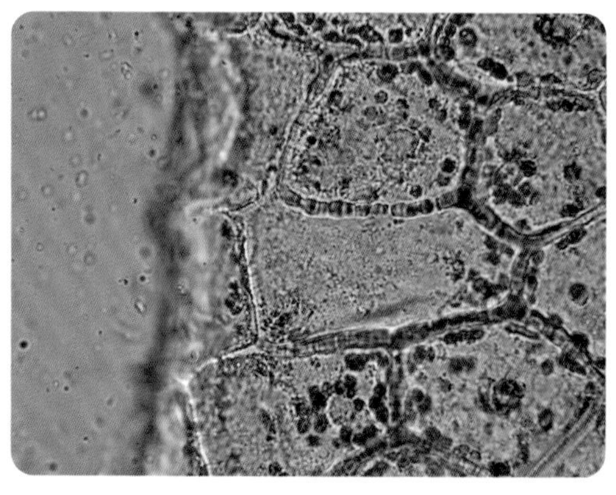

红辣椒果皮胞间连丝（600 ×）

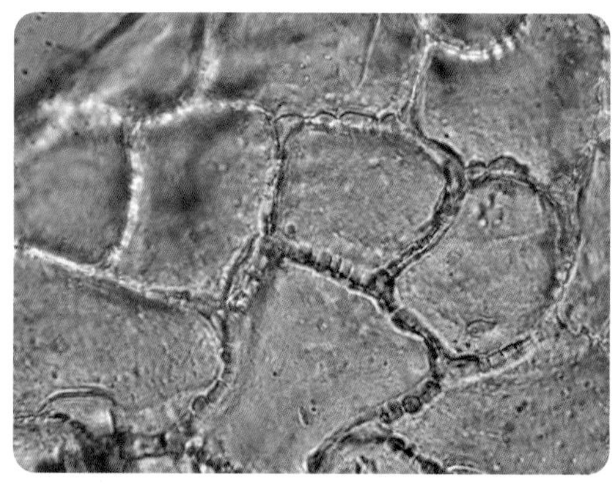

柠檬叶下表皮胞间连丝（600 ×）

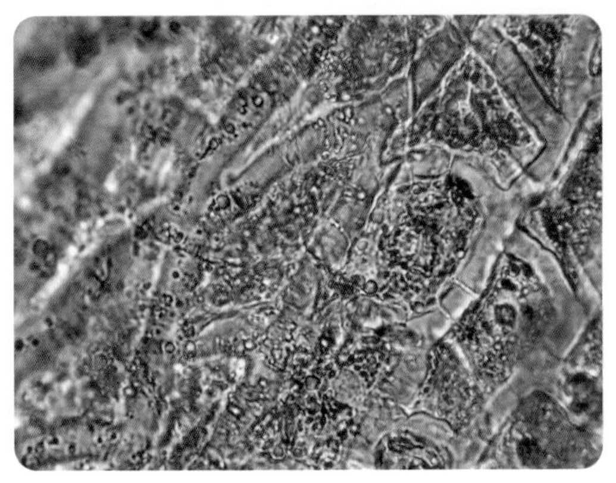
甜椒果皮胞间连丝 （600 ×）

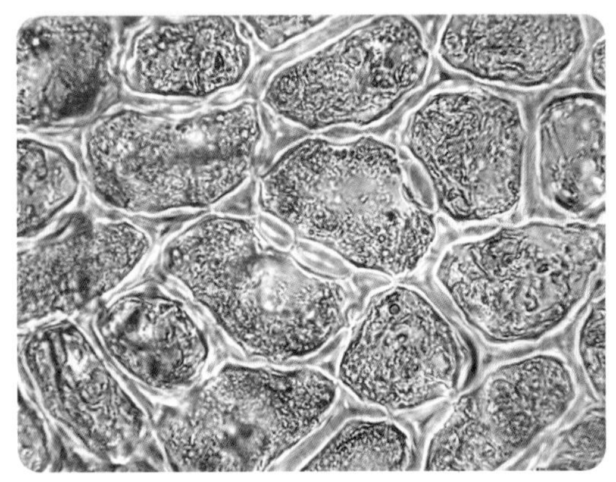
樱桃果皮胞间连丝 （600 ×）

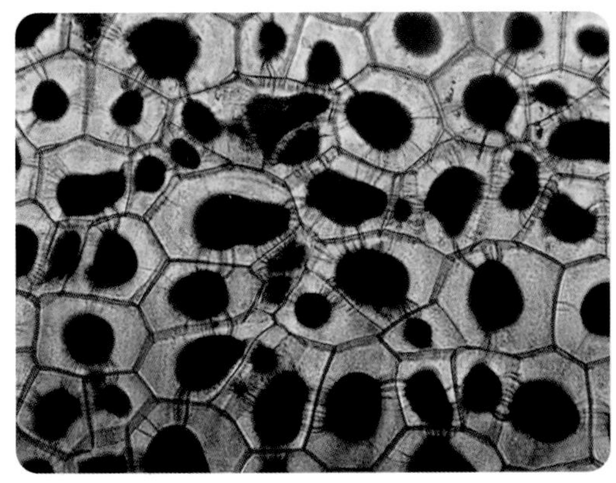
柿胚乳胞间连丝永久装片 （600 ×）

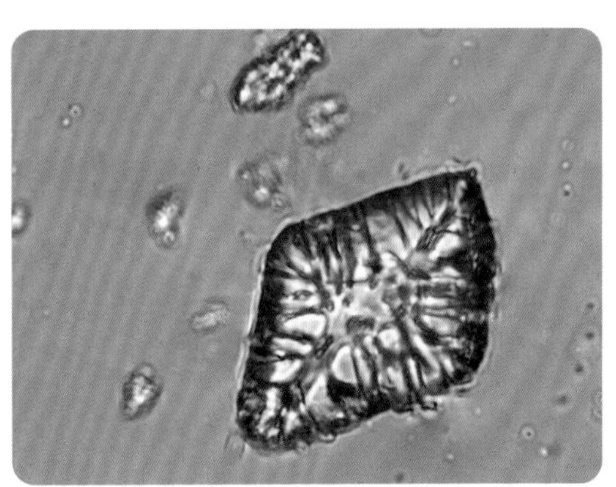
梨果肉石细胞纹孔道 （600 ×）

06 实验结论

大叶黄杨和小叶黄杨叶的上、下表皮细胞均可观察到明显的胞间连丝结构；将柠檬叶肉细胞残余用刀片刮干净后，下表皮细胞的胞间连丝结构清晰易见；红辣椒、甜椒、樱桃的外果皮细胞胞间连丝结构清晰可见；柿胚乳细胞胞间连丝结构比较清晰；梨的石细胞中纹孔的结构比较清晰。可见，胞间连丝及纹孔的结构是植物多器官普遍存在的结构。

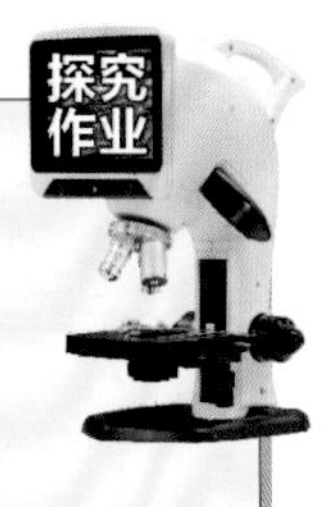

大白菜叶柄内表皮细胞的胞间连丝

取一块大白菜的肥厚叶柄，将其从外向内纵向折断，此时内表皮有时还连在一起，用镊子撕取一块内表皮，用刀片刮掉其他细胞，然后制成临时装片，放到显微镜下观察。请将你看到的细胞及胞间连丝拍照保存，并尝试描述其特点。

2.10 植物细胞中的草酸钙结晶

草酸钙结晶是存在于植物中的一种细胞后含物，无色透明。常以簇晶、方晶、柱晶、砂晶、针晶等多种形态广泛存在于植物的细胞中。在部分菊科植物中可观察到草酸钙方晶，部分茄科植物中可观察到草酸钙砂晶，三七根中有草酸钙簇晶。一般在一种植物中只能见到一种形态，但少数也能见到两种或三种。随着器官、组织的衰老，草酸钙结晶也逐渐增多。植物体内的草酸钙能够有效地对植物中钙的含量进行调节；草酸钙结晶在植物组织的支持和保护方面也具有重要作用。草酸钙结晶的形成被认为有解毒作用，即对植物有毒害的大量草酸被钙中和。

01 实验原理

草酸钙结晶在植物体内的形态和大小以及它们的空间分布具有多样性。结晶的不同形态是植物药材显微鉴别的重要手段之一，利用结晶的存在与否、结晶大小和形态来鉴定药材的真伪。

02 实验目的

1. 观察不同植物组织细胞中的草酸钙结晶。
2. 熟练制作植物的临时装片。
3. 能够简单区分不同种类植物细胞内的草酸钙结晶形态。

03 实验仪器及材料

数码液晶显微镜、载玻片、盖玻片、镊子、刀片；清水、穿心莲叶、吊兰花冠、非洲凤仙花冠、绿萝叶柄、葡萄茎卷须、马齿苋叶。

04 实验步骤

1. 在载玻片中央滴一滴清水。
2. 实验材料不同，取材的方法各不相同。

   穿心莲叶：用镊子撕取叶片的下表皮，或将叶片向背面对折，斜向撕取下表皮，在载玻片的水滴中展平。

   吊兰花冠和非洲凤仙花冠：取花瓣的表皮，处理方法同穿心莲叶下表皮。

   绿萝叶柄：取一小段叶柄横切，用刀片从切面上平行切取叶柄的若干薄片，选取最薄的一片，在载玻片的水滴中展平。

马齿苋叶：用镊子将叶片撕开，在载玻片的水滴中展平。

葡萄茎卷须：取一小段葡萄茎卷须，用刀片进行纵切，切取茎卷须的若干薄片，选取最薄的一片，在载玻片的水滴中展平。

3. 盖上盖玻片，制成临时装片。
4. 显微镜下观察，先用低倍镜后用高倍镜。注意观察草酸钙结晶的形态和数量。

05 实验结果

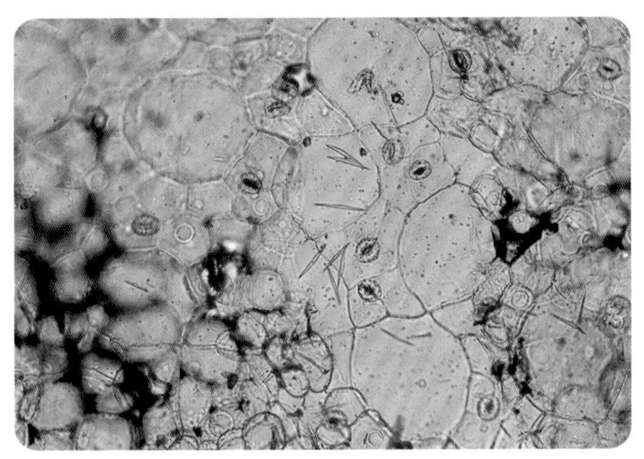

穿心莲叶中的草酸钙结晶 （150 ×）

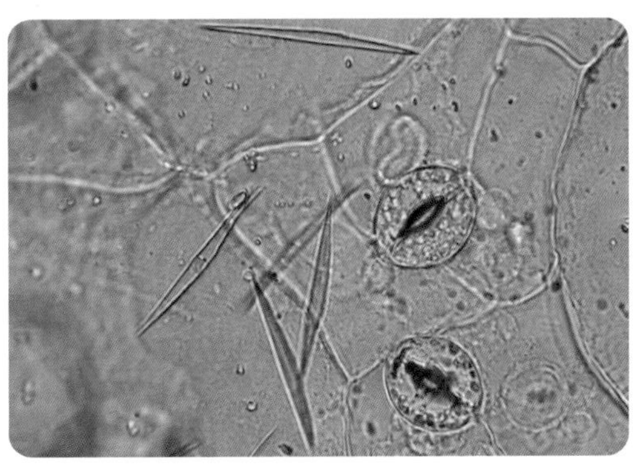

穿心莲叶中的草酸钙结晶 （600 ×）

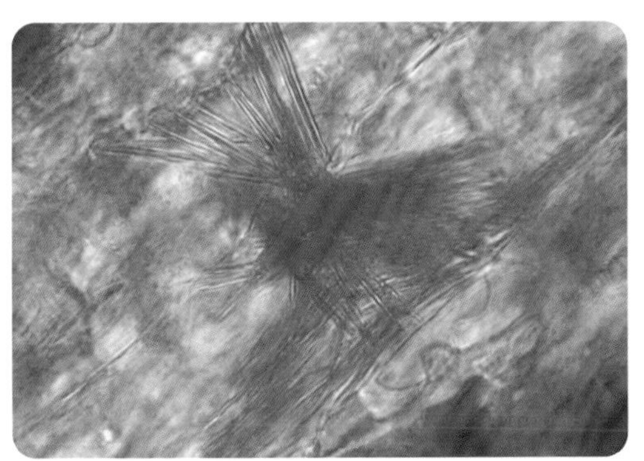

吊兰花冠中的草酸钙结晶 （600 ×）

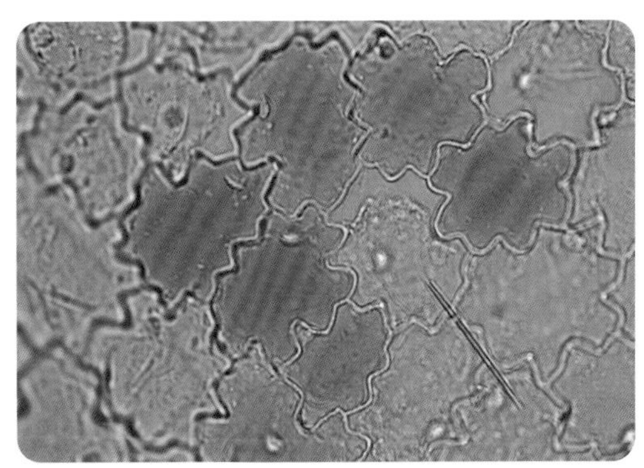

非洲凤仙花冠中的草酸钙结晶 （600 ×）

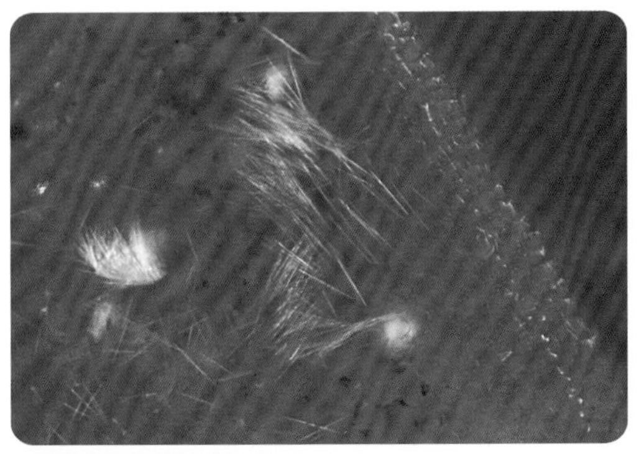

绿萝叶柄中的草酸钙结晶 （150 ×）

绿萝叶柄中的草酸钙结晶 （600 ×）

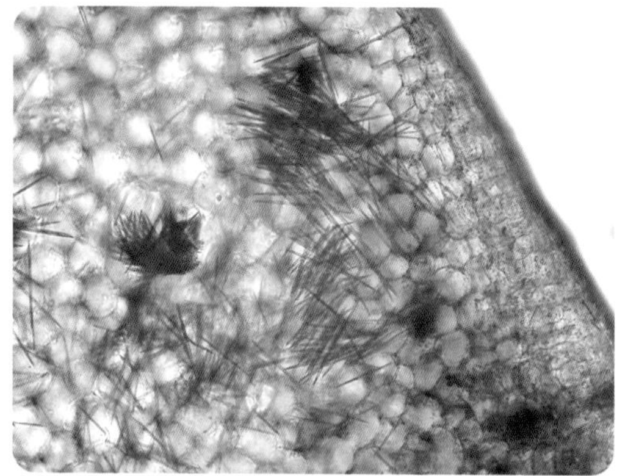

绿萝叶柄中的草酸钙结晶 （150 ×）

绿萝叶柄中的草酸钙结晶 （600 ×）

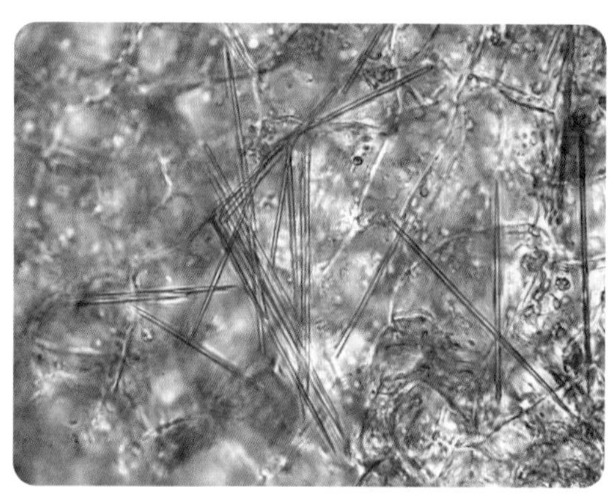

葡萄茎卷须中的草酸钙结晶 （600 ×）

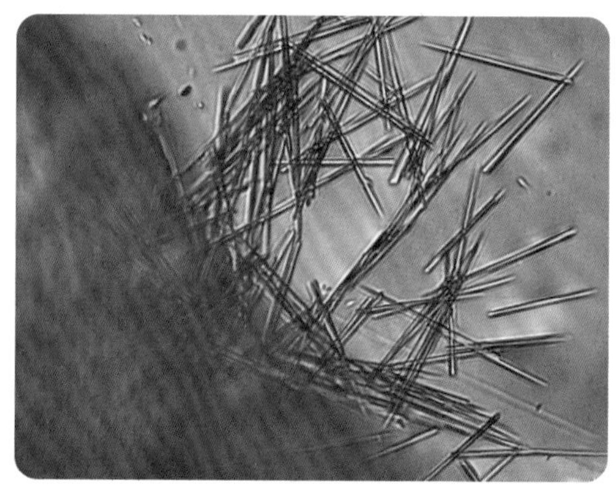

葡萄茎卷须中的草酸钙结晶 （600 ×）

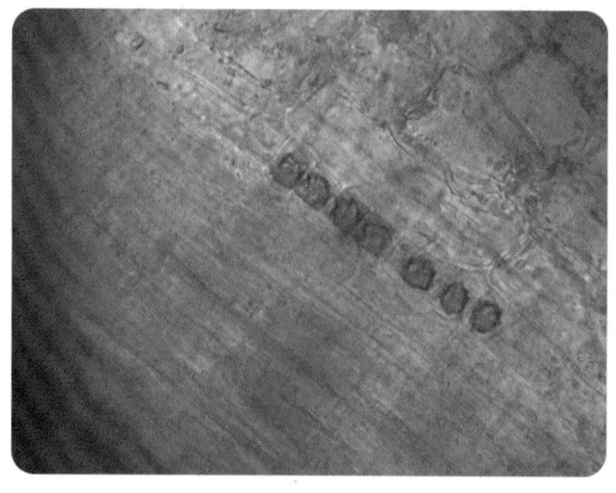

葡萄茎卷须中的簇状草酸钙结晶 （600 ×）

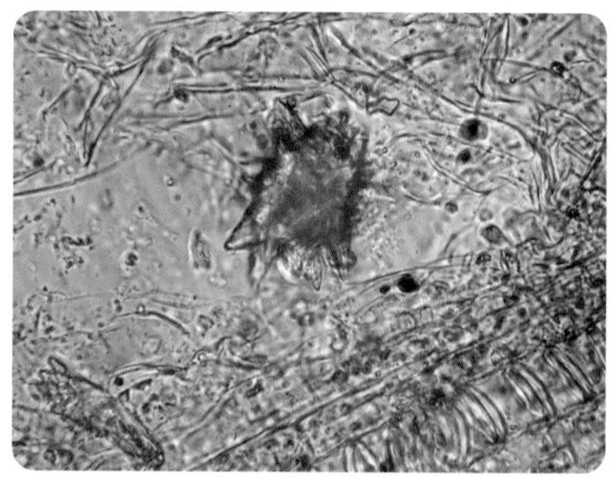

马齿苋叶中的簇状草酸钙结晶 （600 ×）

说 明

草酸钙结晶无色透明，在实验观察的过程中，取材一定要薄，尽量避免受到颜色的干扰。非洲凤仙花瓣、马齿苋叶片在撕取下表皮时尽量减少携带叶肉。观察时光线强弱要适度，注意不能用太强的光线。

06 实验结论

1. 上述实验材料中都能观察到草酸钙结晶，其中吊兰花冠、绿萝叶柄、葡萄茎卷须细胞中含的草酸钙结晶数量明显多于穿心莲叶和非洲凤仙花冠。
2. 吊兰花冠和绿萝叶柄细胞中的草酸钙结晶呈针状，且成束存在；穿心莲叶和非洲凤仙花冠细胞中的晶体分散存在；葡萄茎卷须中的草酸钙结晶既有针状也有簇状；马齿苋叶的草酸钙结晶呈簇状。

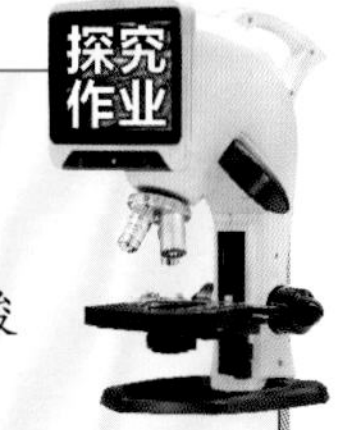

洋葱鳞片叶（或大葱的叶鞘）细胞中的草酸钙结晶

大葱、洋葱都是单子叶植物纲百合科葱属植物，细胞中也含有草酸钙结晶。我们可以自制临时装片，观察其结晶的形态、数量和种类。

主要操作步骤参考如下：

1. 撕取洋葱外层半干状态的膜质鳞片叶上较薄的一小块，徒手撕开一小片，制成临时装片。

2. 取大葱的叶鞘，对折撕取表皮，制作临时装片。

3. 放到数码液晶显微镜下观察，先用低倍镜再用高倍镜。注意观察结晶的形态及数量。

洋葱

2.11 植物细胞的质壁分离与复原

植物细胞由于液泡失水而使原生质层与细胞壁分离的现象，叫作质壁分离。如果把发生了质壁分离的细胞再浸入浓度很低的溶液或清水中，细胞吸水，液泡变大，整个原生质层又慢慢恢复到原来的状态，这种现象叫作质壁分离复原。

01 实验原理

当外界溶液的浓度比细胞液的浓度高时，细胞失水，发生质壁分离；当外界溶液的浓度比细胞液的浓度低时，发生质壁分离的细胞吸水，质壁分离复原。

02 实验目的

1. 观察植物细胞质壁分离和复原现象，理解实验原理。
2. 探究不同浓度的外界溶液对植物细胞质壁分离的影响。

03 实验仪器及材料

数码液晶显微镜、载玻片、盖玻片、镊子、剪刀或刀片、吸水纸；碘液、不同质量浓度（10%、30%、50%）的蔗糖溶液、紫色洋葱、紫鸭跖草的叶和花、杜鹃叶山茶花瓣、黑藻叶、紫背菜。

04 实验步骤

1. 用镊子分别取一小块紫色洋葱鳞片叶的内外表皮、紫鸭跖草叶下表皮、紫背菜下表皮和杜鹃叶山茶花瓣下表皮，放到载玻片的清水滴中，盖上盖玻片，制成临时装片。
2. 将黑藻叶和紫鸭跖草花丝表皮毛直接制成临时装片。
3. 分别将上述制成的玻片标本放到显微镜下观察，记录细胞正常形态。
4. 将碘液染色后的紫色洋葱鳞片叶内外表皮、紫鸭跖草叶下表皮、紫鸭跖草花丝表皮毛的临时装片分别在盖玻片的一侧滴加质量浓度为 10% 的蔗糖溶液，另一侧用吸水纸吸引（简称引流法），在显微镜下观察和记录细胞的变化。
5. 将杜鹃叶山茶花瓣下表皮、黑藻叶、紫背菜的下表皮的临时装片分别用上述方法滴加质量浓度为 30% 的蔗糖溶液。
6. 将另一个紫色洋葱鳞片叶外表皮的临时装片滴加质量浓度为 50% 的蔗糖溶液。
7. 当细胞发生质壁分离后，用引流法滴加清水，观察细胞的变化。
8. 上述滴加不同浓度的外界溶液均在载物台上操作。

05 实验结果

1. 外界溶液质量浓度为 10%的蔗糖溶液

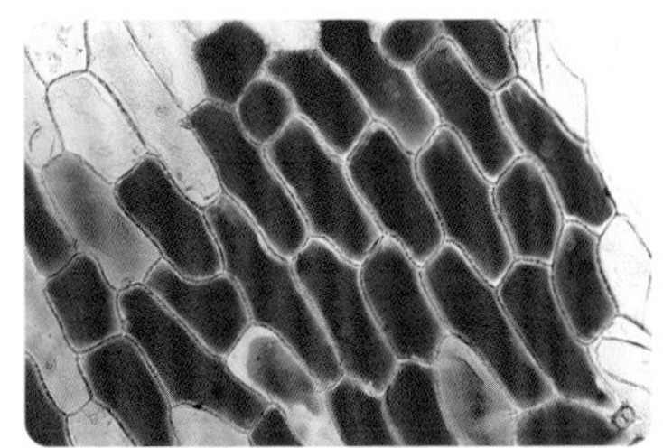

紫色洋葱鳞片叶外表皮细胞正常形态 （150 ×）

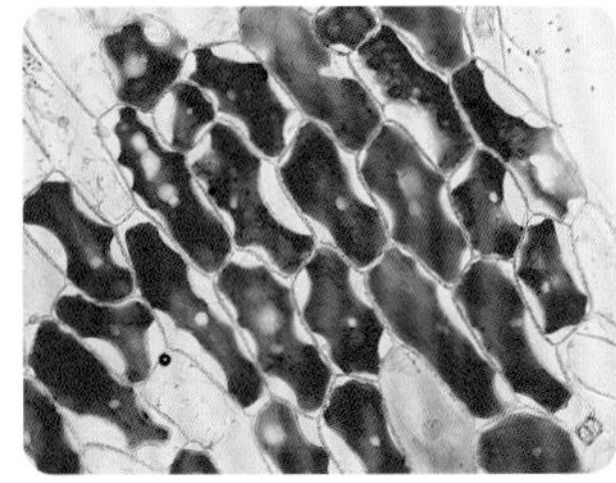

紫色洋葱鳞片叶外表皮细胞质壁分离和复原 （150 ×）

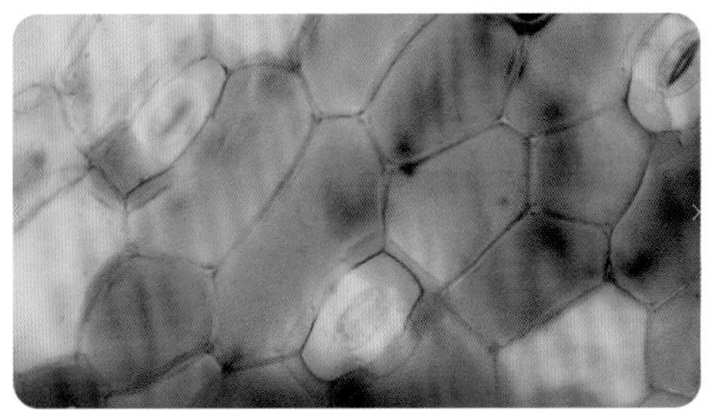

紫鸭跖草叶下表皮细胞 （150 ×）

紫鸭跖草叶下表皮细胞质壁分离 （150 ×）

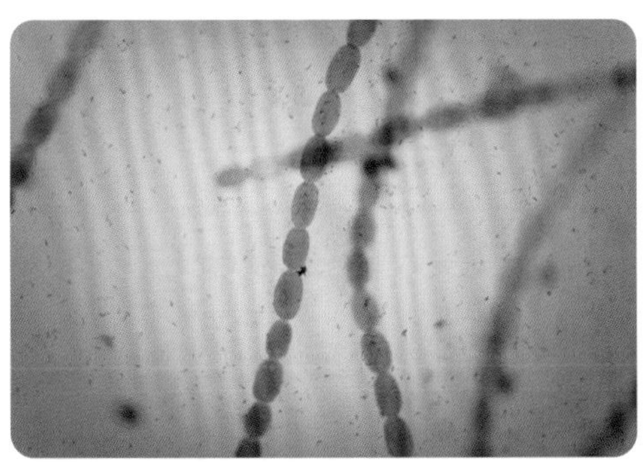

紫鸭跖草花丝表皮毛细胞 （150 ×）

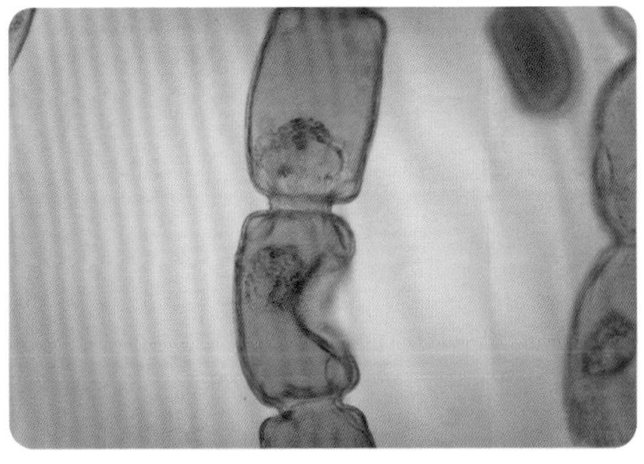

紫鸭跖草花丝表皮毛细胞质壁分离 （600 ×）

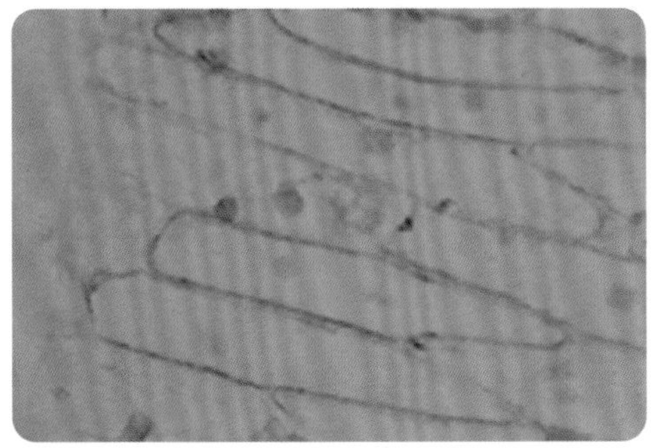

紫色洋葱鳞片叶内表皮细胞 （60 ×）

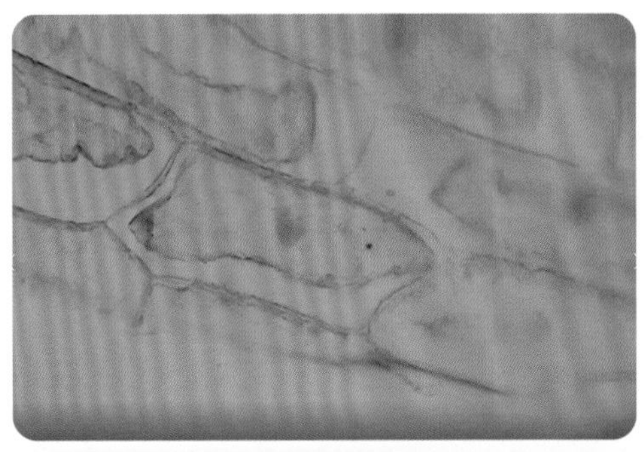

加碘后紫色洋葱内表皮细胞质壁分离 （150 ×）

2. 外界溶液质量浓度为 30%的蔗糖溶液

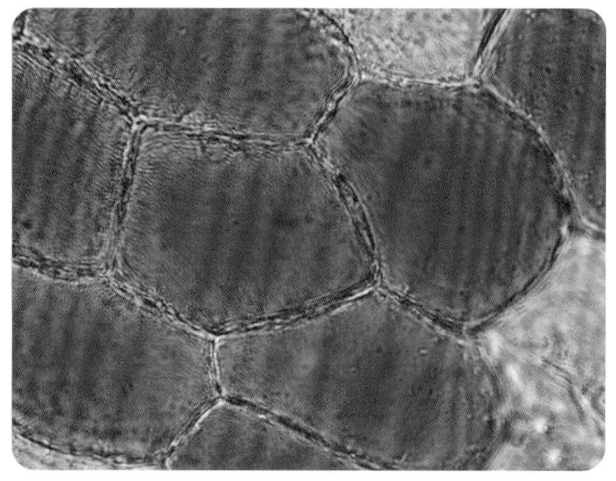

杜鹃叶山茶花瓣下表皮细胞 （600 ×）

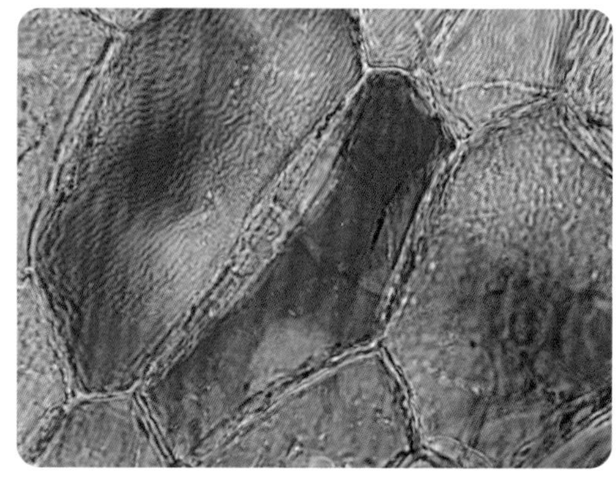

杜鹃叶山茶花瓣下表皮细胞质壁分离 （600 ×）

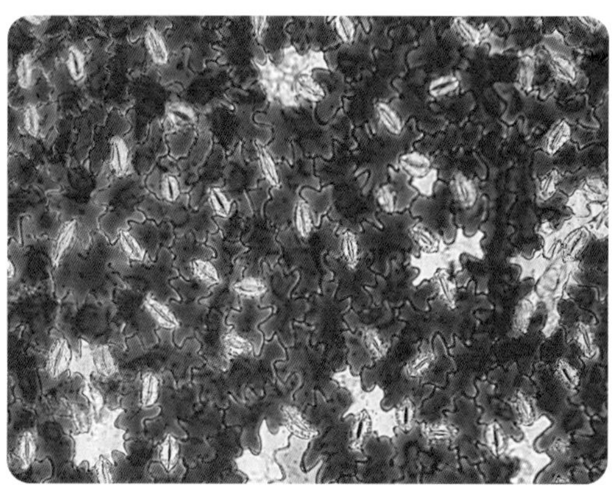

紫背菜下表皮细胞 （150 ×）

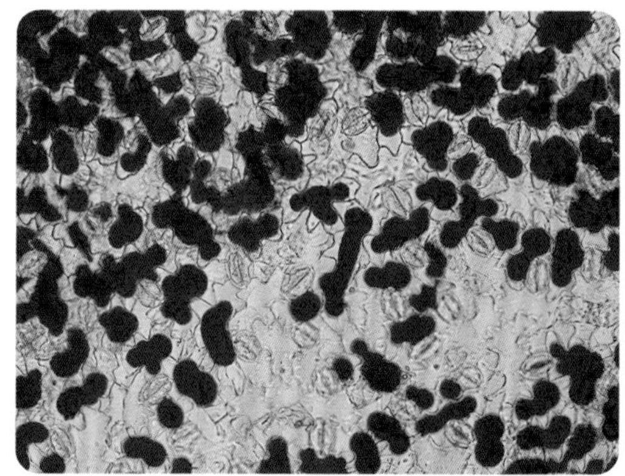

紫背菜下表皮细胞质壁分离复原 （150 ×）

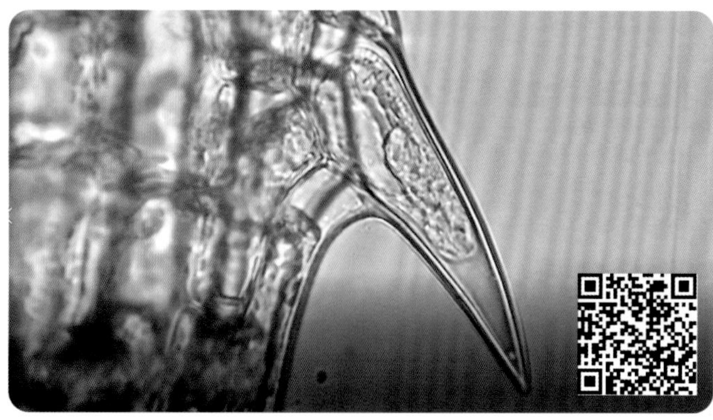

黑藻叶边缘锯齿细胞质壁分离 （600 ×）

3. 外界溶液质量浓度为50%的蔗糖溶液

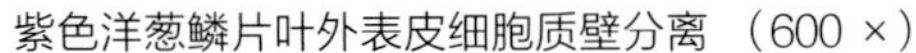

紫色洋葱鳞片叶外表皮细胞质壁分离 （600 ×）

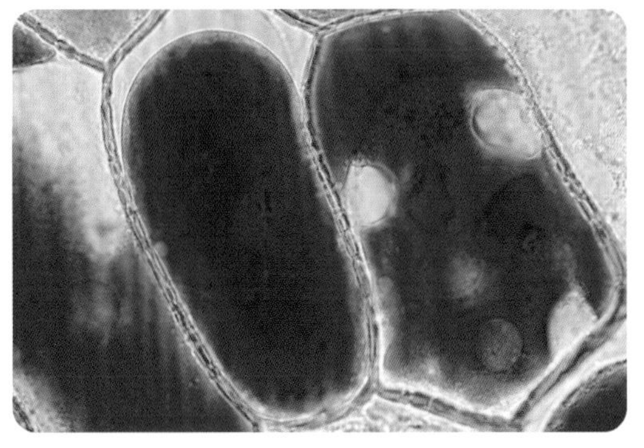

滴加清水后，膜结构破裂，细胞液流出 （600 ×）

说 明

1. 在一定的范围内，在质量浓度较高的外界溶液中，细胞发生质壁分离的速度更快。

2. 质壁分离后，液泡因失水体积变小，颜色会变深。

3. 外界溶液浓度太高时，细胞因失水过多而失活，不能进行细胞质壁分离复原。

4. 通过细胞的质壁分离及其复原现象可以鉴定细胞的活性。

06 实验结论

在一定的范围内，当外界溶液的浓度高于细胞液的浓度时，细胞失水，发生质壁分离现象；当外界溶液的浓度低于细胞液的浓度时，发生质壁分离的细胞吸水，质壁分离复原。

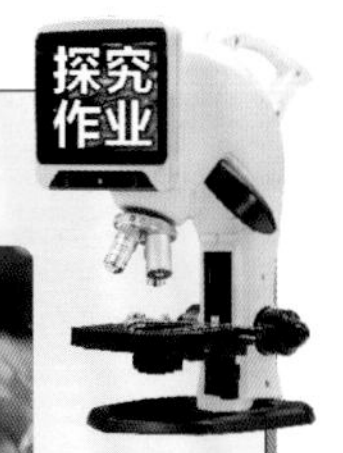

其他植物的花或叶的质壁分离和复原现象

富含色素的植物细胞便于观察，你可以尝试用不同的植物来做同样的实验。红色的朱槿花和紫色的巴西野牡丹也富含色素，除此之外，你还能找到哪些材料呢？

如果将实验中的外界溶液换成醋酸、酱油或其他方便获得的溶液，又将会是怎样的结果呢？

朱槿花

巴西野牡丹

2.12 植物细胞的细胞质流动

在一些植物细胞中，细胞质成薄层沿着细胞膜或围绕中央液泡以一定的速度和方向流动，称为旋转流动；还有一些植物，细胞质变成原生质细丝贯穿于液泡内而不断地进行流动，称为循环流动。旋转流动和循环流动通常称为原生质流动。旋转流动又称为胞质环流。在胞质环流中，细胞质外层部分是不流动的，只是靠内层部分的胞质溶胶在流动。细胞质流动对于细胞的营养代谢具有重要作用，能够不断地分配各种营养物和代谢物，使它们在细胞内均匀分布。

01 实验原理

1. 黑藻的叶片由一层细胞构成，薄而透明，在显微镜下可以通过叶绿体在细胞中的流动来观察细胞质的流动情况。
2. 紫鸭跖草花丝的表皮毛由多个细胞构成，呈念珠状排列，可通过细胞中颗粒状内含物的流动观察细胞质的流动情况。
3. 根据细胞质的流动情况可初步判断新陈代谢的旺盛程度。

02 实验目的

1. 观察植物细胞内细胞质的流动情况。
2. 初步判断细胞新陈代谢的旺盛程度。

03 实验仪器及材料

数码液晶显微镜、载玻片、盖玻片；清水、质量浓度为30%的蔗糖溶液、黑藻植株、紫鸭跖草的花。

04 实验步骤

1. 观察黑藻的叶片

（1）分别在黑藻植株顶部、中上部、中下部和基部各取一片叶，制成临时装片，放到显微镜下观察。

（2）观察细胞质中叶绿体的形态和流动情况。

2. 观察紫鸭跖草花丝的表皮毛

（1）取紫鸭跖草的雄蕊，摘去花药，取花丝制成临时装片，显微镜下观察。

（2）找到花丝呈念珠状的表皮毛，观察细胞质中内含物的流动情况。

（3）滴加质量浓度为30%的蔗糖溶液，观察花丝表皮毛细胞质中内含物的流动情况。

05 实验结果

1. 观察黑藻的叶片

顶部幼嫩的叶片 （150 ×）

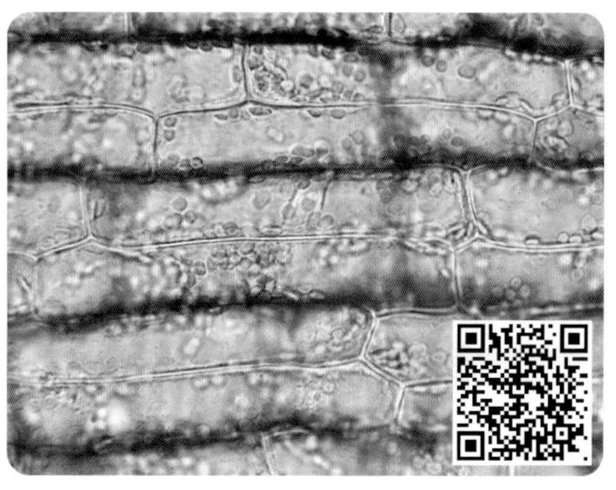

中上部的叶片 （150 ×）

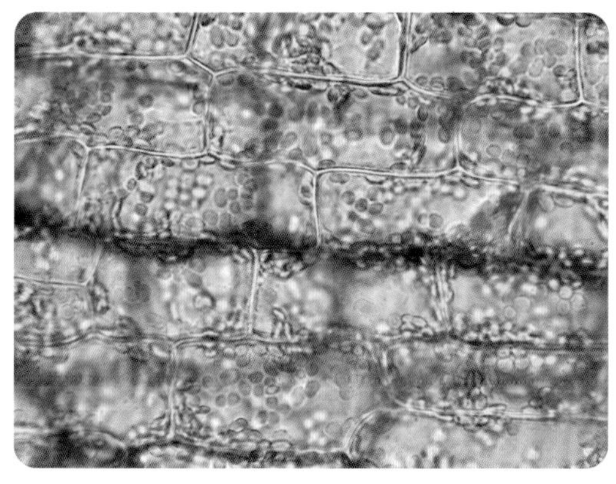

中部的叶片 （150 ×）

基部成熟的叶片 （150 ×）

说 明

1. 黑藻的叶片细胞中有许多叶绿体，呈椭球状或圆饼状，越成熟的叶片叶绿体数量越多。

2. 细胞中的叶绿体随着细胞质的流动而流动，流动方向不定。

3. 幼嫩叶片中的叶绿体流动速度比成熟叶片中的快，说明幼叶的新陈代谢比较旺盛。

2. 观察紫鸭跖草花丝的表皮毛

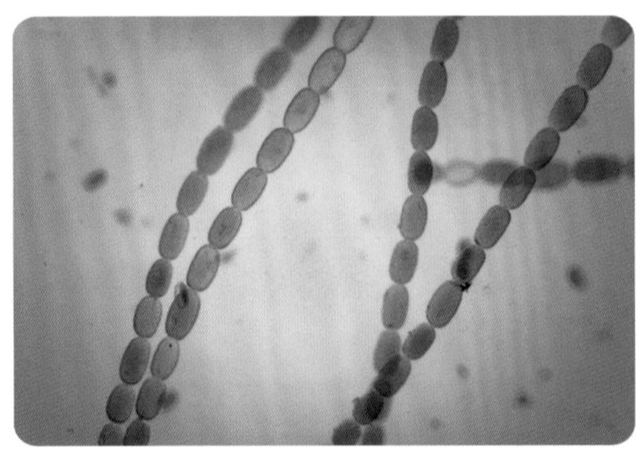
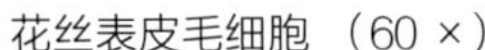
花丝表皮毛细胞 （60 ×）

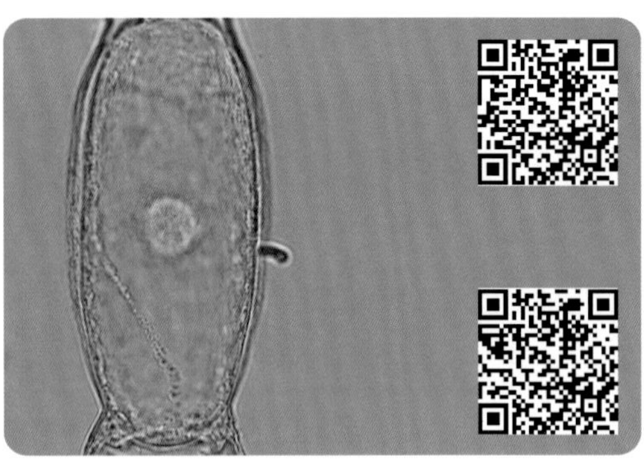
一个花丝表皮毛细胞 （600 ×）

说 明

1. 紫鸭跖草花丝有较多的表皮毛，每根表皮毛由多个细胞构成，呈念珠状排列，细胞略带紫色。

2. 每个念珠就是一个表皮毛细胞，高倍镜下，可见细胞质内有许多颗粒状内含物，这些物质由一定的管道从细胞一端流动到另一端，循环流动。

3. 当滴加蔗糖溶液细胞失水时，新陈代谢减弱，细胞质流动逐渐变慢。

06 实验结论

1. 黑藻的细胞质流动属于胞质环流，可见叶绿体随着细胞质按一定的方向和速度流动，新陈代谢越旺盛，流动速度越快，反之，流动速度越慢。
2. 紫鸭跖草花丝表皮毛细胞的细胞质流动属于循环流动，可见颗粒状内含物随着细胞质形成的细丝通道贯穿于液泡而不断地进行流动，新陈代谢越旺盛，流动速度越快，反之，流动速度越慢。

探究作业

其他植物细胞的细胞质流动

你认为黑藻叶片不同部位的细胞质流动速度一样吗？在早上、中午和晚上的速度一样吗？在夏天和冬天呢？你有什么办法可以提高细胞质流动的速度呢？另外，紫鸭跖草的下表皮中分布有气孔，气孔由两个保卫细胞构成，保卫细胞内也有明显的叶绿体，你能看到细胞质的流动吗？

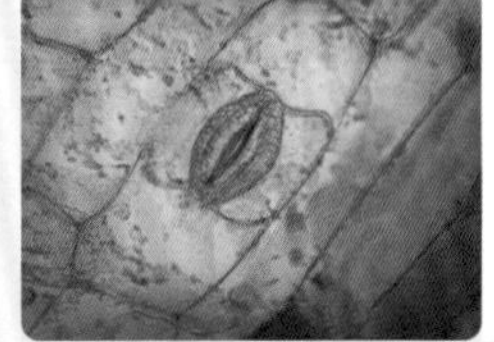
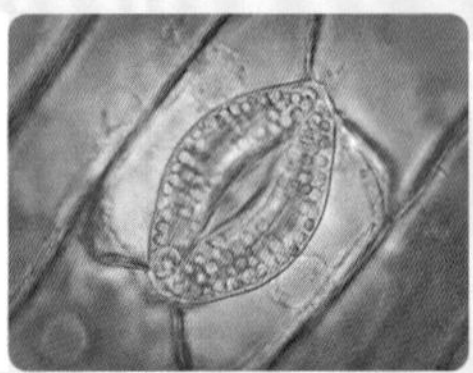
紫鸭跖草下表皮气孔 （左 600 ×，右 1200 ×）

CHAPTER 03 第三篇 植物

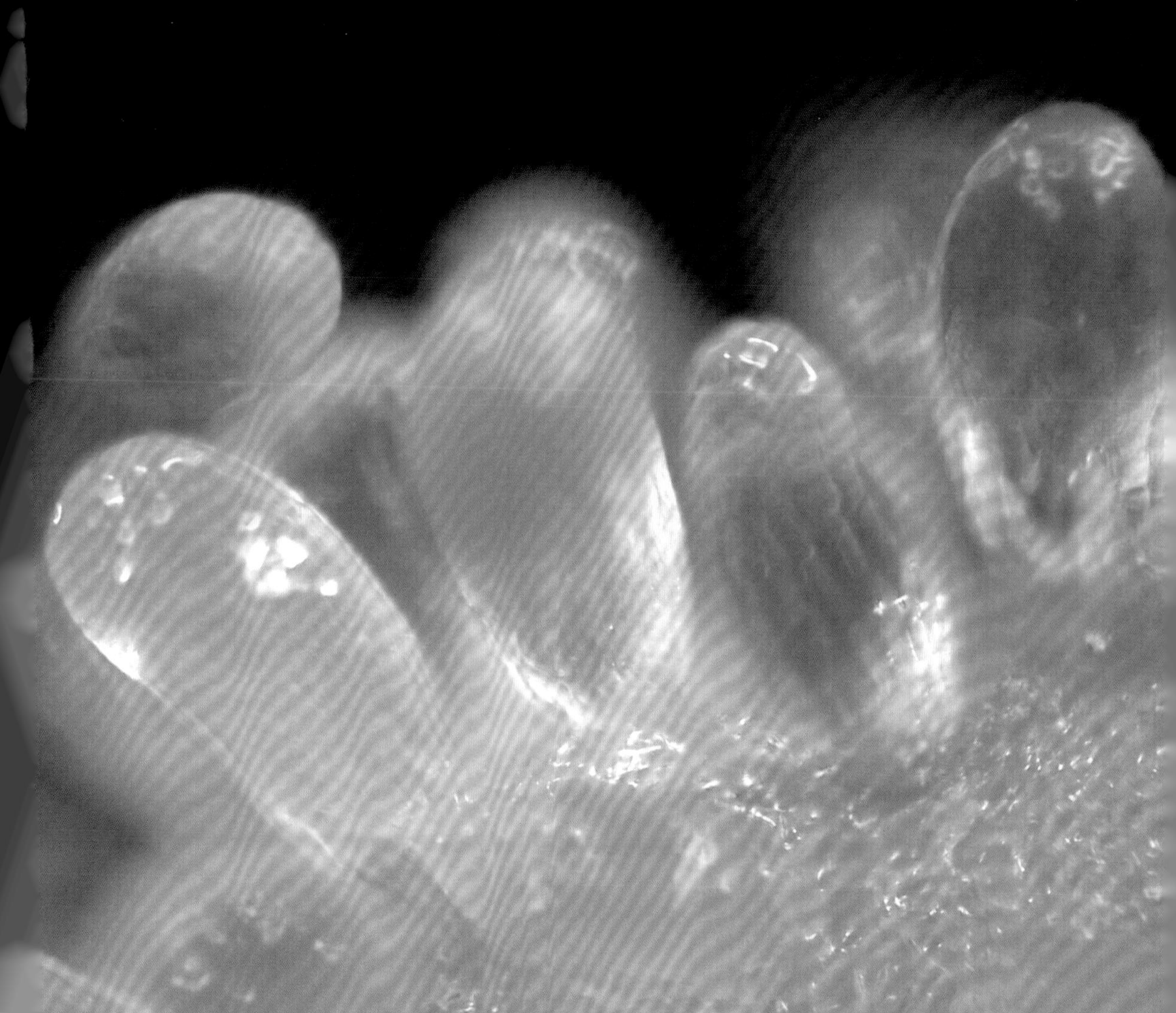

3.1 水绵

水绵是一种多细胞水生藻类，喜欢生活在相对清洁并且富含有机质的水体中，大量分布于池塘、沟渠和河流等淡水中。在水中呈片状或团状，摸起来手感黏滑。水绵可作某些鱼类的饵料。转板藻、双星藻和丝藻常与水绵纠缠在一起生活，其中双星藻是水绵的近缘种。

01 实验原理

水绵为多细胞丝状结构个体，藻体是由 1 列圆柱状细胞连成的不分枝的丝状体。水绵细胞中的叶绿体呈带状，在数码液晶显微镜下，可清晰地观察水绵的细胞结构。

02 实验目的

1. 观察水绵的形态结构。
2. 描述水绵的形态特征。

03 实验仪器及材料

数码液晶显微镜、载玻片、盖玻片、镊子；水绵的培养液。

04 实验步骤

1. 采集富含水绵的活水，或者直接购买水绵的培养液。
2. 用镊子轻轻挑取一定量的水绵，放到载玻片上，盖上盖玻片。
3. 用显微镜观察记录。

05 实验结果

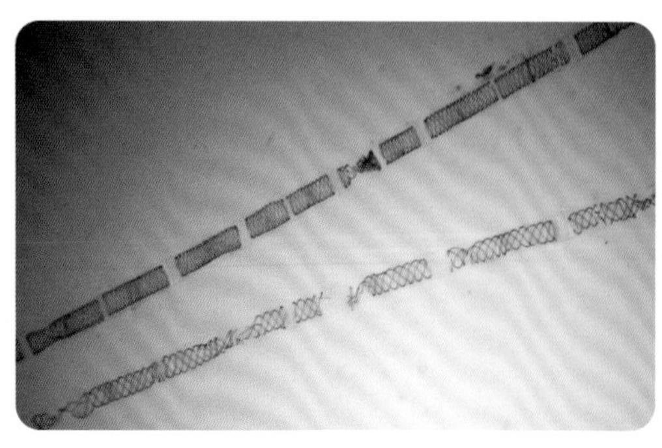

水绵 （60 ×）

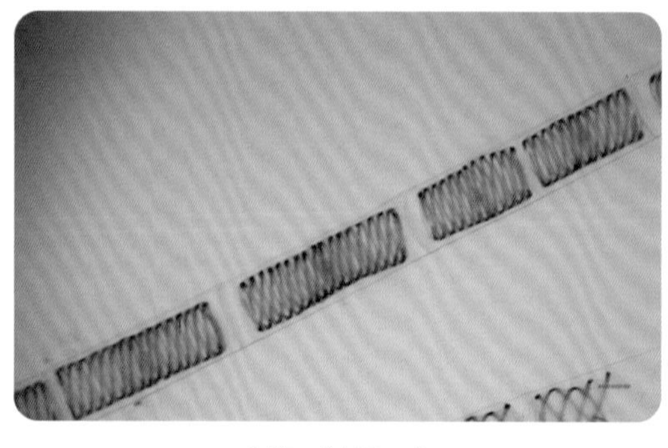

水绵 （150 ×）

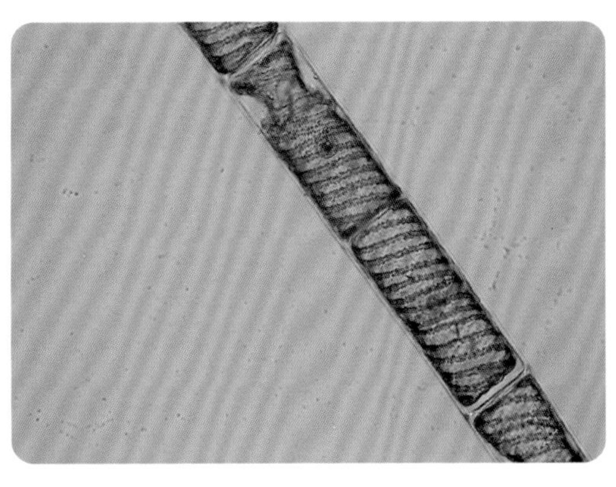

水绵 （150 ×）

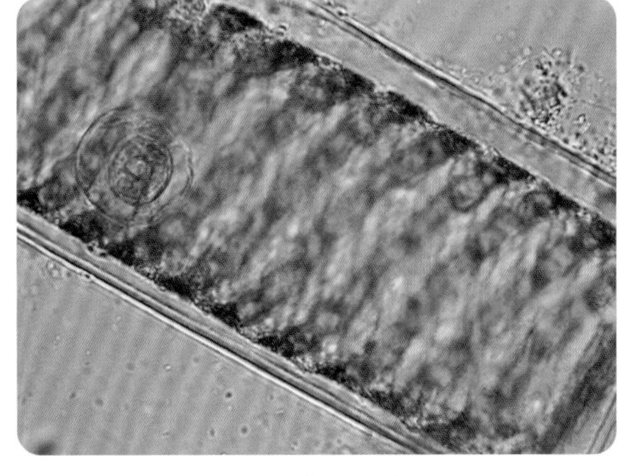

水绵 （600 ×）

06 实验结论

水绵为多细胞丝状个体，每个细胞中有一个细胞核，有一条或多条带状叶绿体，叶绿体呈双螺旋筒状，绕生于细胞质中。

探究作业

引起水华或赤潮的生物

藻类植物约有3万种，按照生活环境，可以分为淡水藻类和海洋藻类两大类。藻类植物细胞内具有和高等植物一样的光合色素，如叶绿素、胡萝卜素、叶黄素等，能进行光合作用，属于自养型生物。细胞内还含有其他色素如藻蓝素、藻红素等，因此，不同种类的藻体呈现不同的颜色。某些种类过度繁殖会引起水华（淡水）、赤潮（海洋）等现象。采集水华或赤潮的水样，在显微镜下，观察其中的藻类特点。

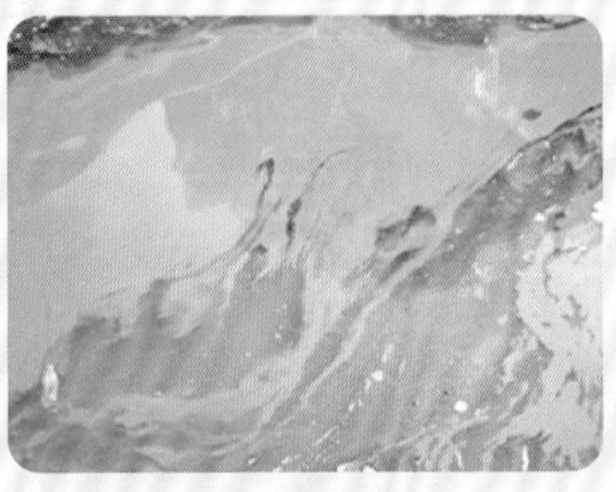

水华

赤潮

3.2 墙藓

苔藓的结构简单，仅具有茎和叶两部分，没有真正的根和维管束。苔藓植物喜欢阴湿的环境，一般生长在裸露的石壁上、潮湿的森林或沼泽地里。它们没有花朵也没有种子，而是通过孢子进行繁殖。

墙藓的植株短小，高 0.5 ~ 1.5 厘米，丛生，暗绿带红棕色。茎直立，基部有红棕色的假根，雌雄同株。墙藓生长在石灰岩和石灰墙上，我国南北各省均有分布，即便是喧闹的城市也能看到它的身影。

01 实验原理

墙藓用肉眼观察都是绿茸茸的一条或一片，俯下身来观察或借助放大镜可以看到它们有假根、茎、叶的分化，但如果要观察得更清楚，就需要有显微镜的帮助。

02 实验目的

1. 学会墙藓临时装片的制作。
2. 观察墙藓的结构。

03 实验仪器及材料

数码液晶显微镜、载玻片、盖玻片、镊子、解剖刀；清水、白色硬板纸、墙藓。

04 实验步骤

1. 在墙角处取一小丛墙藓，用镊子取 2 ~ 3 个茎，放在白色硬板纸上，可见在脱水的状态下，墙藓的叶子卷曲。滴加水后在显微镜下可见叶片吸水舒展。
2. 使用解剖刀和镊子取一小段尖端叶片，放在载玻片上，滴加清水，盖上盖玻片，墙藓的叶片扁平且薄，轻轻压一下即可。
3. 先用 2 倍的物镜观察全貌，然后再分别用 4 倍、10 倍和 40 倍物镜观察其叶肉细胞、中肋和假根细胞。

05 实验结果

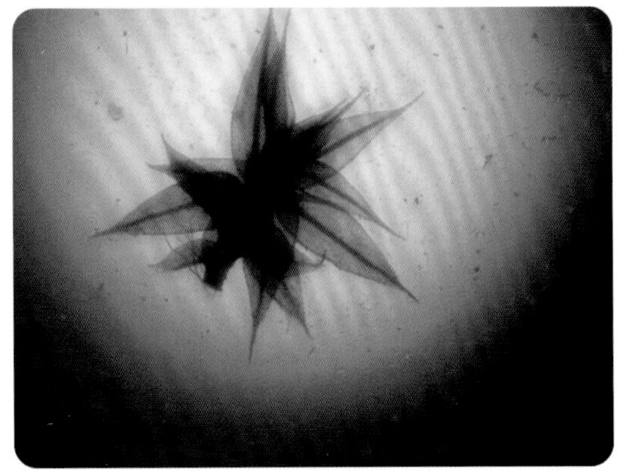

墙藓叶形整体观察 （30 ×）

墙藓叶形整体观察 （60 ×）

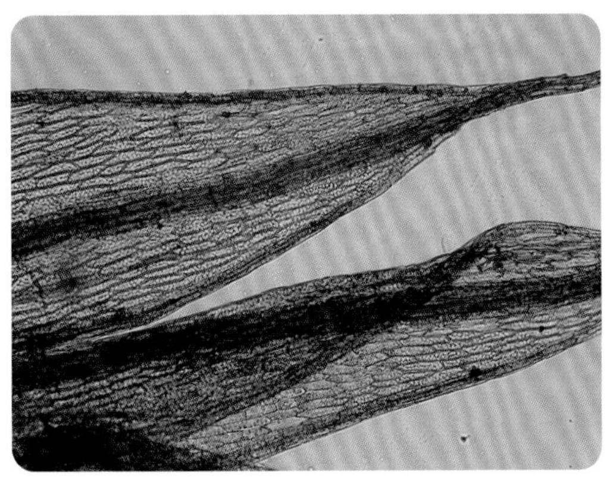

墙藓叶肉细胞和中肋 （150 ×）

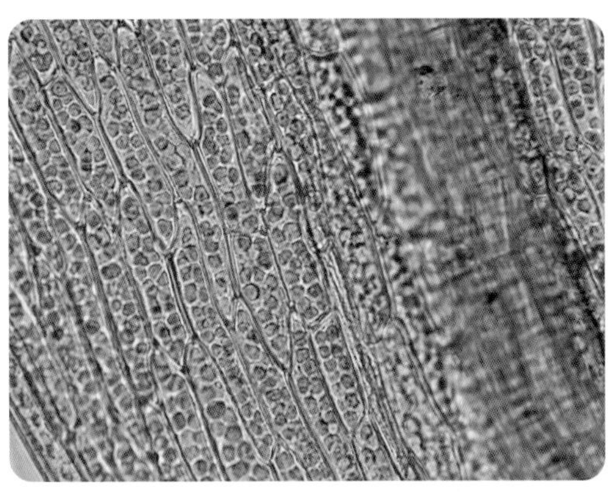

墙藓叶肉细胞和中肋 （600 ×）

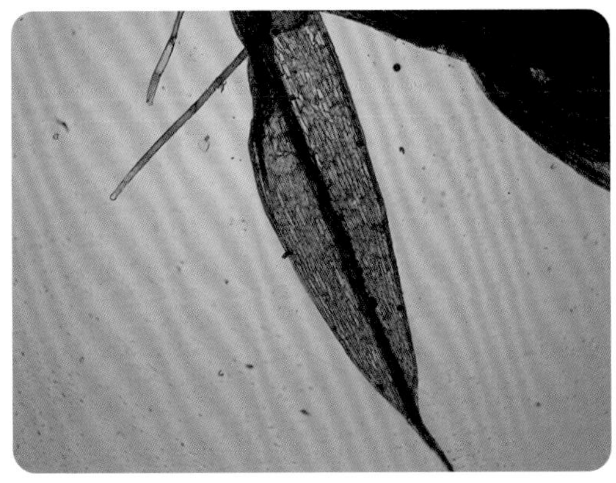

墙藓假根和叶片 （60 ×）

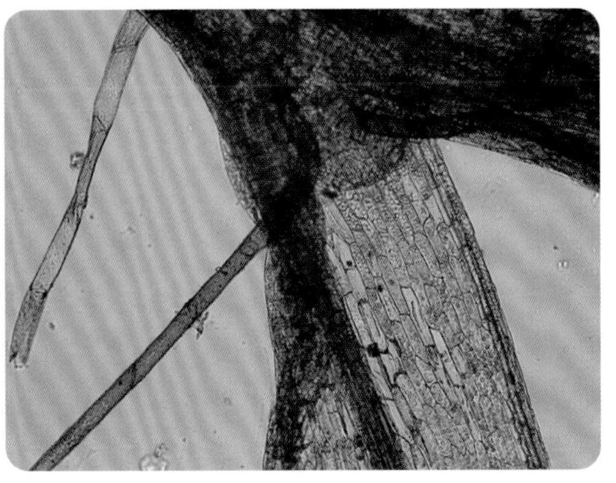

墙藓假根和叶片 （150 ×）

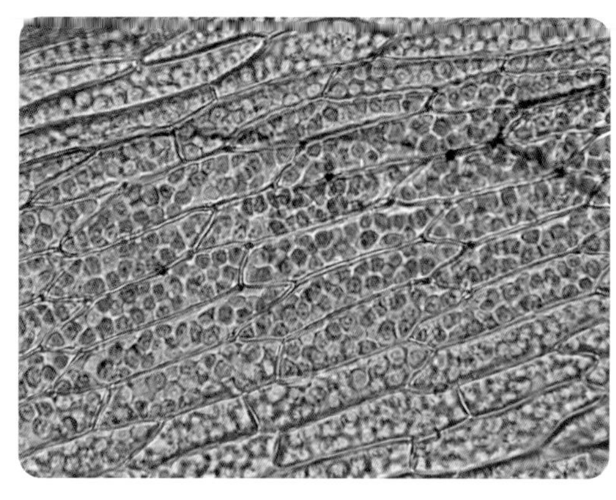

墙藓叶肉细胞中的叶绿体 (600×)

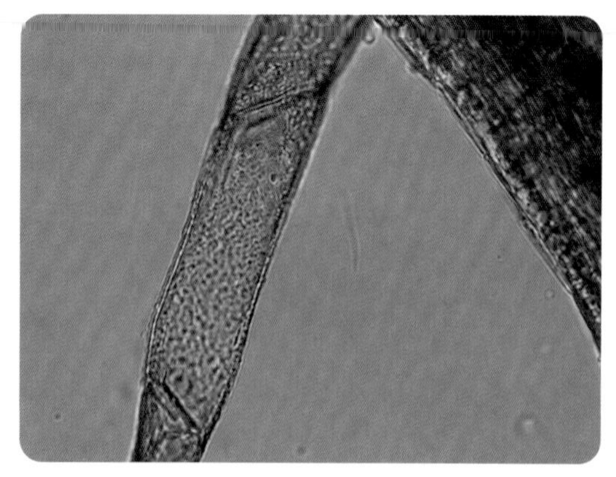

墙藓假根 (600×)

06 实验结论

1. 墙藓已有假根和类似茎、叶的分化。植物体的内部构造简单，假根由 1 列细胞组成，呈棕色。
2. 叶片卵形，全缘。中肋强劲，中部形成的一分化细胞群，类似于维管植物的叶脉。
3. 墙藓叶肉细胞呈长方形或六边形，细胞中有圆形的叶绿体。

探究作业

身边的苔藓

寻找到一片苔藓覆盖的土壤，一眼看上去都是绿色的苔藓没有什么差别，但这里可能藏着几种不同的苔藓，小心地少量取样，放在盒子里或用纸包一下，最好能用笔或手机记录一下取样的生境，带回家再使用放大镜或显微镜进行观察分类。

区分藓类与苔类的方法：

藓类	苔类
叶片有中肋	叶片有缺刻
蒴柄呈红褐色或黄色	蒴柄透明且纤弱，数日内即枯萎
孢蒴有蒴齿	植物体为叶状体 （也有可能是角苔类）
老旧的孢子体仍残存且不腐朽	

3.3 小石藓的孢子体

小石藓是一种苔藓，株形小，密集丛生，鲜绿或黄绿色，它的茎也短小，单一或具分枝。小石藓的叶簇生在枝顶，呈长卵圆形、披针形或狭长披针形。

小石藓的孢子体由孢蒴、蒴柄和蒴足 3 部分组成。蒴柄一般硬挺，支持力量强，因为它是在蒴部发育之前便已长成；孢蒴的蒴壁分化为表皮和孢腔，有明显的蒴轴，并有蒴盖、环带和蒴齿等，这些都是与孢子散发有关的结构。

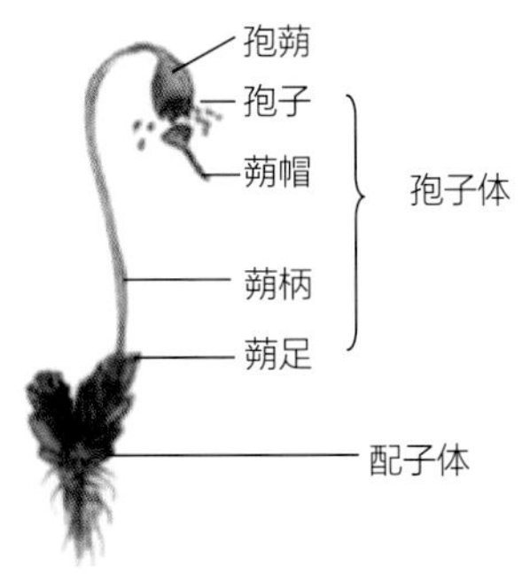

小石藓

01 实验原理

显微镜可将小石藓的孢子体放大，便于观察孢子体的各个组成部分，还可清晰地观察到孢子体中的孢子。

02 实验目的

1. 学会制作苔藓临时装片。
2. 学会在显微镜下观察苔藓孢子体及孢子的结构。

03 实验仪器及材料

数码液晶显微镜、载玻片、盖玻片、镊子、解剖刀；清水、白色硬板纸、小石藓。

04 实验步骤

1. 在花坛土壤表面取一小丛小石藓，用镊子取 1 个茎，放在白色硬板纸上，用放大镜（20 ×）观察孢子体依附于配子体上的小石藓全貌。
2. 用镊子将小石藓小心地放在载玻片上，用显微镜分别观察小石藓的配子体和孢子体。
3. 解剖刀和镊子配合使用取成熟的孢子体，放在滴有清水的载玻片上，盖上盖玻片，用大拇指轻压一下，压片时不要转动，制成临时装片，用显微镜观察。
4. 将临时装片放在显微镜下观察孢子体的完整结构。

5. 取下临时装片，用拇指压片使蒴帽脱落，也可以用镊子轻轻敲击，使其中的孢子释放出来。
6. 将临时装片放到显微镜下观察孢子。

05 实验结果

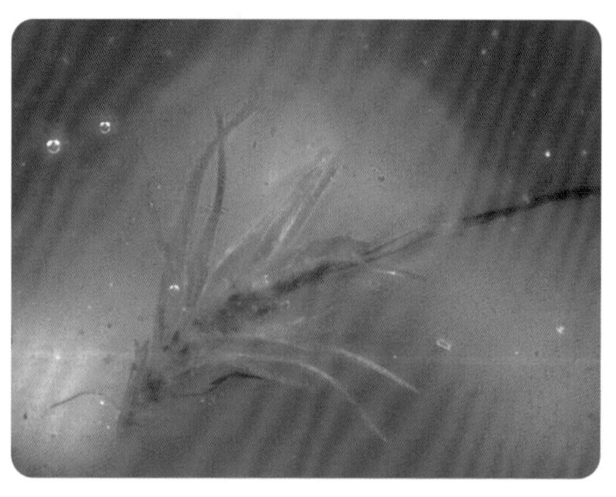
小石藓植株 （30 ×）

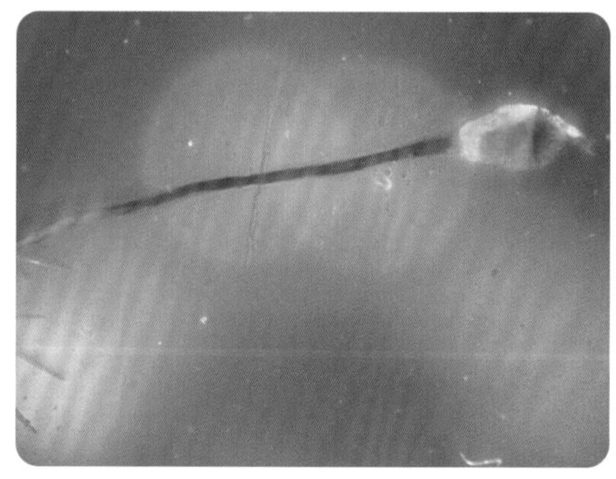
小石藓的孢子体 （30 ×）

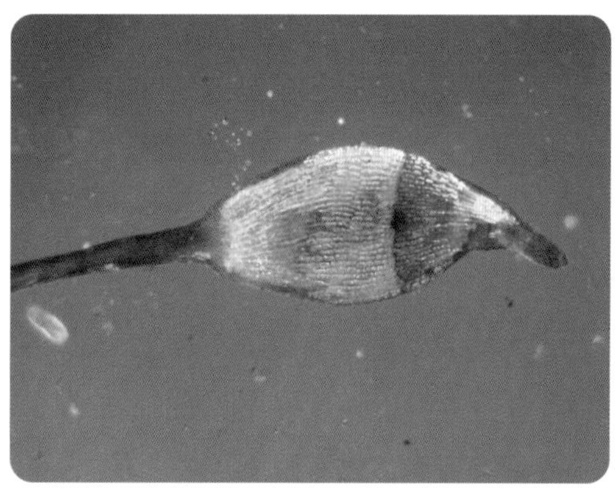
小石藓孢蒴 （60 ×）

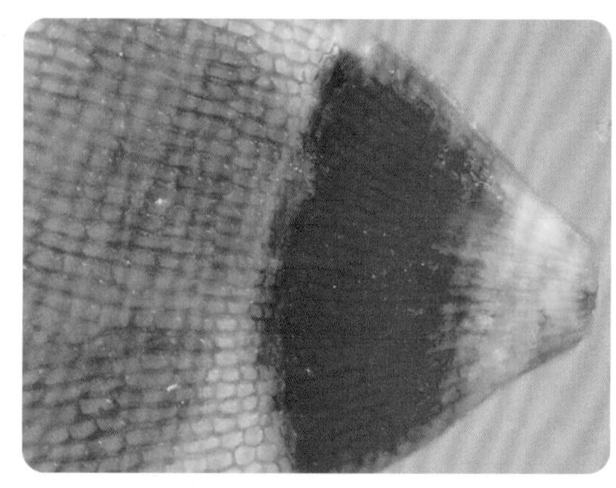
小石藓孢蒴，蒴帽处开裂 （150 ×）

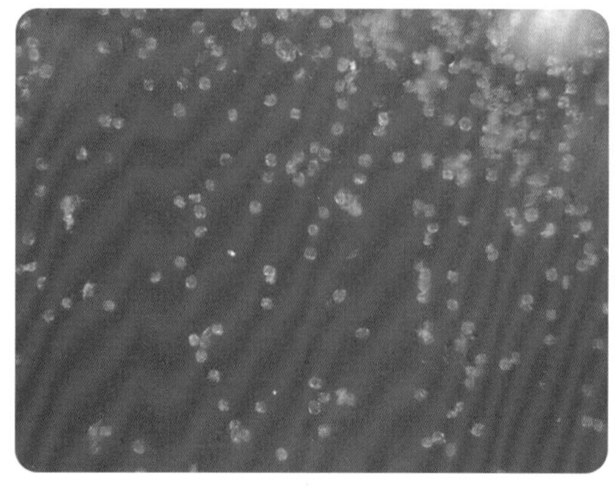
小石藓孢子 （60 ×）

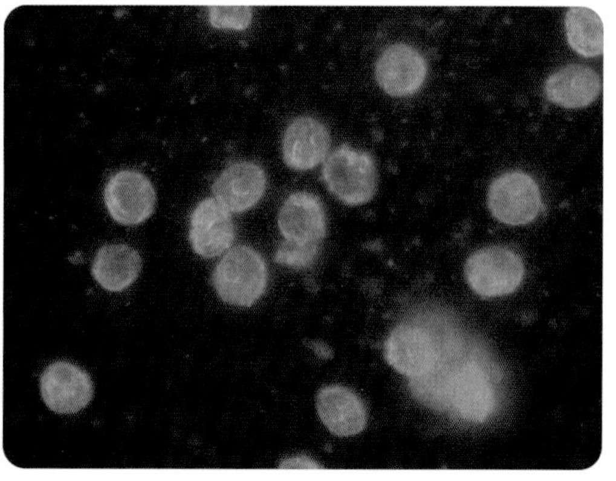
小石藓孢子 （150 ×）

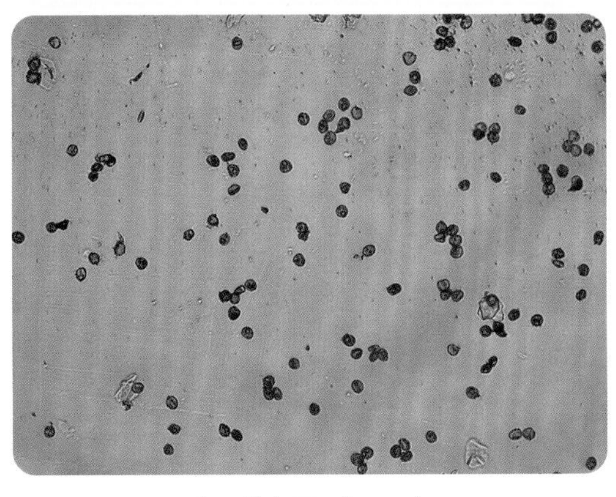
小石藓孢子（60×）

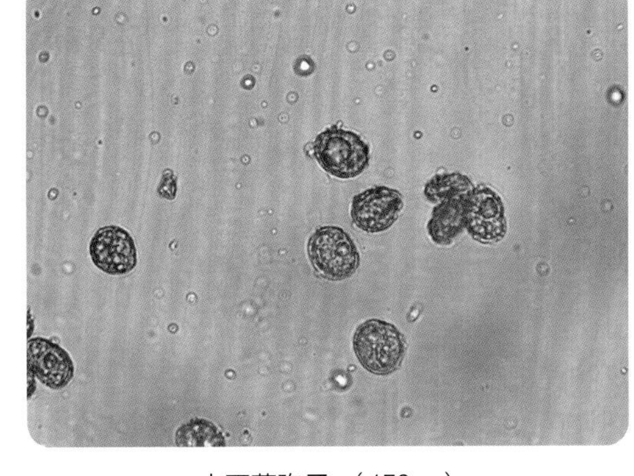
小石藓孢子（150×）

说明

1. 小石藓叶呈长披针形，先端渐尖。
2. 小石藓成熟的孢子体呈棕红色，主要由孢蒴、蒴柄和蒴足3部分组成。
3. 孢蒴直立，卵状圆柱形，蒴盖呈短圆锥形，具斜长喙，成熟时打开，释放孢子。
4. 蒴柄棕红色，直立，长5~8毫米。
5. 孢子呈黄色或棕红色，具细密疣。

06 实验结论

1. 小石藓的孢子体主要由孢蒴、蒴柄和蒴足3部分组成。
2. 小石藓靠孢子繁殖。

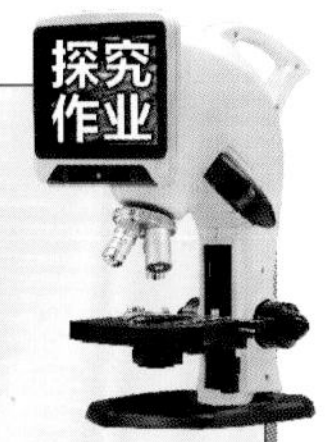

墙藓的孢子体

墙藓在很多房屋的墙壁上都能被发现，取墙藓的孢子体进行观察，与小石藓的孢子体进行比较，看看它们有何区别？

墙藓

3.4 芒萁的孢子囊和孢子

芒萁是一种蕨类植物，植株高可达 120 厘米，具有根、茎、叶和维管组织的分化。芒萁分布广泛，大量生长于酸性红壤的土地上，是酸性土壤的指示植物。

芒萁成熟时叶片的背面形成许多圆形的孢子囊群，孢子囊内含有许多孢子。芒萁不开花、不产生种子，主要靠孢子进行繁殖，属于孢子植物。

芒萁的孢子囊和孢子长什么样？让我们来一探究竟吧！

01 实验原理

芒萁孢子囊中的孢子是一个个独立的细胞，在显微镜下可以看到其形态、结构和颜色。

02 实验目的

观察芒萁的孢子囊和孢子的形态结构。

芒萁

03 实验仪器及材料

数码液晶显微镜、载玻片、镊子；不同生长阶段的芒萁。

04 实验步骤

1. 用镊子取部分不同成熟程度的芒萁叶片，并列放到载玻片上，将载玻片放在显微镜的载物台上，对叶背面的孢子囊群进行观察并拍照记录。
2. 静置 40 分钟，观察并记录孢子囊裂开的动态变化。

05 实验结果

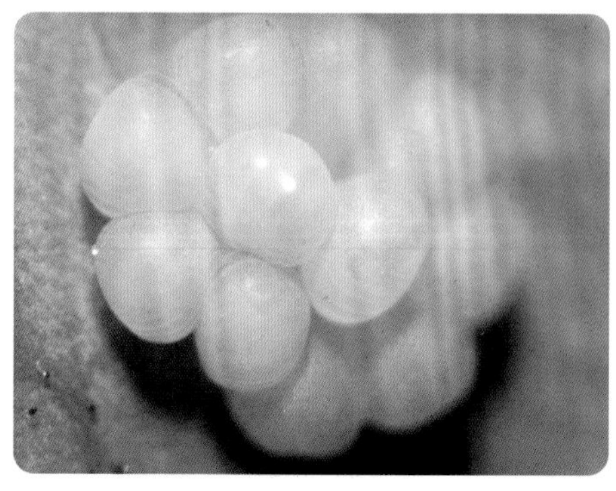

最“年轻”的芒萁孢子囊群（150 ×）

成熟的芒萁孢子囊群（150 ×）

成熟裂开的芒萁孢子囊群 （150 ×）

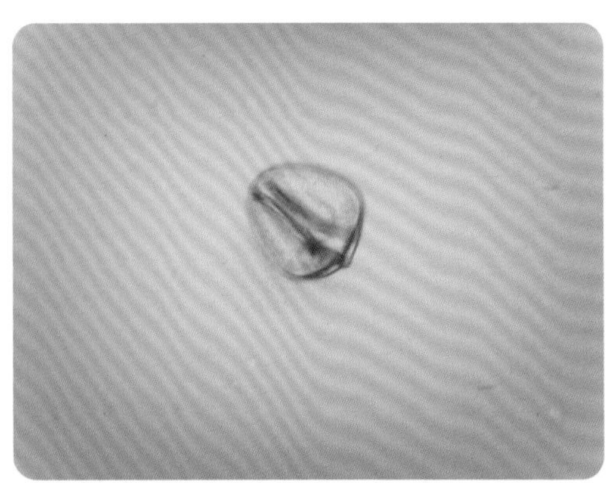
芒萁的一个孢子 （600 ×）

芒萁孢子囊掉落后留下的丝状结构隔丝 （右上,150 ×）

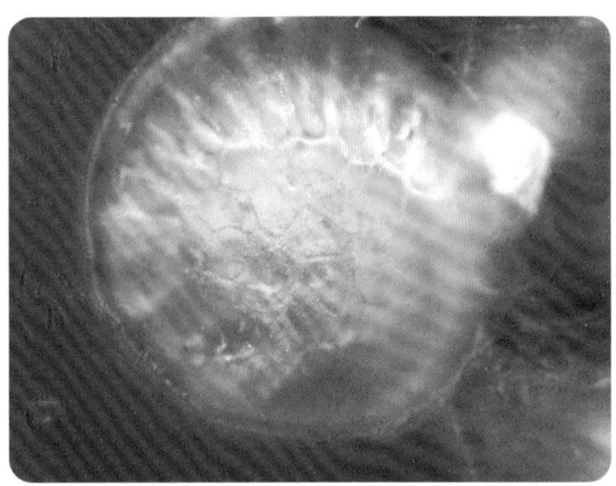
芒萁的一个孢子囊 （透明状为环带， 400 ×）

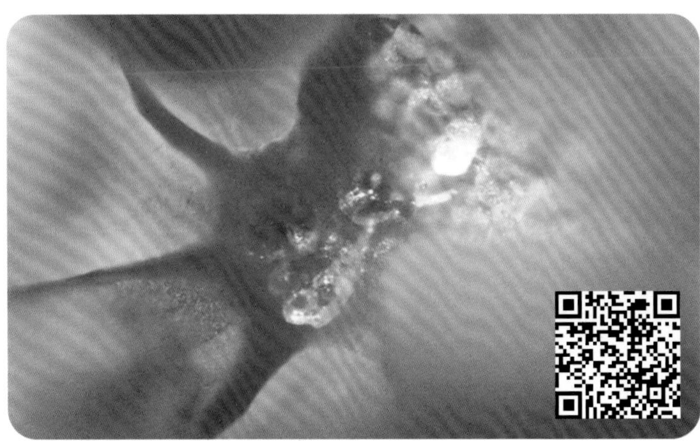
芒萁孢子囊与叶片连接的基部 （中间， 400 ×）

说明

1. 显微镜下的孢子囊群很像葡萄，一个孢子囊内含很多孢子。

2. 孢子囊群的成熟程度不同，颜色也不同，颜色越深，成熟程度越高。

3. 孢子囊成熟后是从顶部开始裂开，孢子会从开口“弹射”出去。

4. 孢子囊的表面是囊壳，由数十个 U 形加厚细胞和多个扁平的薄壁细胞（包括唇细胞）组成的环带环绕。当孢子成熟时，由于环带的 U 形细胞失水收缩而产生的拉力，孢子囊的唇细胞被拉开，而将孢子弹出。

5. 孢子是钝三角形，三裂缝，辐射对称的四面型孢子，表面平滑。

06 实验结论

1. 芒萁叶背面的孢子囊群由许多像葡萄样的孢子囊组成。
2. 每个孢子囊内有许多孢子，孢子属于辐射对称的四面型孢子，钝三角形，三裂缝。
3. 当孢子囊成熟或干燥时，将会裂开将孢子弹射出去。

探究作业

肾蕨的孢子囊群

肾蕨常地生和附生于溪边林下的石缝中和树干上，喜温暖半阴环境。肾蕨是国内外广泛应用的观赏蕨类，除园林应用外，肾蕨还是传统的中药材。肾蕨背面有大量孢子囊，用来繁殖后代。

请将你在显微镜下观察到肾蕨的孢子囊群和孢子拍下来，并与芒萁的孢子囊群和孢子进行对比，看看它们有什么共同点和不同点。

肾蕨

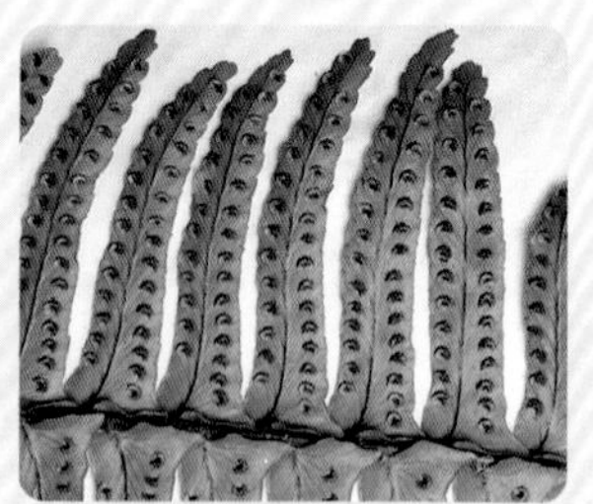

肾蕨背后的孢子囊群

3.5 华南毛蕨的孢子囊和孢子

华南毛蕨是一种蕨类植物，生长在山谷密林下或溪边湿地，植株高达 70 厘米，成熟时背面侧脉中部以上形成圆形的孢子囊群，孢子囊内含有许多孢子。华南毛蕨主要靠孢子进行繁殖。

华南毛蕨的孢子囊和孢子长什么样？让我们来一探究竟吧！

华南毛蕨

01 实验原理

华南毛蕨孢子囊中的孢子是一个个独立的细胞，在显微镜下可以看到其形态、结构和颜色。

02 实验目的

1. 观察华南毛蕨的孢子囊和孢子的形态结构。
2. 观察华南毛蕨孢子囊裂开的位置。

03 实验仪器及材料

数码液晶显微镜、载玻片、镊子；华南毛蕨的叶片。

04 实验步骤

1. 用镊子取部分华南毛蕨叶片，放到载玻片上，将载玻片放在显微镜的载物台上，对叶背面的孢子囊群进行观察并拍照记录。
2. 静置 40 分钟，观察并记录孢子囊裂开的动态变化。

05 实验结果

华南毛蕨的孢子囊群 （150 ×）

华南毛蕨的孢子囊（右为裂开，可见孢子，100 ×）

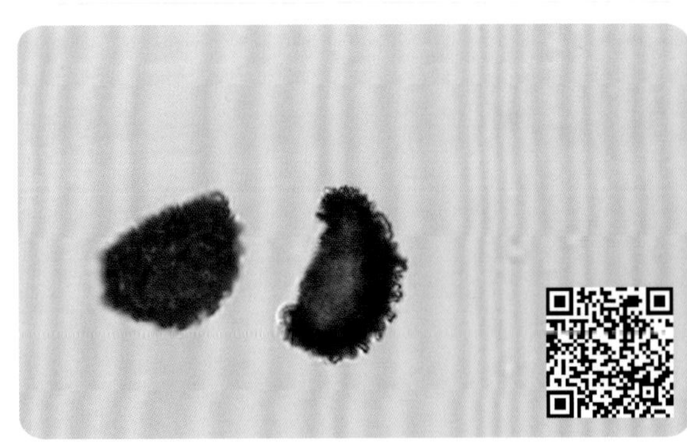

华南毛蕨的孢子（600×）

说明

1. 孢子囊群密集，近圆形，一个孢子囊呈蜷卷的扁球状，内含很多孢子。

2. 孢子囊的环带明显，当孢子囊成熟后，在基部裂开，借助环带的拉力，孢子从开口“弹射”出去。

3. 孢子的中间有裂缝，侧面观的形态为肾形，极面观的形态为椭圆形，表面有短的流苏状纹饰。

06 实验结论

华南毛蕨成熟时，叶背面形成很多孢子囊群，每个孢子囊群近圆形，由很多扁球状的孢子囊组成，每个孢子囊内含有很多肾形的孢子。孢子囊成熟时，在基部裂开，借助环带的拉力，将孢子“弹射”出去。

探究作业

海金沙的孢子囊群和孢子

海金沙，多年生攀缘草本植物，高1~4米。叶有两种形态，不育羽片尖三角形，能育羽片卵状三角形，孢子囊穗长2~4毫米，多在夏秋季产生。孢子囊内有许多孢子。

海金沙一般生长在阴湿的山坡或者路边的灌木丛里，其干燥成熟的孢子就是中药海金沙。一般在秋季孢子未脱落时采割藤叶，晒干后，搓搓或者打下孢子，然后筛去茎叶，即可入药。

请将你在显微镜下观察到海金沙的孢子囊群和孢子拍下来，对比华南毛蕨的孢子囊群和孢子，看看它们有什么共同点和不同点。

马路边的海金沙

海金沙背后的孢子囊群

3.6 柏树的鳞形叶和松树的针形叶

“岁寒，然后知松柏后凋也。”《论语》中的这句话说明了松柏的坚韧与挺拔，同时也教会我们要耐得住困苦，不忘初心。松树和柏树是常见的常绿乔木，二者的叶片有很大的区别，其中柏树的叶片是鳞形叶，松树的叶片是针形叶。

柏树的鳞形叶和松树的针形叶在显微镜下是什么样子呢？

01 实验原理

在显微镜下，可以清晰观察到柏树的鳞形叶和松树的针形叶的微观结构。

02 实验目的

观察柏树的鳞形叶和松树的针形叶的微观形态。

03 实验仪器及材料

数码液晶显微镜、载玻片、镊子；柏树的鳞形叶、松树的针形叶。

04 实验步骤

1. 取柏树的叶片，用镊子将叶片放在载玻片上，然后在显微镜下观察。
2. 取松树的叶片，用镊子将叶片放在载玻片上，然后在显微镜下观察。

05 实验结果

柏树的鳞形叶 （60 ×）

柏树的鳞形叶 （150 ×）

松树的针形叶 （60 ×）

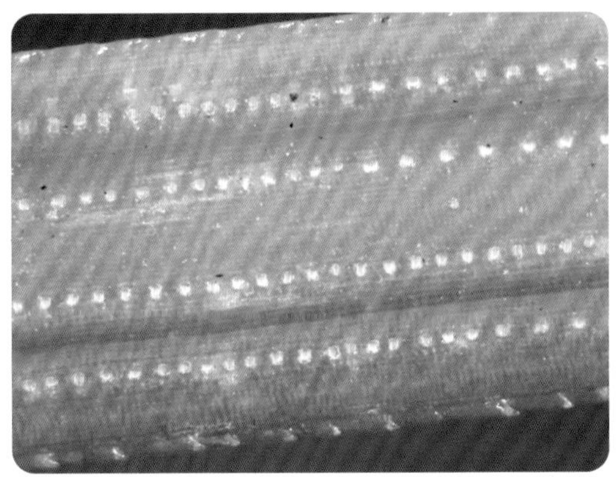

松树的针形叶 （150 ×）

06 实验结论

1. 柏树的鳞形叶叶片小，呈鳞片形，层层覆盖，叶片外缘有油脂腺。
2. 松树的针形叶尖端尖锐，叶周围有数排透明状突起，叶片边缘有小刺状突起。

探究作业

鳞形叶和针形叶

自然界中除了柏树具有鳞形叶，还有哪些植物具有鳞形叶？除了松树具有针形叶，还有哪些植物具有针形叶？请查找相关资料，有条件的话，搜集不同的鳞形叶和针形叶进行观察、比较。

冷杉叶片

水杉叶片

3.7 月季花的基本结构

月季花是蔷薇科植物，花朵色彩艳丽、丰富，有红、粉、黄、白、紫等多种颜色。月季花姿色多样，香气浓郁，四时常开，深受人们的喜爱，中国有几十个城市将月季花选为市花，1985 年 5 月，月季花被评为中国十大名花第五名。

月季花在显微镜下是什么样的呢？让我们一起来看看吧！

01 实验原理

在数码液晶显微镜下，可以清晰地观察到月季花各部分的细微结构。

02 实验目的

1. 观察月季花的形态结构。
2. 了解植物双受精过程。

03 实验仪器及材料

数码液晶显微镜、载玻片、盖玻片、镊子、牙签；月季花。

04 实验步骤

1. 采集月季花，识别月季花各部位的结构和名称。
2. 将托叶直接放在载物台上，用显微镜观察托叶腺毛与表皮毛的分布。
3. 观察叶片基部的腺毛与主叶脉上的皮刺。
4. 将雄蕊、雌蕊依次放在载物台上，用显微镜观察记录。
5. 轻轻撕取花瓣上表皮和下表皮，制作花瓣表皮临时装片，进行观察、记录。
6. 撕取叶片上表皮和下表皮，制作叶片表皮临时装片，进行观察、记录。
7. 用牙签挑取月季花花粉，直接用显微镜观察、记录。制作花粉临时装片，用显微镜观察、记录。

月季花托叶腺毛与表皮毛分布 （30 ×）

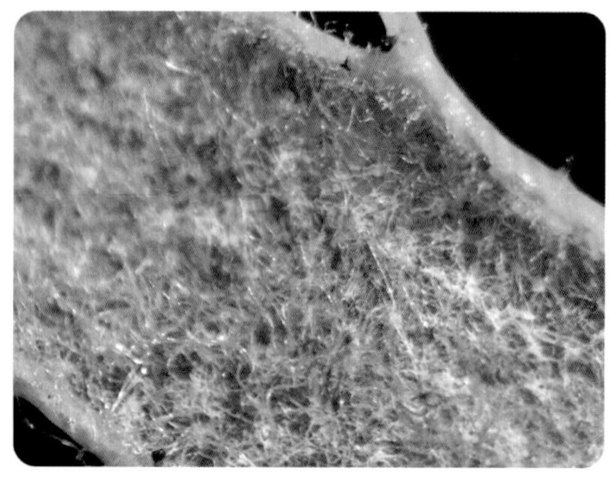

月季花托叶腺毛与表皮毛分布 （60 ×）

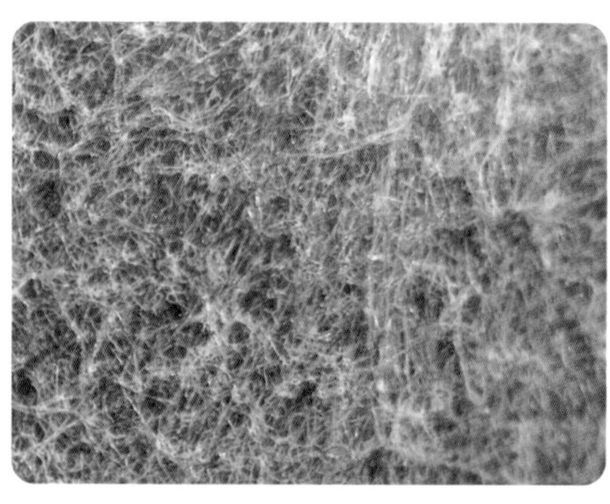

月季花托叶表皮毛 （60 ×）

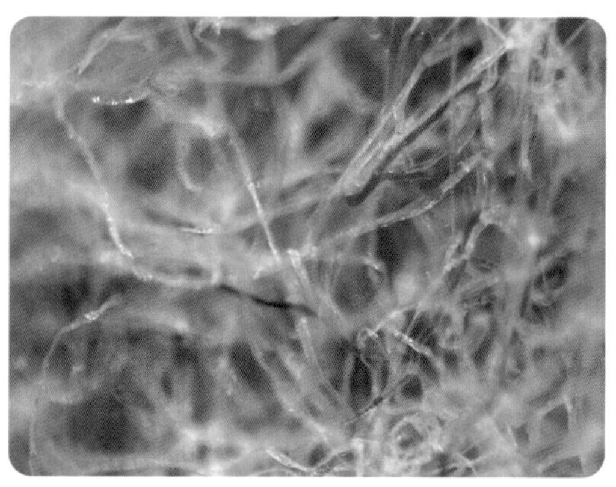

月季花托叶表皮毛 （150 ×）

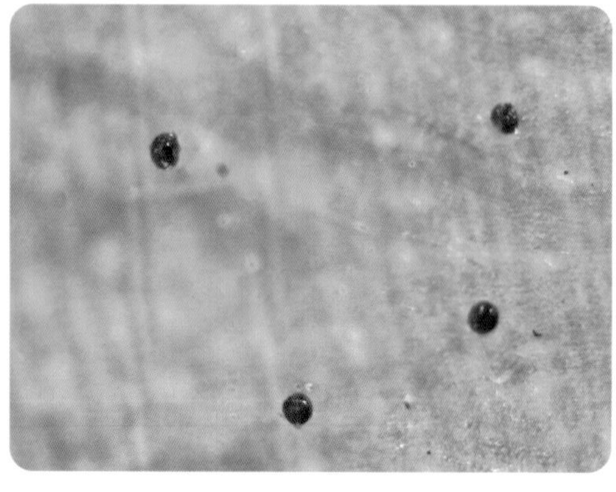

月季花托叶腺毛 （150 ×）

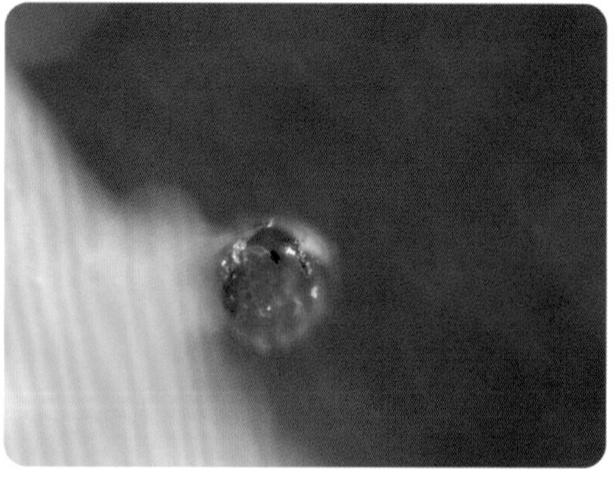

月季花托叶腺毛 （600 ×）

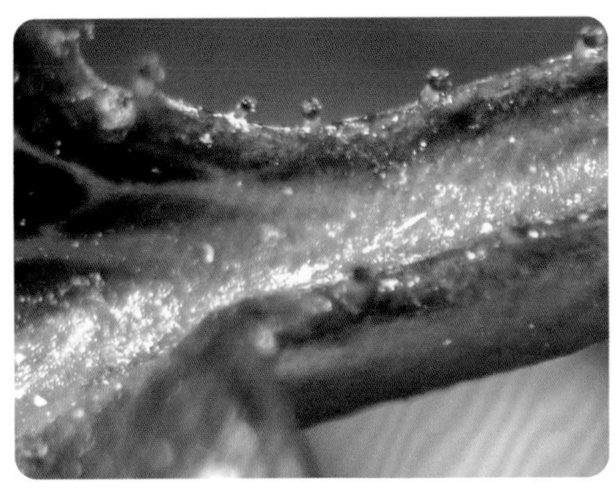
月季花叶柄基部的腺毛 （60 ×）

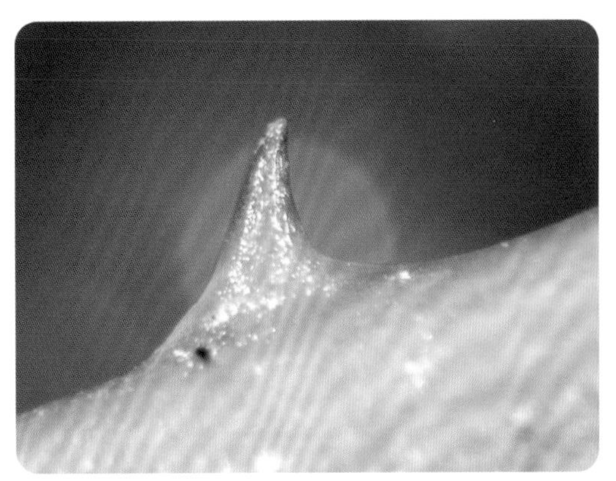
月季花主叶脉散生皮刺 （150 ×）

月季花的花药 （30 ×）

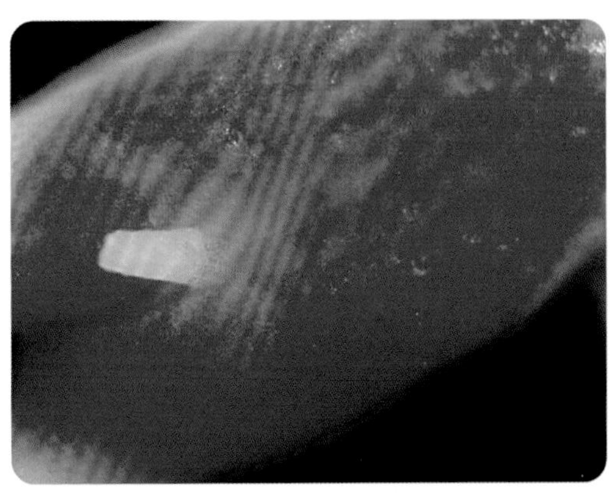
月季花的花药 （60 ×）

月季花子房横切 （30 ×）

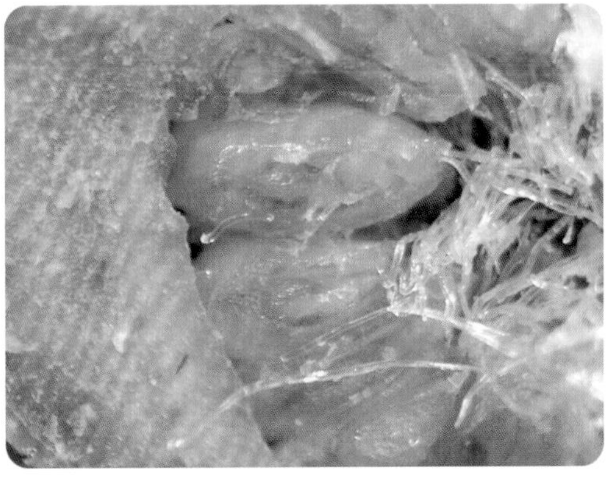
月季花子房横切 （60 ×）

月季花的柱头 （30 ×）

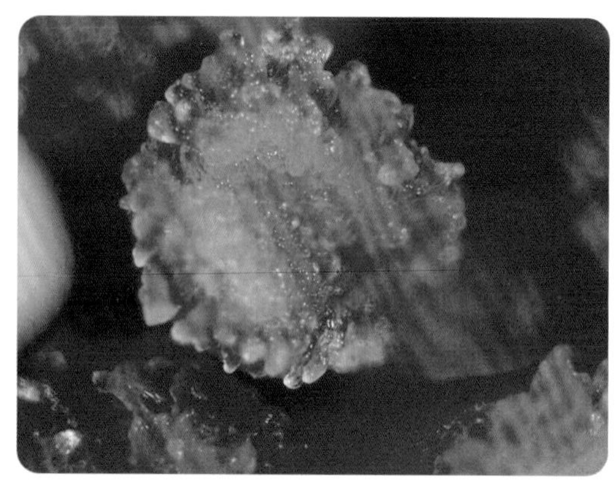

月季花的柱头 （60 ×）

月季花的花瓣上表皮细胞 （60 ×）

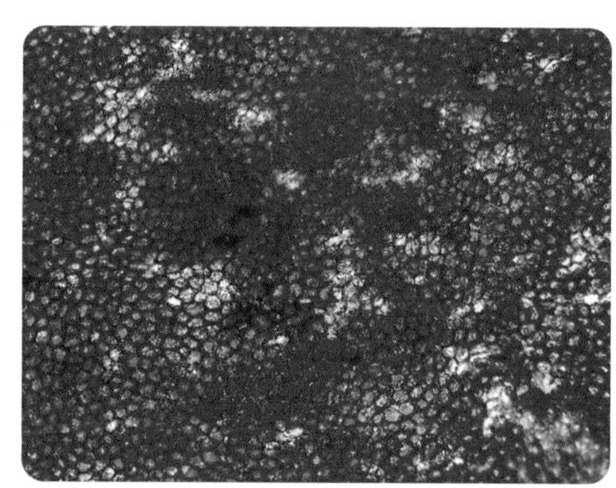

月季花的花瓣下表皮细胞 （150 ×）

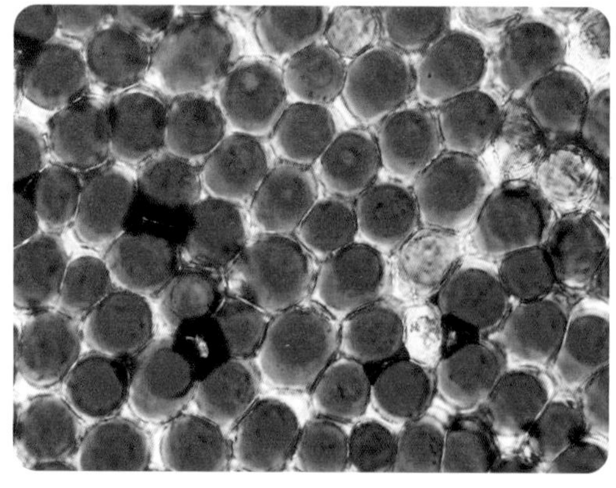

月季花的花瓣上表皮细胞 （600 ×）

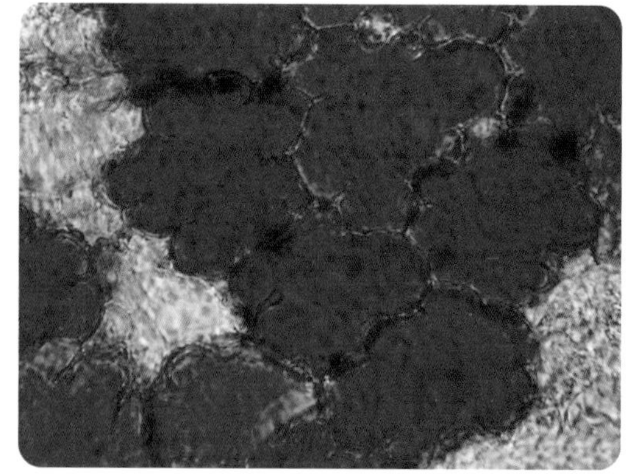

月季花的花瓣下表皮细胞 （600 ×）

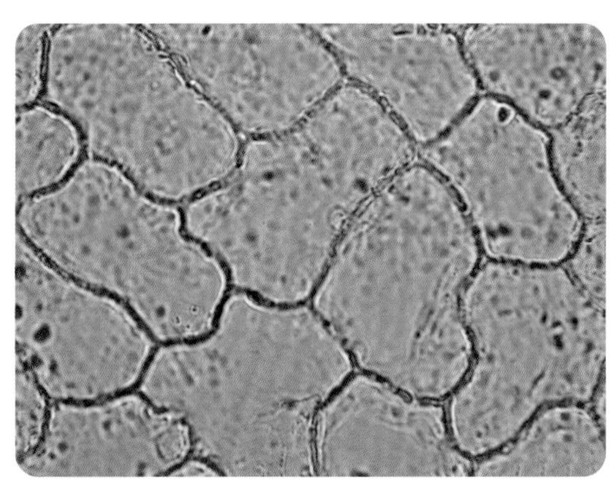
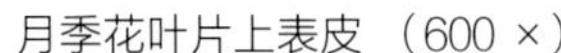

月季花叶片上表皮 （600 ×）

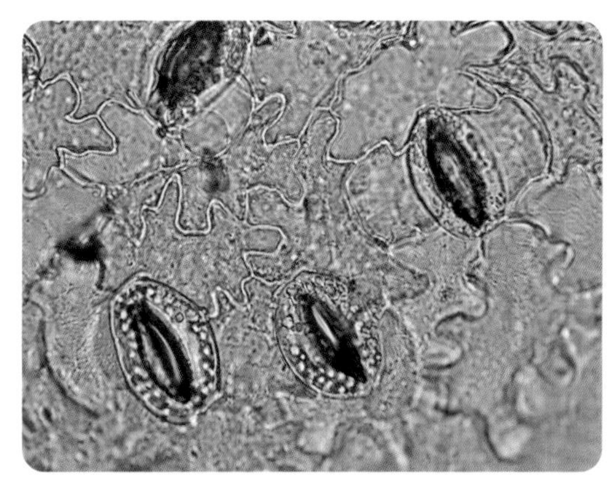

月季花叶片下表皮 （600 ×）

06 实验结论

1. 可以清晰观察到叶片的腺毛和表皮毛。叶片的腺毛排布在叶柄两侧，顶端突起，呈红色；叶片背面主叶脉处离散附着若干皮刺，附近偶有腺毛；托叶正面覆盖表皮毛，颜色呈白色或红色。
2. 花瓣上表皮细胞呈球形，中央大液泡充盈红色花青素；花瓣下表皮形状和大小与叶片上表皮相似，较上表皮细胞大；中央大液泡充盈红色花青素，不同细胞花青素颜色不完全相同，好似一张彩色的拼图。
3. 叶片上表皮透明无色，细胞形态不规则，排列紧密，无气孔；叶片下表皮细胞也是透明无色，形态不规则，排列紧密，但是分布着大量的气孔，可清晰观察到组成气孔的保卫细胞，以及保卫细胞中分布的叶绿体。

月季花其他部位的细胞

1. 下图也是月季花的细胞，请根据细胞的形态结构特点，判断细胞的种类。

2. 月季花植株上有多种类型的细胞，请对其他部位的细胞进行观察。

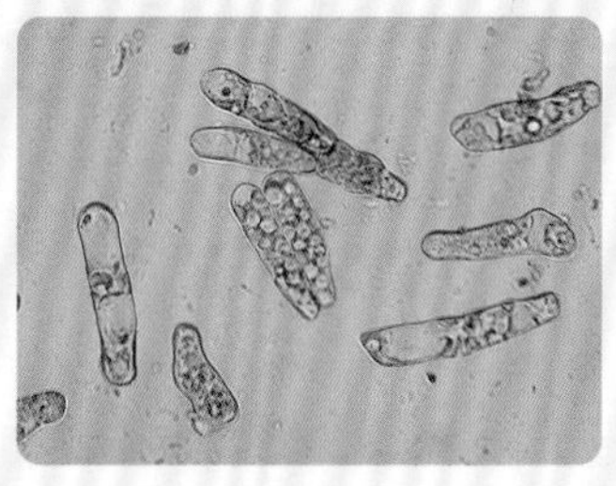
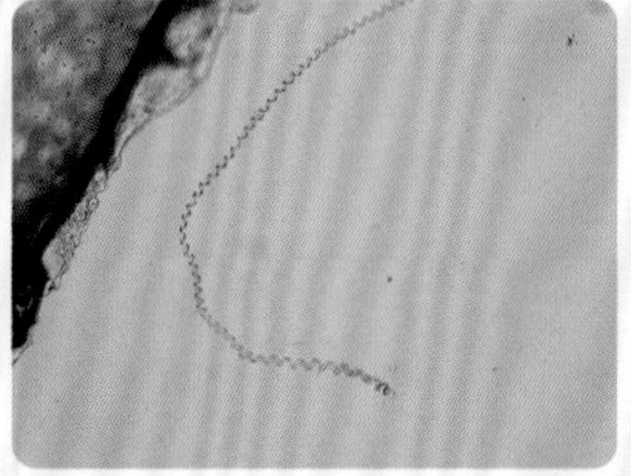

月季花的细胞

3.8 五叶地锦的卷须和叶子

五叶地锦，又称五叶爬山虎，是一种木质藤本植物。五叶地锦的小枝呈圆柱形，无毛；卷须顶端尖细卷曲，叶片掌状，边缘有锯齿，叶片上面呈绿色，下面呈浅绿色，两面无毛，网脉不明显；6～7 月开花，8～10 月结果。五叶地锦是常见的绿化植物。

显微镜下五叶地锦的卷须是什么样的，叶片的表皮细胞又有什么特点呢？

01 实验原理

在数码液晶显微镜下，可以清晰观察到五叶地锦各部分的微观结构。

02 实验目的

观察五叶地锦的卷须和叶片的表皮细胞。

03 实验仪器及材料

数码液晶显微镜、载玻片、盖玻片、镊子；清水、五叶地锦不同阶段的卷须和叶子。

04 实验步骤

1. 取五叶地锦的卷须，将卷须放在显微镜下观察（光源：侧光源），观察幼嫩卷须和成熟卷须的区别。
2. 取一片五叶地锦的叶片，将叶片放在显微镜下观察（光源：侧光源），观察五叶地锦的表皮毛分布。
3. 取一片五叶地锦的叶片，用镊子撕取上表皮和下表皮，分别放在载玻片上，滴加清水后，盖上盖玻片，在显微镜下观察。

05 实验结果

五叶地锦卷须（实物照片）

五叶地锦卷须叶（60 ×）

五叶地锦幼嫩卷须顶端（60 ×）

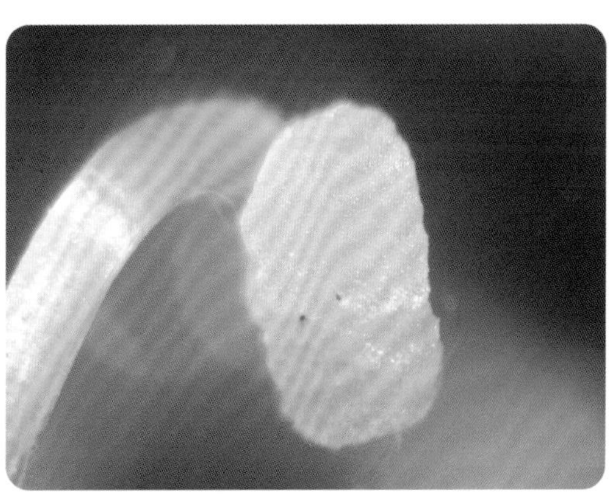

五叶地锦成熟卷须顶端（60 ×）

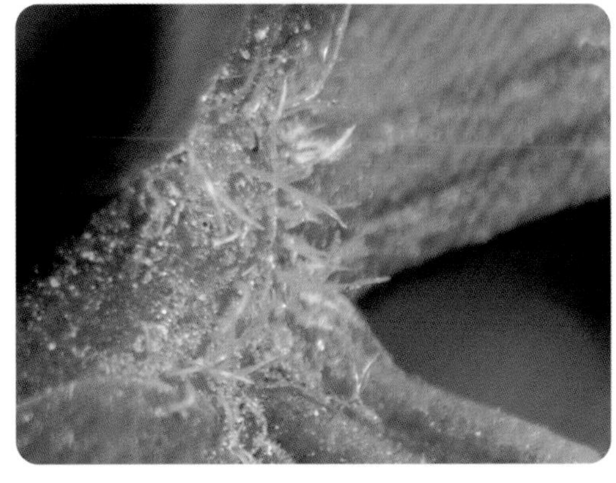

五叶地锦叶基部表皮毛（60 ×）

五叶地锦小叶背面锯齿处表皮毛（60 ×）

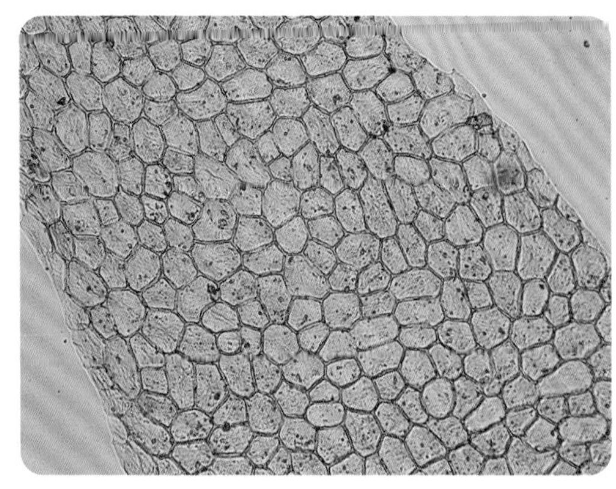

五叶地锦叶片上表皮 （600 ×）

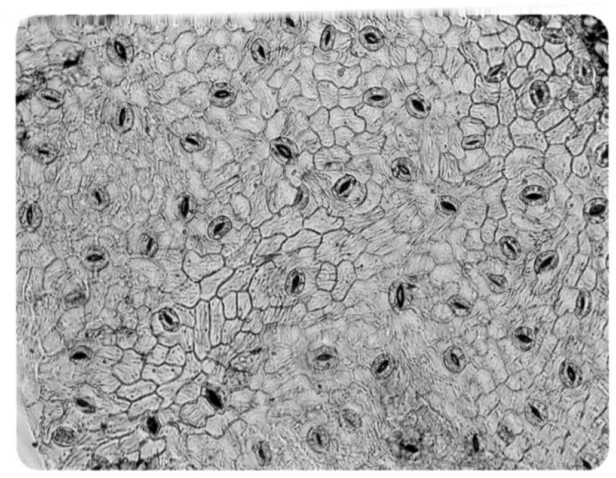

五叶地锦叶片下表皮 （600 ×）

06 实验结论

1. 五叶地锦卷须总状有分枝，相隔 2 节间断与叶对生；卷须顶端嫩时尖细卷曲，后遇附着物扩大成吸盘。
2. 五叶地锦叶片表皮毛主要分布在两处：五叶地锦五片叶子的基部、小叶背面的锯齿处及锯齿周围的叶脉处。
3. 五叶地锦叶片上、下表皮透明无色，细胞形态不规则，排列紧密。其中下表皮分布着大量的气孔，可清晰观察到组成气孔的保卫细胞。

探究作业

其他植物叶片的表皮毛

五叶地锦的叶片表皮毛主要分布在两处，你还想知道哪些植物的叶表皮有表皮毛？试着观察其他植物，找出几种叶片有表皮毛的植物。

忽忘我

3.9 攀缘植物的触手

攀缘植物有很多种类，它们的攀爬方式各有不同。有的靠气生根，如凌霄和绿萝；有的靠吸盘，如各种地锦，也叫爬山虎；有的靠茎卷须（如葡萄）和叶卷须（如豌豆）；有的靠倒钩刺，如蔷薇；有的靠茎缠绕，如紫藤和牵牛。攀缘植物是如何利用它们的触手进行攀缘的？这些植物的触手有何特别之处？我们可以通过显微镜进一步观察了解。

01 实验原理

地锦依靠卷须接触攀爬介质，一旦接触，卷须前端细胞可发生分裂分化形成“吸盘”结构，能分泌黏液使吸盘紧紧贴住介质；黄瓜卷须接触攀缘介质后，卷须细胞生长状态改变，外侧细胞生长更快，能够形成多圈螺旋缠绕，从而紧紧“抓”牢介质。在显微镜下可清晰地观察这些结构。

02 实验目的

1. 观察三叶地锦和五叶地锦的触须和吸盘，理解地锦攀爬的原理。
2. 观察植物的茎卷须或缠绕茎的结构，制作茎卷须或缠绕茎的横切片或纵切片，观察组织细胞的形态结构，尝试联系相应的原理对植物的缠绕生长做出解释。

03 实验仪器及材料

数码液晶显微镜、载玻片、盖玻片、镊子、刀片；清水、三叶地锦、五叶地锦、黄瓜茎卷须。

04 实验步骤

1. 对三叶地锦和五叶地锦进行宏观观察并拍摄照片。
2. 剪取一部分未攀墙的枝条尖端，直接在显微镜下观察其触须或吸盘。
3. 用刀片小心刮取或切取已经攀墙的地锦的触须和吸盘，直接在显微镜下观察其结构。
4. 切取吸盘的一部分组织细胞，制成临时装片，在显微镜下观察。

5. 剪取黄瓜未展开的卷须、伸展的卷须和已缠绕的卷须。

6. 对黄瓜卷须的各种形态进行观察和拍照。

7. 对黄瓜卷须进行纵切，观察细胞的形态结构。

05 实验结果

三叶地锦 （显示吸盘）

五叶地锦 （显示吸盘）

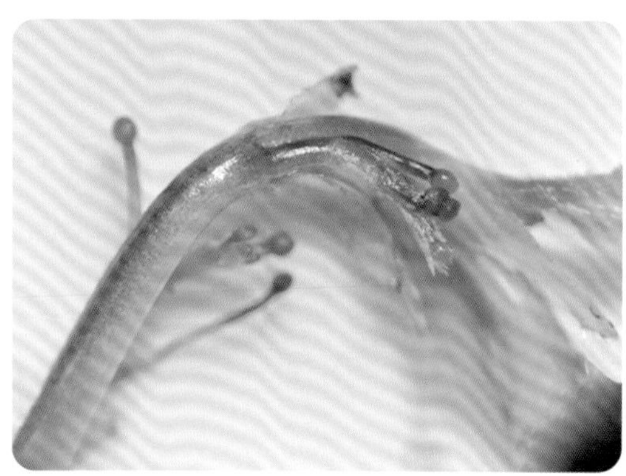

三叶地锦枝端 （显示初始吸盘）

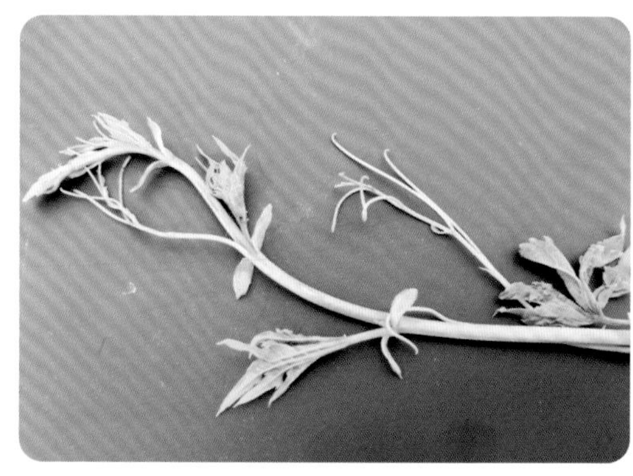

五叶地锦枝端 （无初始吸盘）

三叶地锦初始吸盘 （30 ×）

三叶地锦吸盘 （60 ×）

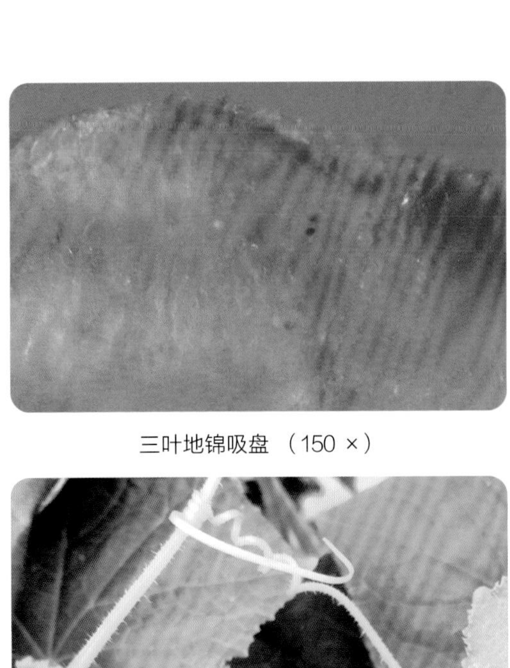

三叶地锦吸盘 （150 ×）

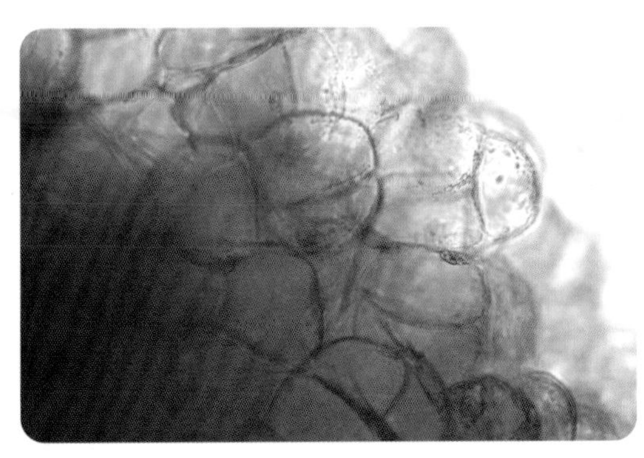

地锦吸盘部位细胞 （600 ×）

黄瓜茎卷须 （已攀附）

黄瓜茎卷须 （未展开）

黄瓜未展开的茎卷须 （30 ×）

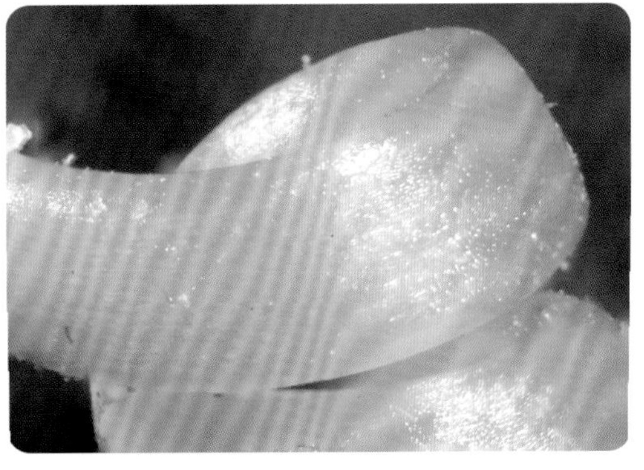

黄瓜已攀附的茎卷须 （30 ×）

黄瓜茎卷须 （60 ×）

黄瓜茎卷须 （600 ×）

06 实验结论

1. 地锦主要靠吸盘吸附在墙面上进行攀爬；三叶地锦与五叶地锦的触须和吸盘形态不同，三叶地锦吸盘发育早于五叶地锦，但均为触墙后形成更发达的吸盘，三叶地锦吸盘固着能力更强；五叶地锦触须比三叶地锦发达，一部分攀爬能力来自触须的卷曲缠绕。
2. 黄瓜靠茎卷须缠绕竹竿、木架等介质进行攀爬；幼嫩的黄瓜茎有未展开形成“蛇盘”形的幼嫩卷须，发育过程中会展开，遇到介质后形成“龙盘”形缠绕；缠绕的卷须内侧细胞较外侧细胞稍短，细胞外侧细胞壁均较长。

探究作业

豌豆的叶卷须和葡萄的茎卷须

叶卷须是变态叶中的一种，为纤细的线状构造，具有卷须的植物体往往木质化程度低，机械组织发育不良，借卷须缠绕他物而使植株保持直立，常见于豌豆等。茎卷须是部分茎枝特化而成的卷须状攀缘结构，常见于葡萄等。两者在宏观和微观上有什么区别？

观察提示：

（1）宏观观察：两者卷须的着生部位有何区别？硬度有何差异？

（2）微观观察：观察两者卷须的纵切片和横切片，比较两者机械组织、输导组织的区别。

豌豆的叶卷须

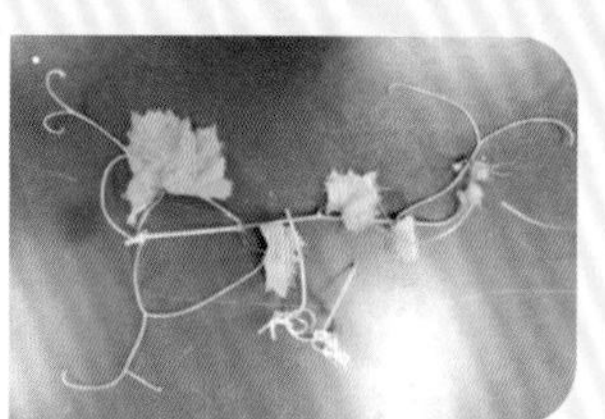

葡萄的茎卷须

3.10 植物叶脉的纹理

叶脉分布在叶肉组织中，由输导组织和机械组织构成，起到输导和支持的作用。叶脉按其分出的级序及粗细可分为主脉、侧脉和细脉3种。主脉较粗，最为明显，若主脉一条位于叶片中央，则称为“中脉”或“中肋”；侧脉为主脉的分枝，一般较细；细脉为侧脉的分枝，较侧脉更细，分布在整个叶片中，且常错综交织。

双子叶植物的叶脉由主脉向两侧发出许多侧脉，侧脉再分出细脉，侧脉和细脉彼此交叉形成网状，称为网状脉；单子叶植物的主脉不明显，侧脉由基部发出直达叶尖，各叶脉平行，称为平行脉。一些低等的被子植物、蕨类植物和裸子植物的叶脉有二叉分枝，形成叉状脉，这是比较原始的叶脉。

01 实验原理

如果叶脉明显，可以用显微镜直接观察；将叶片进行酒精隔水加热脱色，然后用碘液进行浸泡染色，可将部分叶片的叶脉纹理观察清楚；将叶片制成叶脉书签则最易观察叶脉的纹理。

02 实验目的

1. 制作适合观察叶脉的临时装片，观察不同植物叶脉的纹理。
2. 了解不同种类叶脉纹理的特点，尝试画出不同叶脉的纹理图。
3. 尝试将叶脉纹理作为依据，进行粗略的系统分类。

03 实验仪器及材料

数码液晶显微镜、载玻片、盖玻片、镊子、烧杯、酒精灯、石棉网、三脚架、培养皿；清水、酒精、碘液；马齿苋叶、桂花叶、网纹草叶、西府海棠叶、构树叶、月季叶、铜钱草叶、狗尾草叶、银杏叶。

04 实验步骤

1. 取不同植物的叶片经酒精隔水加热，脱去绿色（见附录）。
2. 在载玻片中央滴一到两滴清水。
3. 用镊子撕取一小片已脱色的叶片（带叶脉），放在载玻片的水滴中。
4. 盖上盖玻片，制成临时装片进行显微镜观察（马齿苋叶片先经碘液染色再观察）。

实验结果

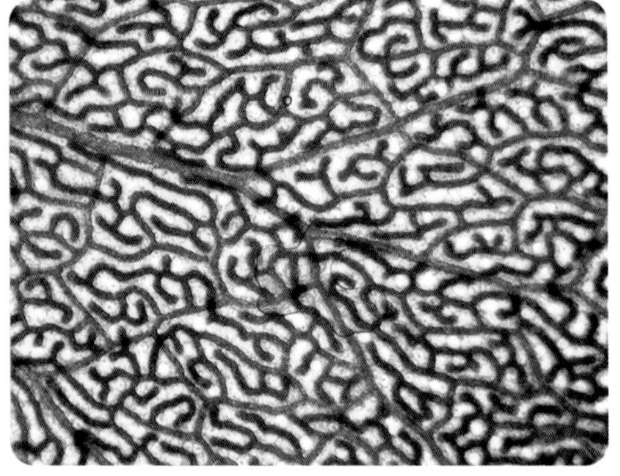

马齿苋叶脉纹理 （脱色后碘液染色，30 ×）

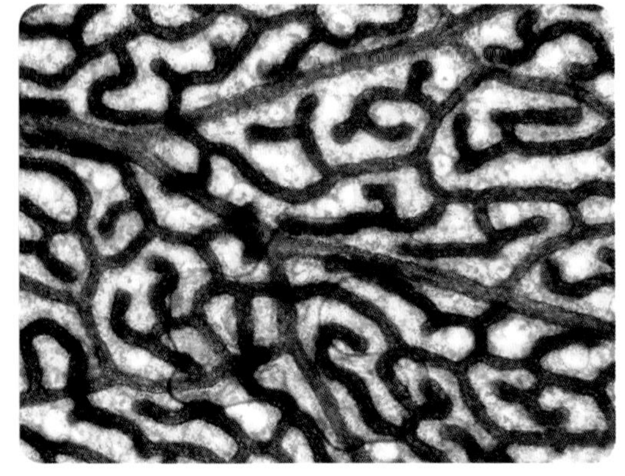

马齿苋叶脉纹理 （脱色后碘液染色，60 ×）

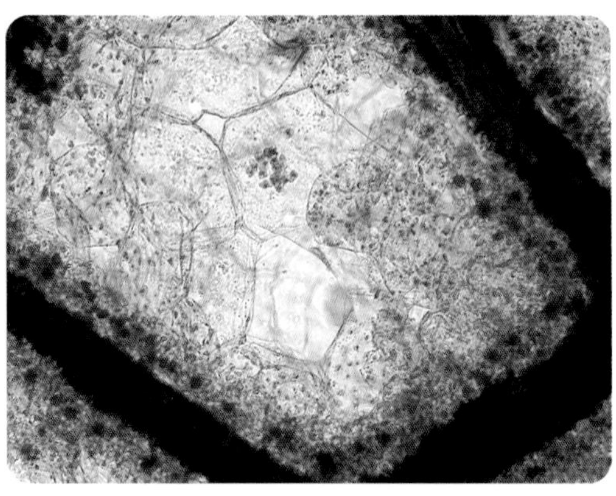

马齿苋叶脉纹理 （脱色后碘液染色，600 ×）

桂花叶脉纹理 （30 ×）

网纹草叶脉纹理 （30 ×）

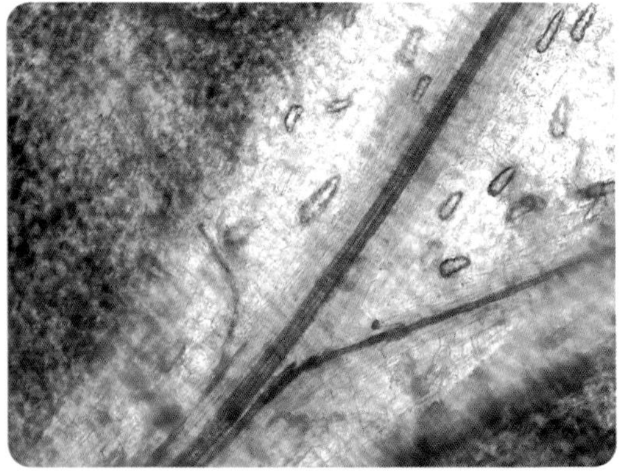

网纹草叶脉纹理 （600 ×）

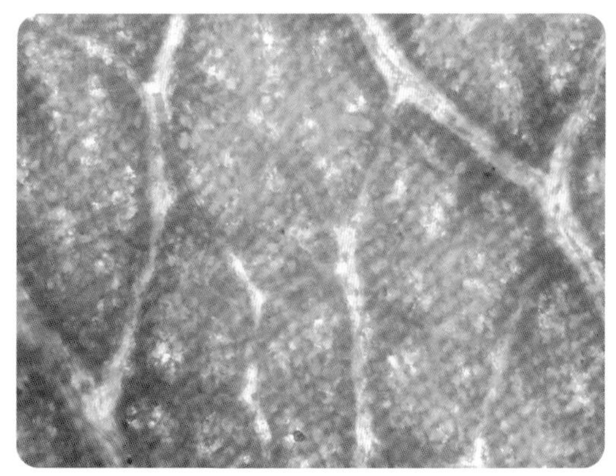
西府海棠叶脉纹理 （150 ×）

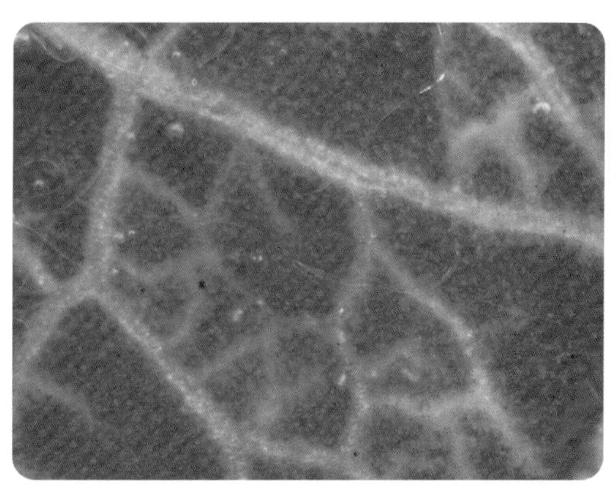
西府海棠叶脉纹理脱色后 （150 ×）

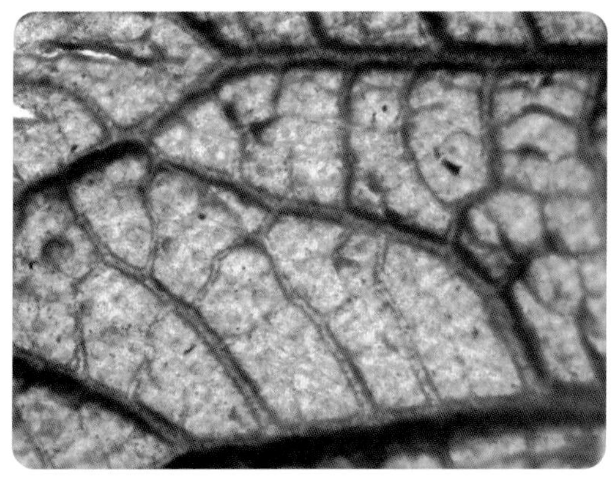
构树叶脉纹理脱色后 （60 ×）

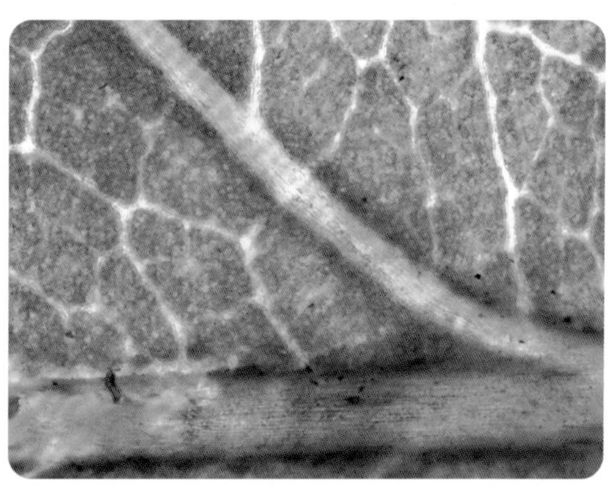
月季叶脉纹理 （30 ×）

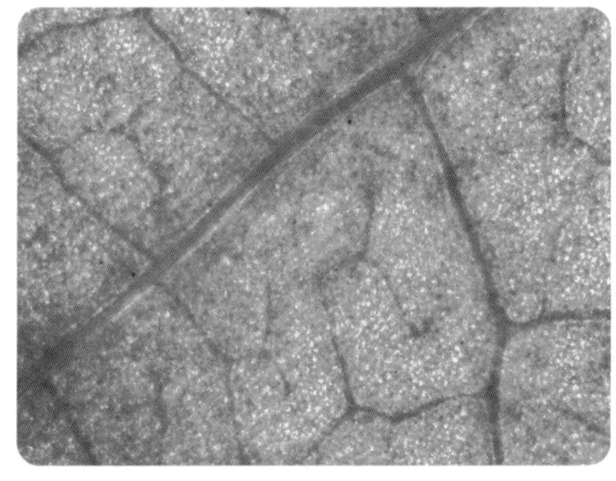
铜钱草叶脉纹理脱色后 （60 ×）

狗尾草叶脉纹理脱色后 （30 ×）

银杏叶脉纹理刮去下表皮（30×）

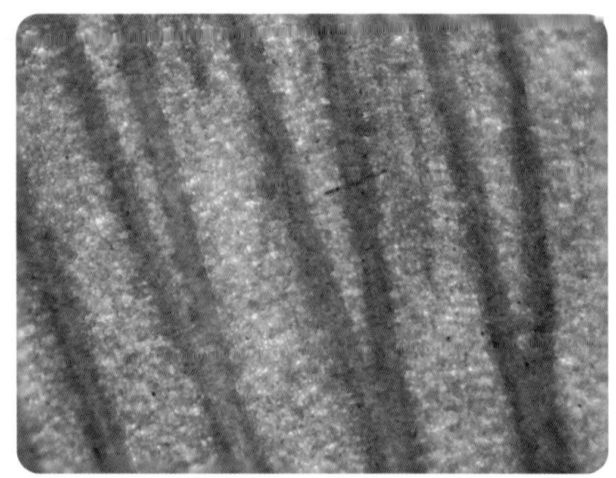
银杏叶脉纹理脱色后（30×）

06 实验结论

1. 马齿苋、桂花、网纹草、西府海棠、构树、月季、铜钱草等双子叶植物的叶脉呈网状。
2. 不同植物的叶脉各具不同特点，如铜钱草的主脉呈放射状，侧脉和细脉交织成网状。
3. 狗尾草等单子叶植物的叶脉多数呈平行状。
4. 银杏（裸子植物）叶脉呈单侧放射状并有二叉分枝。

探究作业

其他植物叶脉的纹理

摘取几片不同种类的叶片，直接观察其叶脉的纹理。可以用酒精隔水加热脱去绿色，也可以直接将叶片放入热水中保持一段时间，再撕取一小片带叶脉的叶片制成临时装片，用显微镜观察其叶脉纹理。（注意选取叶脉清晰、完整的叶片）

若家中养了一些蕨类植物和裸子植物，也可选取其叶脉进行观察，并注意和被子植物的两类叶脉脉形进行对比。

网状脉（菜豆叶）

平行脉（玉米叶）

附 录

酒精隔水加热脱去叶片中叶绿素的装置及操作：

（1）先将装置放到低处的大桌面上组装好，酒精灯放一边（先不要点燃）。在大烧杯中加入热水。

（2）将叶片叶柄朝上（叶片正面朝下）放入小烧杯，倒入酒精没过叶片，将小烧杯放入大烧杯中。

（3）点燃酒精灯，小心平推到三脚架中央开始加热脱色。等叶片绿色全部脱去后，平推出酒精灯并熄灭。

（4）用镊子将叶片夹出，放入盛冷清水的烧杯中漂洗。

（5）把叶片放到培养皿中，用碘液对叶片进行染色，显色充分后，观察结果。

隔水加热

3.11 植物叶的表皮毛

植物表皮毛是由表皮细胞发育而成的，形态特征各异。植物表皮毛有保护作用。有些植物具有分泌作用的腺毛（属于表皮毛），它们可以合成、储存和分泌多种代谢物，包括有机酸、多糖、蛋白质、多酚类、生物碱和萜类化合物等。这些化合物赋予了植物一种独特的气味，可提炼成为香料、药物、杀虫剂、食物添加剂、树脂和精油等。例如，从黄花蒿中提取的抗疟药物青蒿素以及从薄荷表皮毛中提取的薄荷醇等都是在表皮毛合成的，这些物质往往都具有很高的经济价值和药用价值。因此，腺毛被誉为生成高价值天然产物的小型化工厂。

植物的表皮毛或腺毛形态结构是怎样的？它们如何发挥自己的作用呢？我们以几种常见植物为例对表皮毛进行观察，一探其中的究竟。

01 实验原理

植物是否有表皮毛，可以根据肉眼观察、手感、气味（判断是否具有腺毛）等特征进行初步判断。表皮毛有可能位于叶缘或叶背面，可进行一定角度的弯折或进行特定方向的切片以便观察。

02 实验目的

1. 练习制作叶下表皮组织的临时装片。
2. 观察并比较天竺葵叶的表皮毛和盾叶天竺葵叶的表皮毛。
3. 观察其他植物如木槿、棣棠、构树等植物叶的表皮毛，分别描述其形态特征。

03 实验仪器及材料

数码液晶显微镜、载玻片、盖玻片、镊子、刀片、解剖针；清水、天竺葵叶、盾叶天竺葵叶、木槿叶、棣棠叶、构树叶。

04 实验步骤

1. 取天竺葵、木槿等植物的叶片放到显微镜下，直接观察叶是否有表皮毛以及表皮毛的形态结构。
2. 用镊子撕取上述植物叶一小块下表皮组织，放到载玻片的清水中。用解剖针和镊子小心将下表皮展开，注意要使叶表皮外侧朝上。然后加盖玻片制成临时装片。

3. 将叶片卷成比较密实的一卷，然后用刀片切开一个断口，在断口上再进行横切，制备叶片的横切临时装片。也可以用土豆块劈开一条缝，将叶片夹住，再用刀片进行横切，连续切出几片较薄的横切片，选出最薄的一片制备临时装片。对于叶柄（如构树叶柄）的部位，可以直接进行横切。

05 实验结果

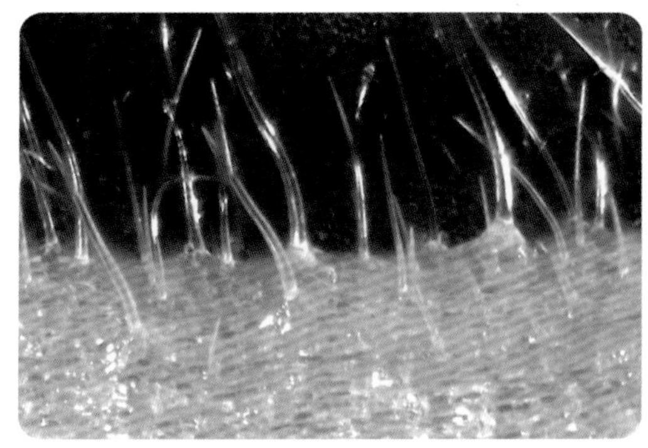
天竺葵叶的表皮毛和腺毛（30 ×）

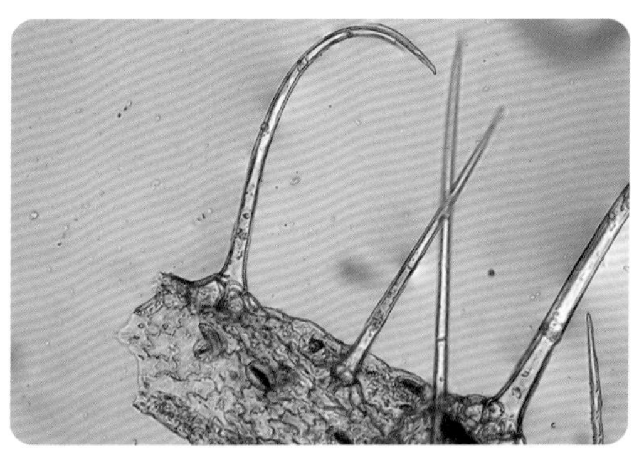
天竺葵叶的表皮毛（150 ×）

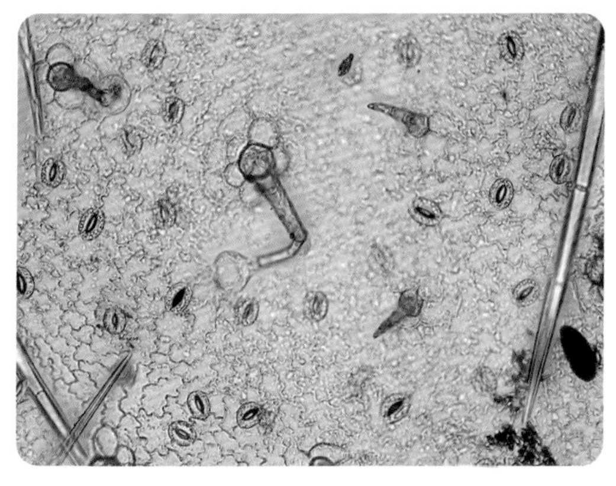
天竺葵叶的腺毛（150 ×）

天竺葵叶的腺毛（600 ×）

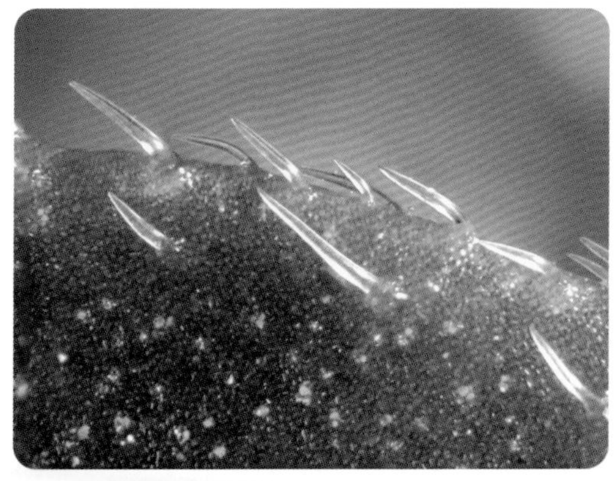
盾叶天竺葵叶的表皮毛（30 ×）

盾叶天竺葵叶的表皮毛（60 ×）

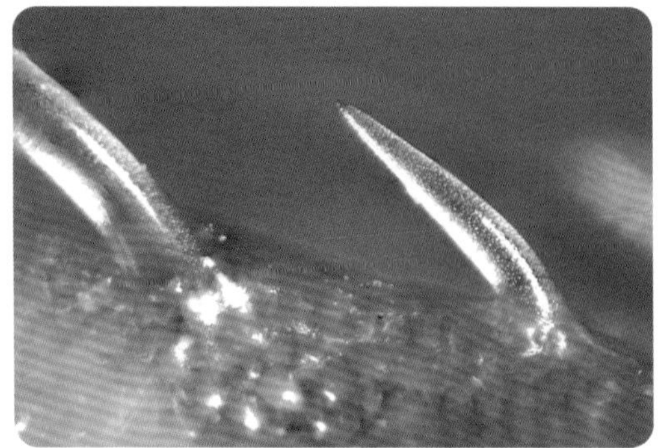

盾叶天竺葵叶的表皮毛 （150 ×）

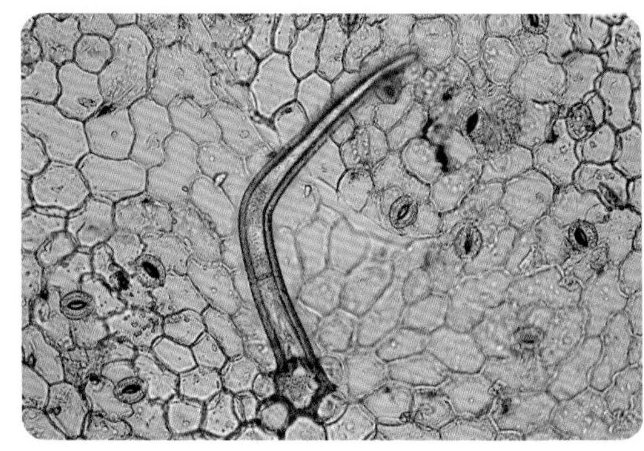

盾叶天竺葵叶的表皮毛 （150 ×）

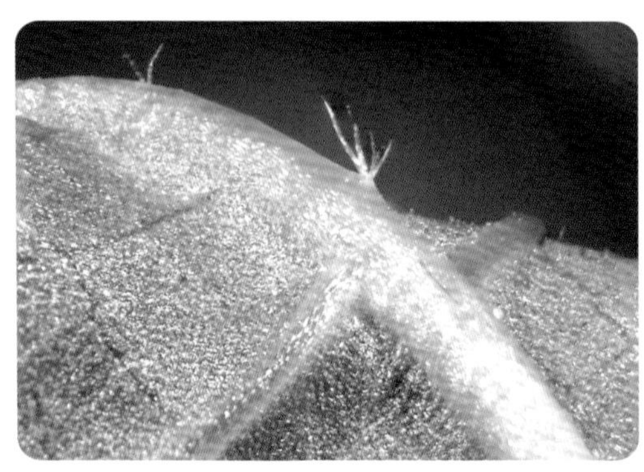

木槿叶的星状表皮毛 （30 ×）

木槿叶的星状表皮毛 （60 ×）

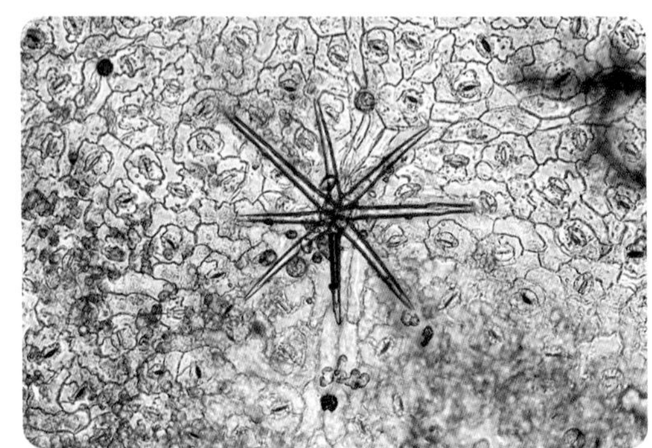

木槿叶的星状表皮毛 （50 ×）

木槿叶的星状表皮毛 （600 ×）

棣棠叶表皮毛 （60 ×）

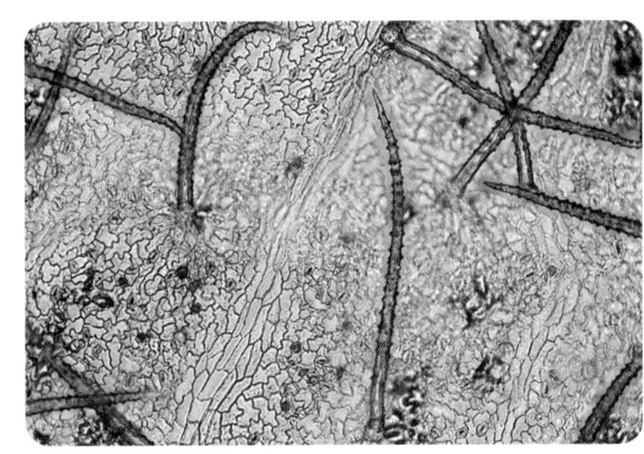
棣棠叶表皮毛 （150 ×）

构树主叶脉上的表皮毛 （60 ×）

构树小叶脉上的表皮毛 （60 ×）

构树主叶脉上的短表皮毛和腺毛 （600 ×）

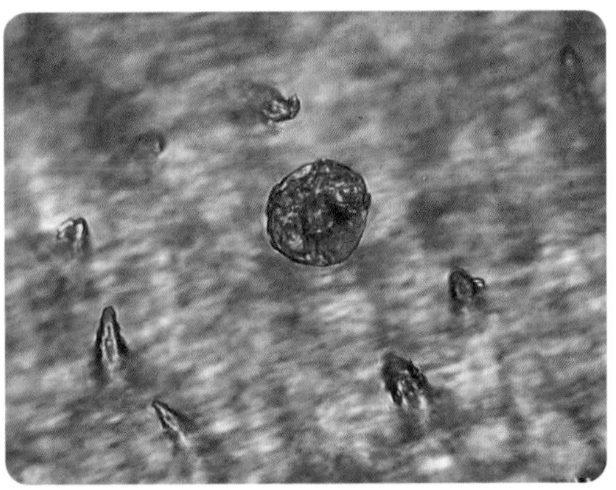
构树主叶脉上的短表皮毛和腺毛 （600 ×）

06 实验结论

1. 不同植物的叶有不同类型的表皮毛。
2. 天竺葵叶同时具有表皮毛和腺毛，盾叶天竺葵叶只有表皮毛，且两者表皮毛形态结构有明显差异。
3. 木槿叶有分布稀疏的星状表皮毛，以5～8针一簇的方式分布于下表皮。
4. 棣棠叶的表皮毛每针独立存在，但是每针上都有上百个更小的隆起，犹如狼牙棒。
5. 构树的表皮毛分成长短两种独立存在，长表皮毛的长度是短表皮毛的几倍至十几倍，构树还有与短表皮毛高度相当、类似“小蘑菇”的腺毛，构树的特殊气味是由腺毛分泌的挥发性物质形成的。

探究作业

狗尾草叶片表皮毛

在采集狗尾草的花序时，你有没有被狗尾草的叶子划到过？感觉好像被小针扎到一样。如果你采集一片狗尾草的叶子，用手从叶的基部朝叶尖方向捋感觉比较顺滑，而反方向捋，感觉比较粗糙，这是为什么呢？推测可能是狗尾草叶子上密布微小的表皮毛，且这些表皮毛形成小尖刺，斜着朝向叶尖的方向。这种推测是否正确呢？可以借助显微镜对狗尾草叶片进行观察加以验证。

狗尾草

狗尾草叶片纵向对折 （10×）

3.12 百合花的花粉

百合是百合科、百合属多年生草本球根植物，全球已发现 120 多个品种，其中 55 种产于中国。百合花多为白色、粉色、黄色、红色等，花大、漏斗形，单生于茎顶。

不同品种百合的花粉粒在形态学上具有很多相似之处，都以单粒形式存在，呈椭圆体，具有一个萌发沟，萌发沟长达两极、细长，沟缘整齐。花粉粒表面纹饰几乎都为不规则网状，网孔密度、大小和表面纹饰千差万别。了解不同品种百合的花粉形态特征和生理习性对育种工作具有重要意义。

01 实验原理

植物的花粉是一个个独立的细胞，在显微镜下可以观察到其大小、颜色、立体形态等。通过对花粉形态特征的观察，有助于了解花粉的多样性及与其传粉的适应性。

02 实验目的

1. 学会百合花粉的收集和贮存方法。
2. 掌握制作百合花粉临时装片的方法。
3. 会描述百合花粉的形态特点。

03 实验仪器及材料

数码液晶显微镜、载玻片、盖玻片、玻璃管、剪刀、胶头滴管、棉棒、镊子、牙签、吸水纸；10%～20%的蔗糖溶液、清水、百合花。

04 实验步骤

1. 采集新鲜花朵的花粉，采集时记录所采样本的详细信息。一般来说，如果花较大而雄蕊又很多，可用镊子直接将雄蕊或花药取下，放入胶囊中或小玻璃管中并编号。也可以用手轻轻弹到器皿中，或者用毛笔、棉棒轻轻蘸取花粉。如果花很小，雄蕊不易辨别，可将其小花取下几朵放入玻璃管内。百合花的花药较大，可以直接用剪刀剪下，放在玻璃管中。
2. 将百合的花药置于载玻片或培养皿中，在显微镜下直接观察、拍照。
3. 用洁净的纱布把载玻片和盖玻片擦拭干净。把载玻片放在实验台上，用胶头滴管在载玻片的中央滴一滴 10%～20%的蔗糖溶液。
4. 用洁净的牙签蘸取一点采集好的花粉，均匀涂抹在蔗糖溶液中。

5. 用镊子夹起盖玻片，使它的一边先接触载玻片上带有花粉的蔗糖溶液，然后缓缓地放下，避免出现气泡，影响观察。
6. 用吸水纸从盖玻片的另一侧吸走多余的液体。
7. 在显微镜下观察花粉临时装片。先在低倍镜下观察，再转到高倍镜下观察。
8. 拍照，并做好记录。

05 实验结果

未裂开的百合花药 （60 ×）

裂开的百合花药， 布满花粉 （60 ×）

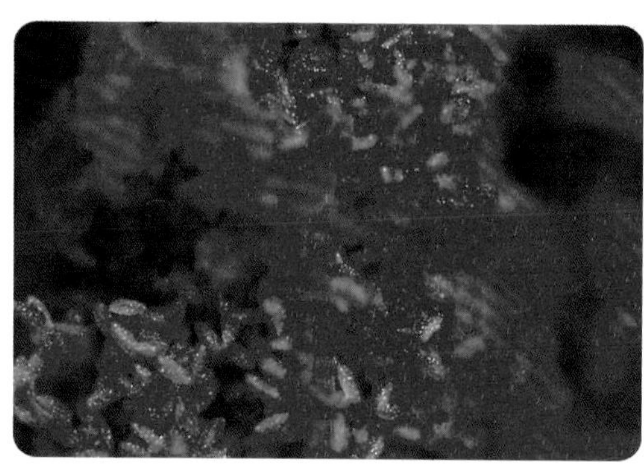

聚集的百合花粉 （60 ×）

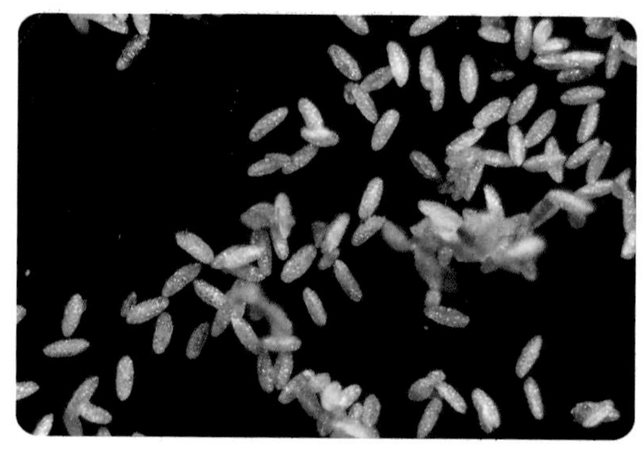

散开的百合花粉 （60 ×）

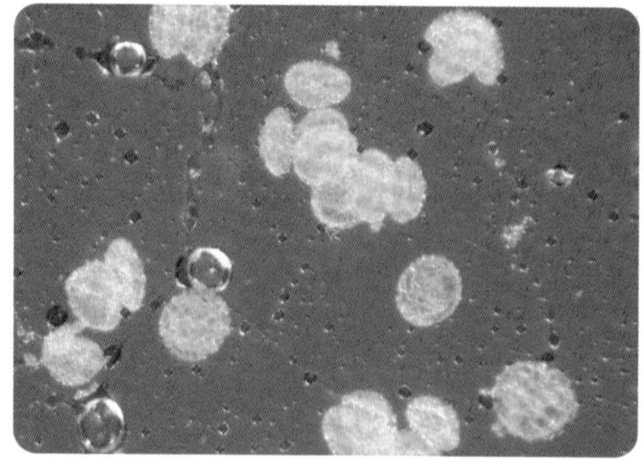

散开的百合花粉 （150 ×）

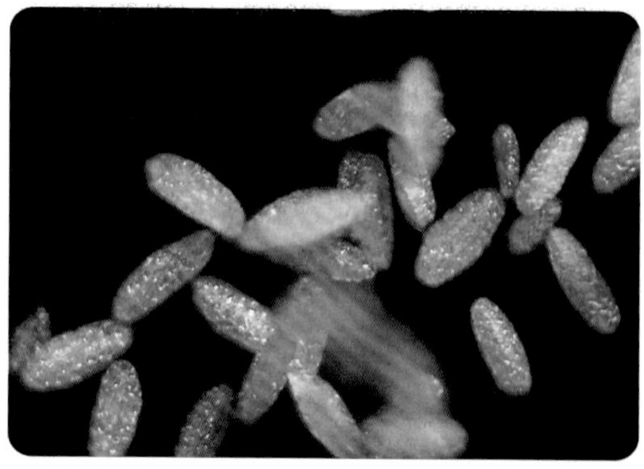

散开的百合花粉 （150 ×）

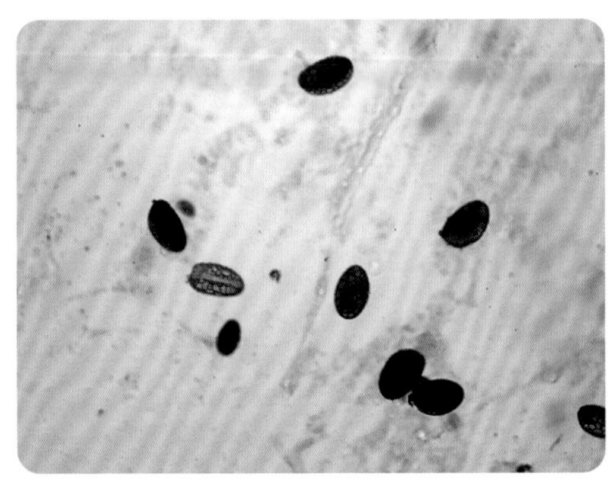

百合花粉 （150 ×）

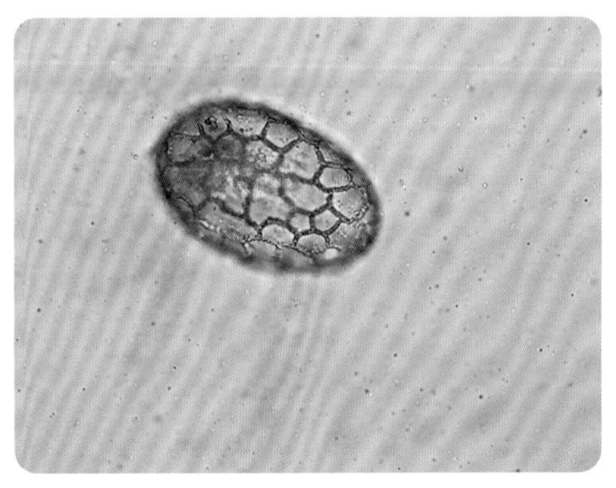

百合花粉 （600 ×）

06 实验结论

1. 未成熟的百合花药表面较为光滑，一旦成熟裂开后，花药表面遍布金黄色或红色的花粉。
2. 百合花粉以单粒形式存在，多数呈椭圆形，花粉壁表面具有繁复美丽的花纹。

探究作业

唐菖蒲的花粉

唐菖蒲和百合都属于多年生草本球根花卉。唐菖蒲，又名剑兰，聚伞花序，花冠筒呈膨大漏斗形，花色有红、黄、紫、白、蓝等单色或复色品种。唐菖蒲具有 3 个雄蕊，雌蕊的柱头略扁宽而膨大。唐菖蒲作为鲜切花，可作花篮、花束、瓶插等，可布置花境及专类花坛，它与切花月季、康乃馨和扶郎花被誉为“世界四大切花”。

仔细观察唐菖蒲的花朵结构，辨认雌蕊和雄蕊。收集花粉，在显微镜下观察花粉的形态特点。

唐菖蒲

3.13 几种常见植物的花粉

花粉是有花植物繁殖后代的重要雄性结构，是雄蕊中的生殖细胞，外观呈粉末状，其个体称“花粉粒”。在显微镜下，你会发现花粉粒的形态和结构各不相同。常见的花粉形状有：超长球形、长球形、近球形、球形、扁球形、超扁球形。不同植物花粉的大小变化幅度很大，大多数花粉粒的直径约为 20 ~ 50 微米，小的花粉粒直径约为 4 ~ 8 微米，大的花粉粒直径可达 100 ~ 250 微米，花粉的形态与结构能揭示植物系统发育的历程，反映出植物适应不同媒介传粉的适应性特征。

01 实验原理

植物的花粉是一个个独立的细胞，在显微镜下可以观察其大小、颜色、立体形态等。通过对花粉形态和结构的观察，可以了解花粉形态结构的多样性及与其传粉的适应性。

02 实验目的

1. 学会常见植物花粉的收集和贮存方法。
2. 掌握常见花粉临时装片的制片方法。

03 实验仪器及材料

数码液晶显微镜、载玻片、盖玻片、镊子、牙签、吸水纸；10% ~ 20% 的蔗糖溶液、清水；天竺葵、金银木、玫瑰、苘麻等常见开花植物的花粉。

04 实验步骤

1. 采集花粉。尽量采集即将开放的花的花粉，采集时记录所采样本的详细信息。
2. 将花粉放在黑色硬纸面上，打开侧光源，直接在显微镜下观察。
3. 制作花粉临时装片（详见 3.12 百合花的花粉）。
4. 拍照，并做好记录。

05 实验结果

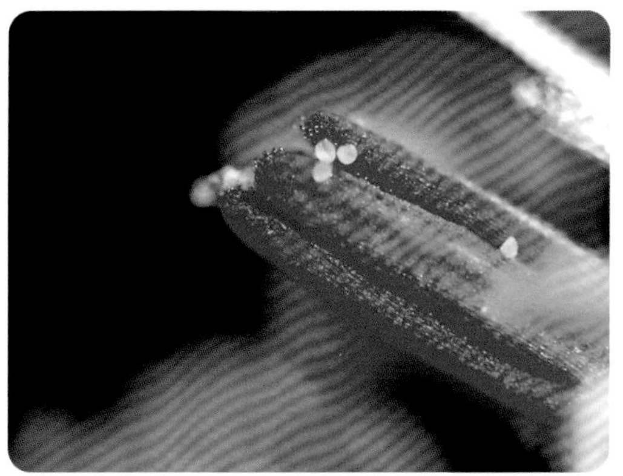

未裂开的天竺葵花药 （60 ×）

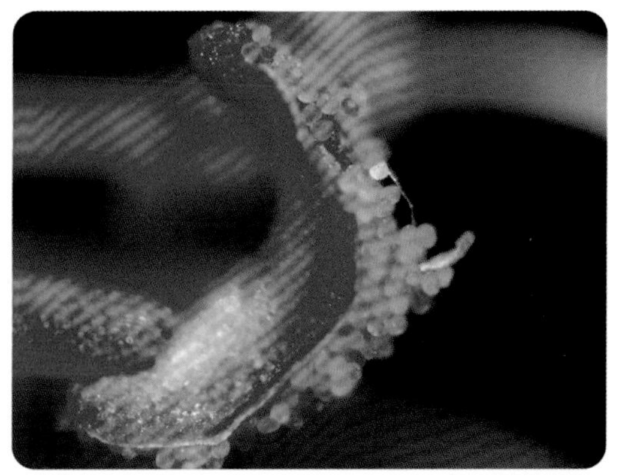

裂开的天竺葵花药，布满花粉 （60 ×）

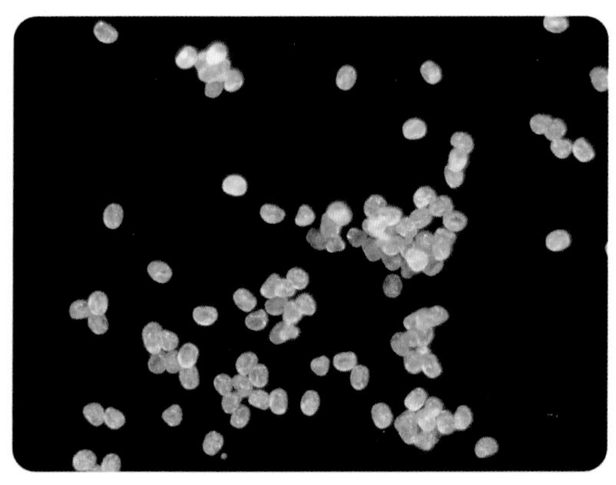

散开的天竺葵花粉 （60 ×）

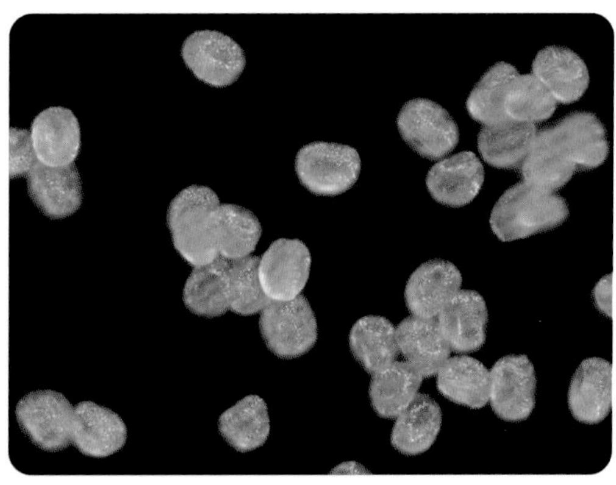

散开的天竺葵花粉 （150 ×）

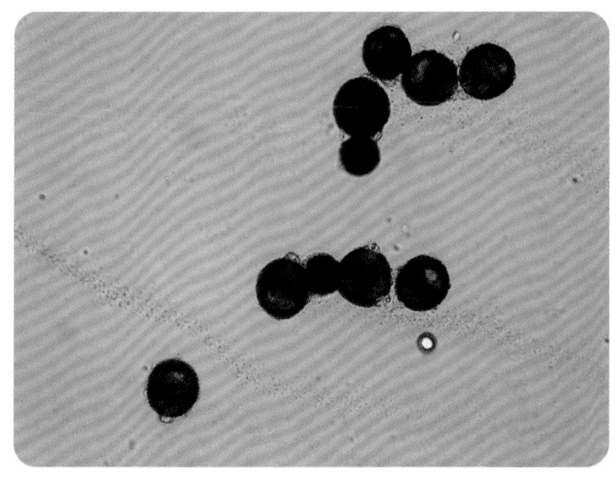

天竺葵花粉 （临时装片， 150 ×）

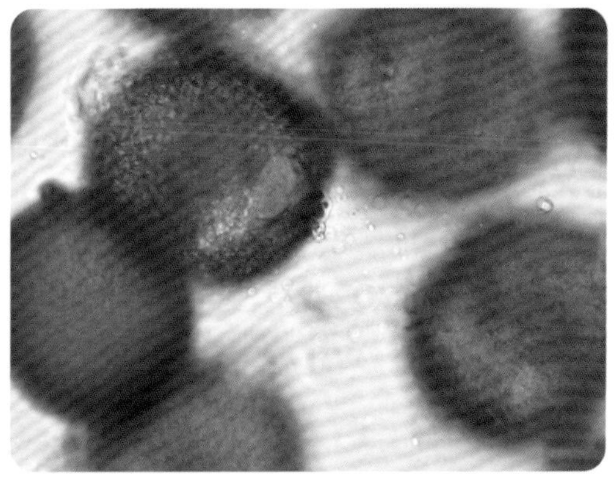

天竺葵花粉 （临时装片， 600 ×）

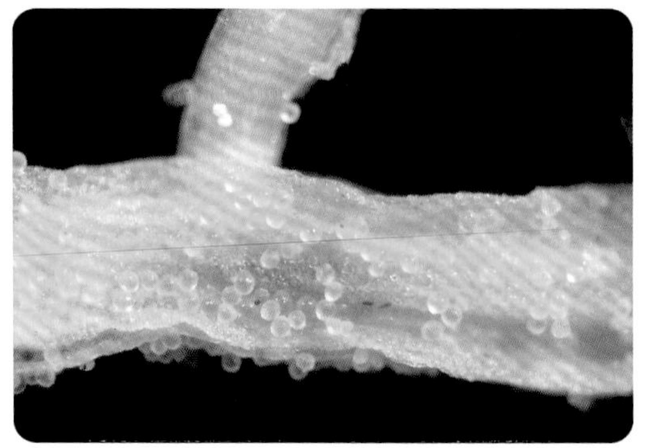

裂开的金银木花药，布满花粉（60 ×）

金银木柱头上沾满花粉（60 ×）

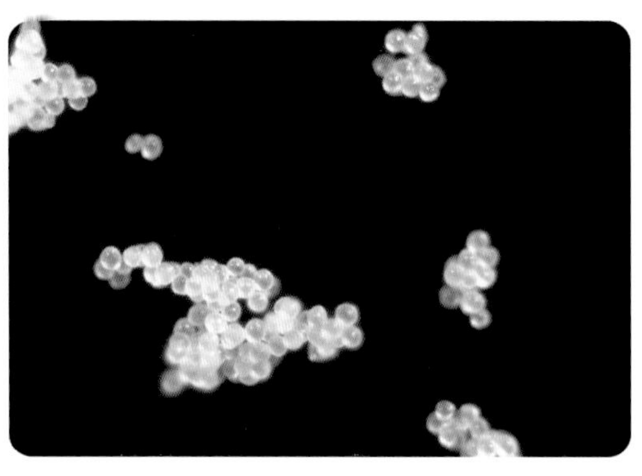

金银木花粉（60 ×）

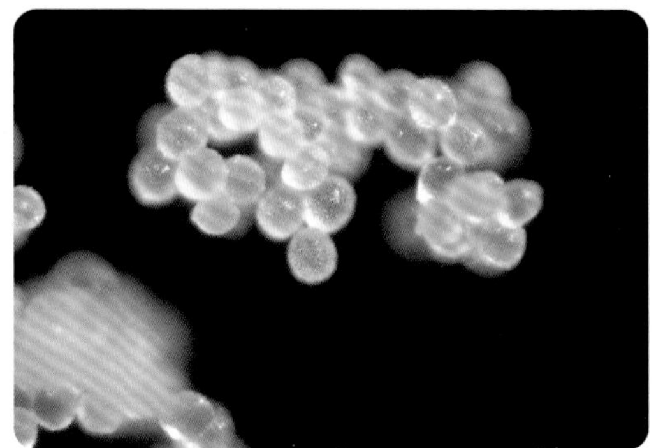

金银木花粉（150 ×）

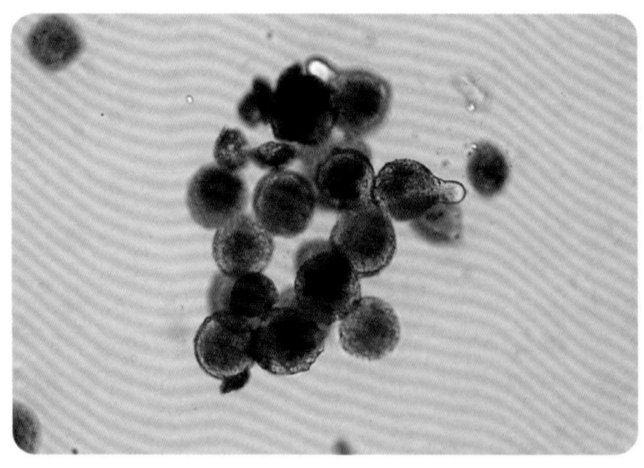

金银木花粉（临时装片，150 ×）

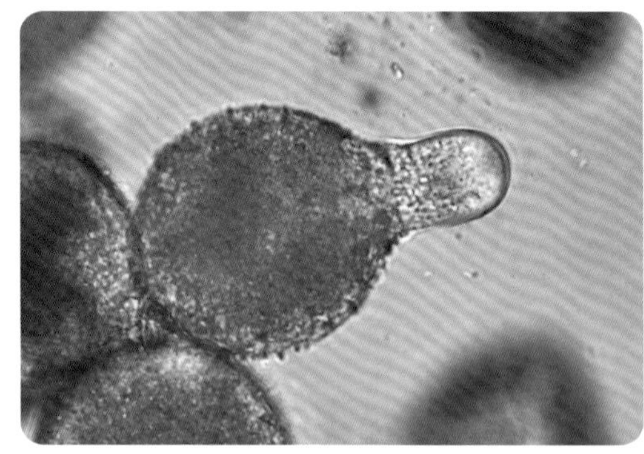

金银木花粉（临时装片，600 ×）

裂开的玫瑰花药，布满花粉（60×）

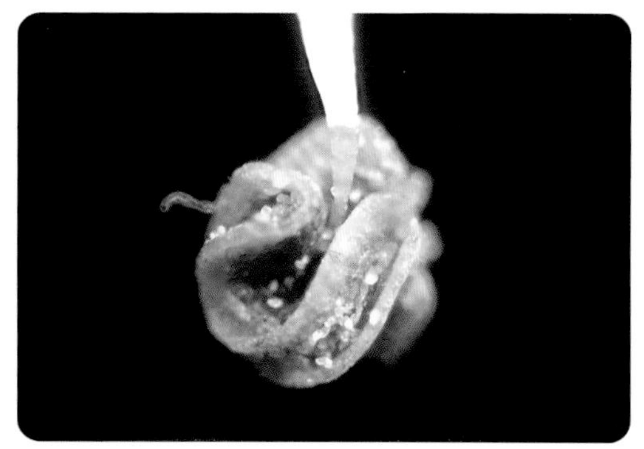

干瘪的玫瑰花药，花粉变少（60×）

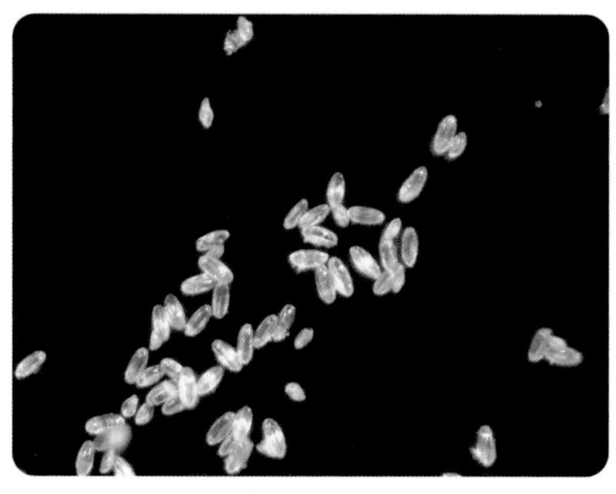

玫瑰花粉（150×）

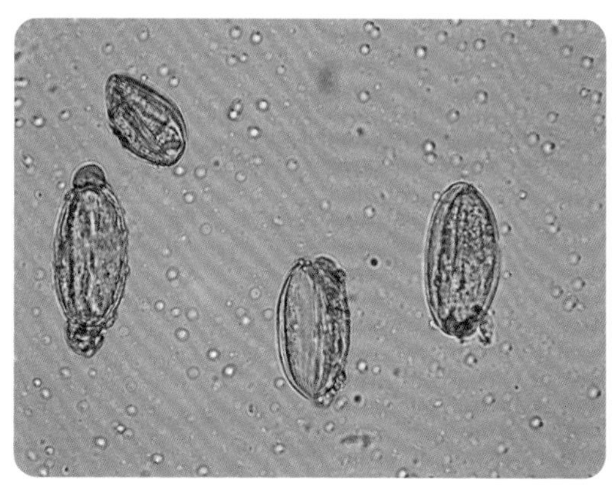

玫瑰花粉（600×）

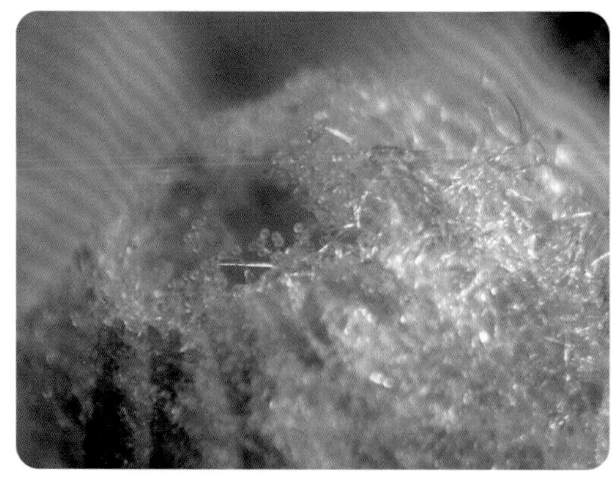

苘麻柱头上沾满花粉（30×）

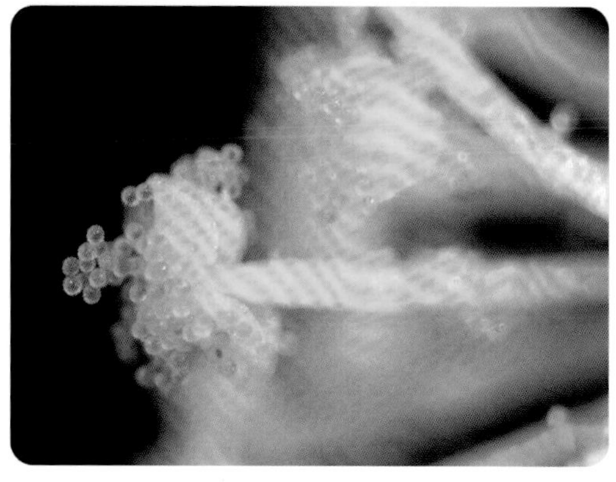

苘麻花粉（60×）

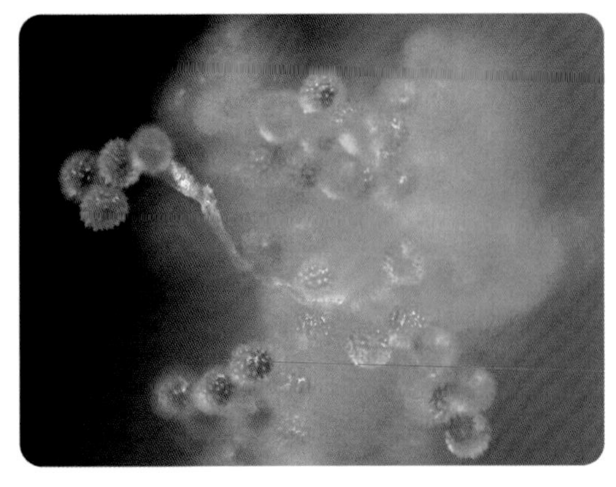

苘麻花粉 （150 ×）

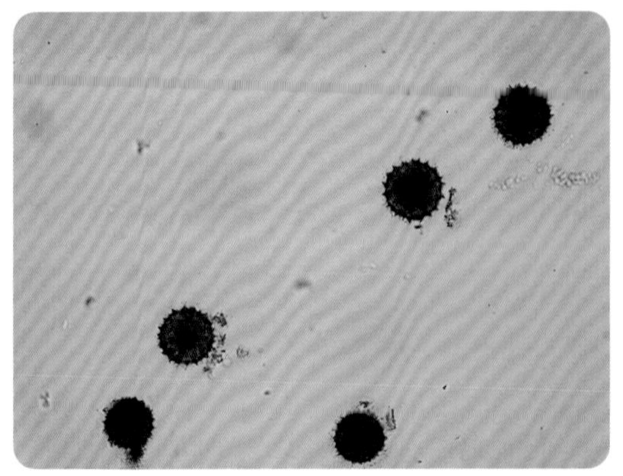
苘麻花粉 （临时装片， 150 ×）

06 实验结论

1. 在显微镜下，不同植物的花粉结构千变万化、精巧玲珑。
2. 多数植物的花粉呈圆形或椭圆形。比如，天竺葵的花粉形似红细胞，呈两面凹的圆形或椭圆形。玫瑰花粉为椭圆形，形似大米，呈透亮的橘黄色。
3. 金银木的花柱有白色绒毛，花粉为透亮的浅黄色，表面密布突起。苘麻花的雌蕊柱头密布白色绒毛，花粉较大，为亮黄色，花粉表面密布突起，具有刺状纹理。

探究作业

风媒花粉和虫媒花粉

花粉按传播方式可分为风媒花粉和虫媒花粉。虫媒花的花粉较大，往往与蜜汁混合，香味浓郁。虫媒花花粉外壁的突起或疣状物使它们更容易附着在昆虫身上，多粒花粉黏合在一块，使传粉效率更高。风媒花的花粉都很轻，能够传播很远，有气囊的花粉能传播更远。松树、云杉、冷杉的花粉像个圆面包连着两个翅膀般的大气囊，这对它们在空气中的漂浮传播起着重要的作用。据说有的松树花粉可飞越600多公里到达目的地。

请收集和保存松树、柳树、玉米等风媒花花粉和月季、牡丹、油菜等虫媒花花粉。在显微镜下观察风媒花粉和虫媒花粉的形态结构，比较异同点。

玉米的花 （风媒花）

油菜的花 （虫媒花）

3.14 被子植物的胎座

胎座是被子植物子房中胚珠的着生部位，一般称作植物胎盘，是植物果实的一部分。具体地说，胎座就是果实内生产种子的地方。不同植物的心皮的数目和连接类型以及胚珠的着生部位均存在差异，这就形成了多种胎座类型。

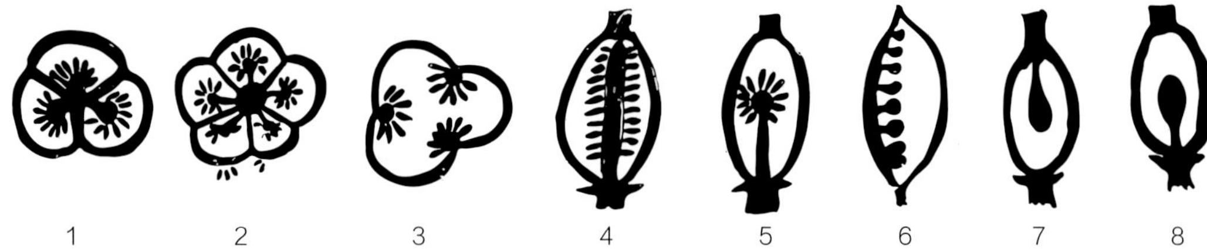

图　胎座的类型

1. 中轴胎座　2. 中轴胎座　3. 侧膜胎座　4. 中轴胎座　5. 特立中央胎座　6. 边缘胎座　7. 顶生胎座　8. 基生胎座（其中1～3横切面；4～8纵切面）

中轴胎座：多心皮合生，子房多室，胚珠着生于每一心皮的内角上，即中轴上，胎座数目和心皮数目相等，如百合、番茄。

侧膜胎座：两个以上的心皮构成，子房一室或假数室，胚珠着生于心皮的边缘，胎座数目和心皮数目一致，如黄瓜、紫花地丁、冬瓜。

特立中央胎座：多心皮合生，子房一室，胚珠着生在隔膜消失后留下的独立中轴周围，如辣椒、马齿苋、报春花。

边缘胎座：单雌蕊，子房一室，胚珠生于腹缝线上，如豆科植物。

顶生胎座：子房一室，胚珠着生于子房顶部而悬垂室中，如桑。

基生胎座：两心皮一室，胚珠着生于子房底部，如菊科植物向日葵。

你想知道身边的植物都属于什么胎座类型吗？让我们一起来观察吧！

01 实验原理

将子房进行横切或纵切，就可以观察胚珠着生的部位，进而判断胎座类型。同时将其与果实相联系，能更清楚地了解果实的发育，有助于识别果实的类型。

02 实验目的

1. 制作子房横切或纵切的临时装片，培养动手操作能力。
2. 通过对子房的解剖及显微观察，识别胎座的类型，了解果实的发育。
3. 查阅资料，根据胎座类型识别果实的类型。

03 实验仪器及材料

数码液晶显微镜、载玻片、盖玻片、刀片；清水、海棠花、萱草花、牵牛花、紫茉莉、扁豆花、龙葵花、辣椒花、番茄花、茄子花、黄瓜花、长寿花。

04 实验步骤

1. 在载玻片中央滴一滴清水。
2. 用刀片将花的子房分别进行横切或纵切，可先直接观察胚珠着生的位置。
3. 在横切和纵切的基础上，用刀片平行切出一片薄片，放在载玻片的水滴中。
4. 盖上盖玻片，制成临时装片，用显微镜进行观察。

05 实验结果

海棠花——中轴胎座 （30 ×）

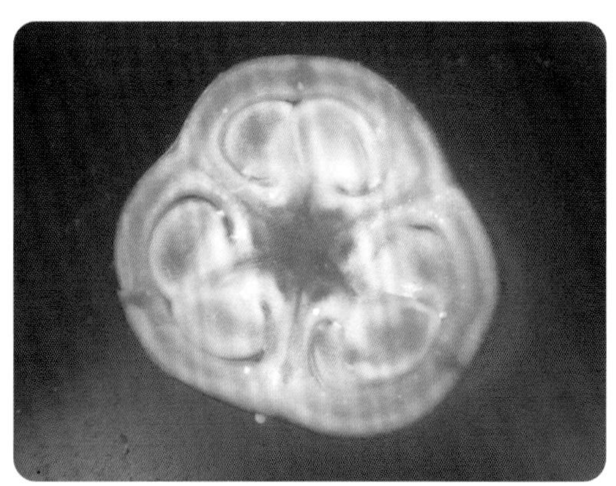

萱草花——中轴胎座 （30 ×）

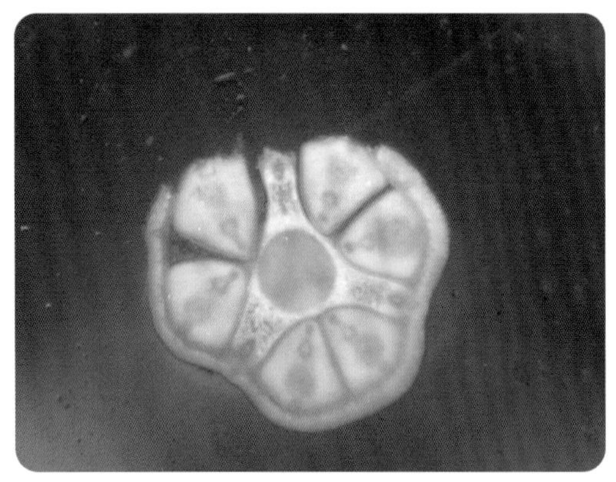

牵牛花——中轴胎座 （30 ×）

牵牛花——中轴胎座 （60 ×）

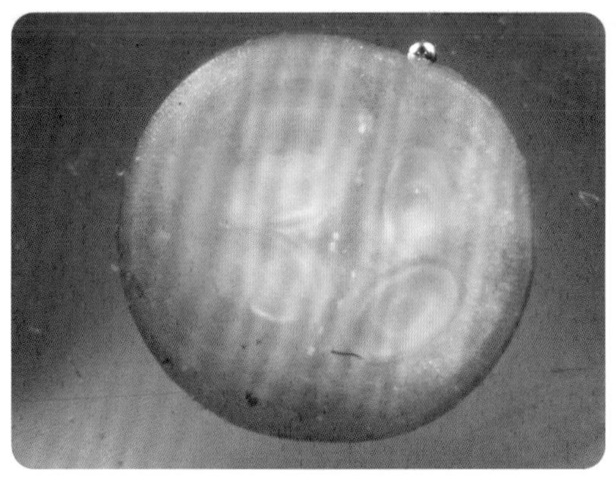

龙葵花——中轴胎座 （30 ×）

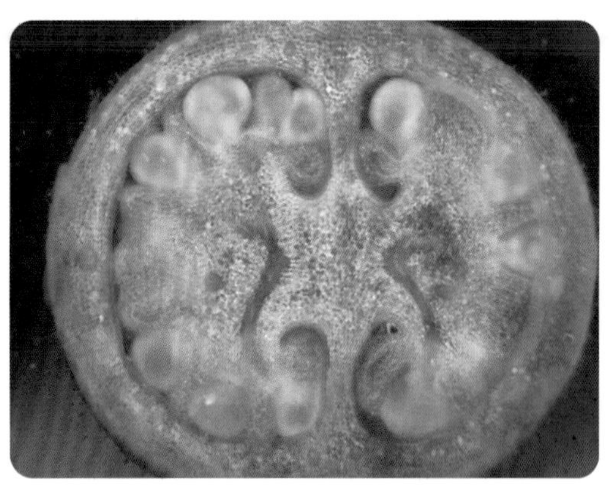

番茄花——中轴胎座 （30 ×）

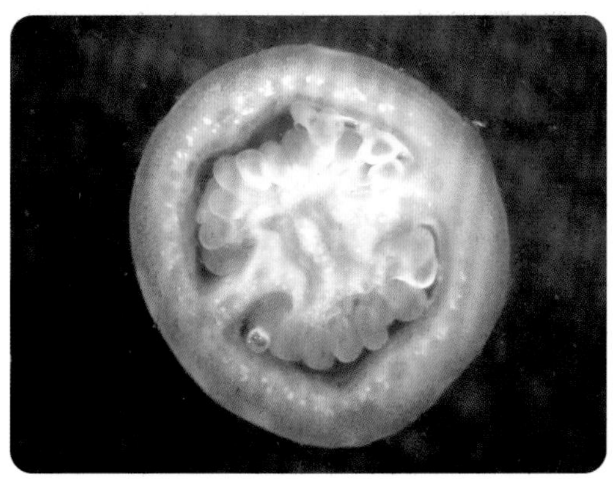

辣椒花——特立中央胎座 （30 ×）

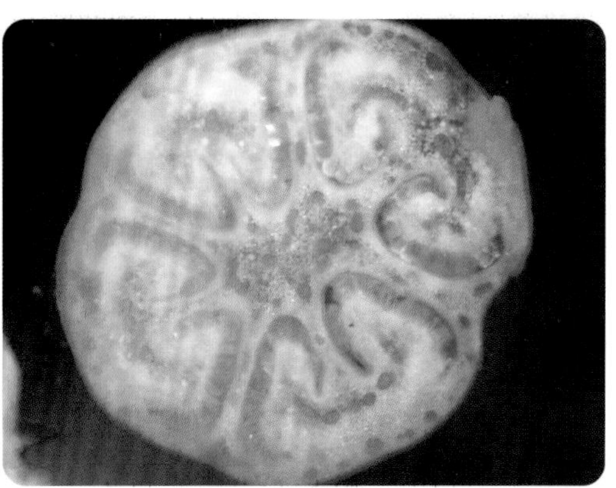

茄子花——中轴胎座 （30 ×）

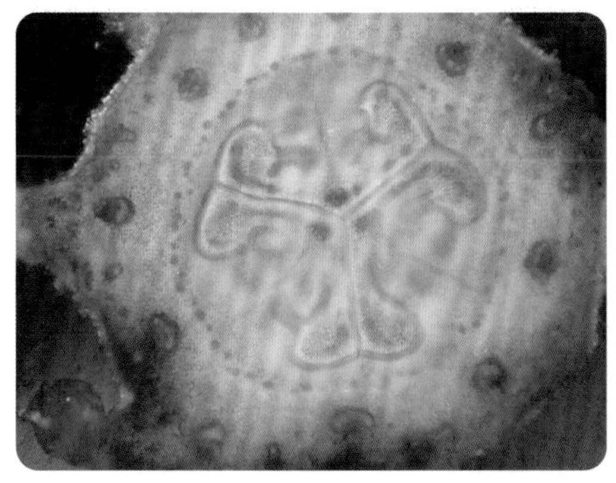

黄瓜花——侧膜胎座 （30 ×）

长寿花——边缘胎座 （30 ×）

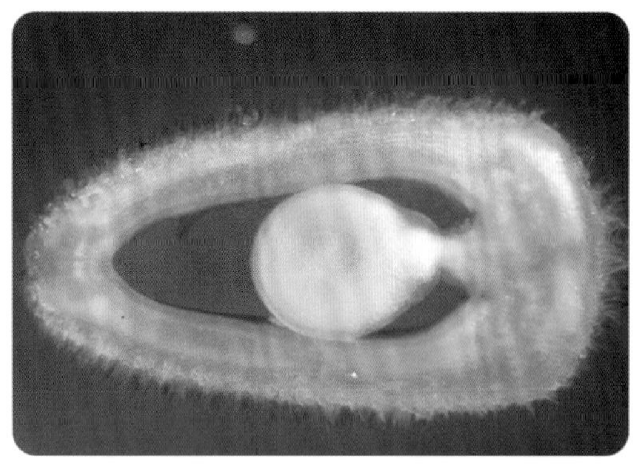
扁豆花——边缘胎座（60 ×）

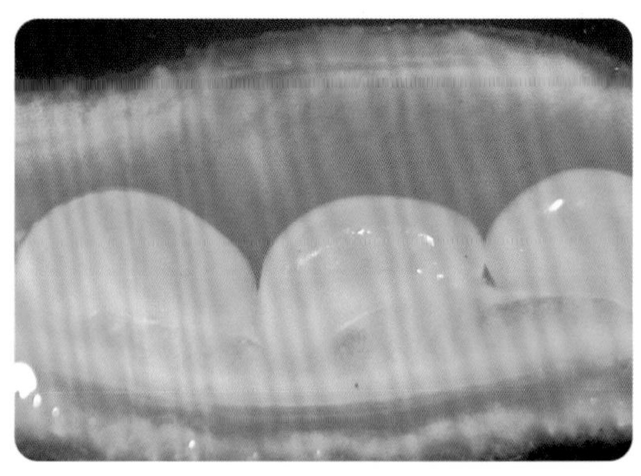
扁豆花——边缘胎座（60 ×）

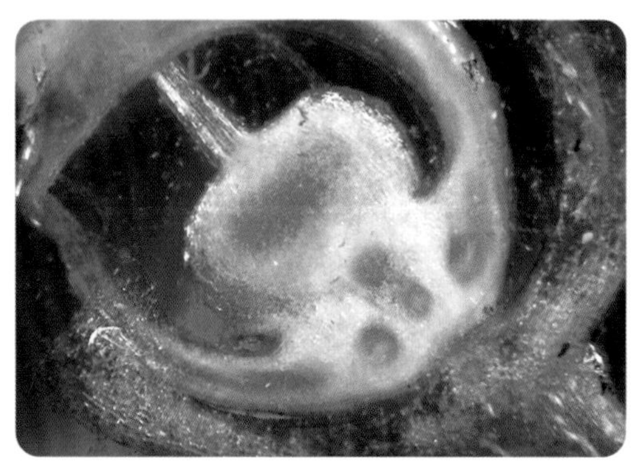
紫茉莉——基生胎座（30 ×）

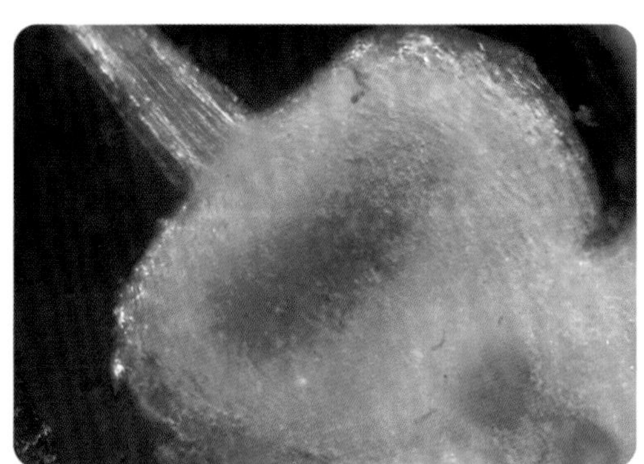
紫茉莉——基生胎座（60 ×）

06 实验结论

各种花的胚珠清晰可见，胎座类型比较容易判断：海棠花、牵牛花、萱草花、龙葵花、番茄花、茄子花为中轴胎座；辣椒花为特立中央胎座；黄瓜花为侧膜胎座；长寿花、扁豆花为边缘胎座；紫茉莉为基生胎座。

探究作业

胎座类型

现在一年四季都有鲜花开放，请选取一种植物的花，解剖其子房，观察胚珠着生位置，简单判断胎座类型，并查阅相关资料确认。大型的花是可以解剖后直接观察的，小型的花可借助放大镜或显微镜进行观察。

石竹（特立中央胎座）

3.15 植物的外果皮和果肉细胞

被子植物的雌蕊经过传粉受精，由子房或花的其他部分（如花托、萼片等）参与发育而成的器官为果实。果实一般包括果皮和种子两部分，其中，果皮是指果实外壳或外皮，而平常生活中说的果皮一般指的是外果皮。果皮是由子房壁的组织分化、发育而成的果实部分。成熟的果皮一般可分为外果皮、中果皮和内果皮。

通常外果皮不肥厚，由 1 ~ 2 层细胞构成，外果皮上常有气孔、角质蜡被和表皮毛等。

中果皮多为薄壁组织构成，但变化较大，有的富于浆汁或肉质化，如肉果中的桃、杏可食用的部分便是中果皮；有的中果皮内维管束较多，呈网状分布，如柑橘，果实成熟后即为橘络。

内果皮在最里面一层，有的硬质化，由多层石细胞构成，如桃里的硬核；有的内果皮的壁上生出许多囊状多汁的腺毛，成为可食用的部分，如柑橘的内果皮。

01 实验原理

取果实的少量果皮和果肉制成临时装片，可以在显微镜下清楚地观察到这些果皮细胞和果肉细胞的形态和色泽。

02 实验目的

1. 掌握临时装片的制片方法。
2. 通过对外果皮特点、外果皮细胞和果肉细胞形态特征的观察，能更好地认识细胞结构，体会不同植物组织的作用。通过认识形态结构，理解其与功能相适应的特征。

03 实验仪器及材料

数码液晶显微镜、载玻片、盖玻片、镊子、解剖针、刀片、胶头滴管、吸水纸；清水、番茄、桃、李子、杏、香蕉、彩椒、黄瓜、茄子。

04 实验步骤

1. 用洁净的纱布把载玻片和盖玻片擦拭干净。把载玻片放在实验台上，用胶头滴管在载玻片的中央滴一滴清水。
2. 选取部分实验材料的果实表皮，尽可能撕取较薄的表皮，如带有较厚的果肉，可以用刀片进行一下刮肉处理；果肉部分用解剖针挑出部分备用或者直接涂抹在载玻片上。

3. 取小片果皮，在载玻片的清水中展开，盖上盖玻片。另取一片洁净的载玻片，中央滴一滴清水，用解剖针挑取部分果肉，直接涂抹于清水中，盖上盖玻片。用吸水纸吸走多余的液体。
4. 染色：在盖玻片的一侧边缘滴一滴碘液，在另一侧边缘用吸水纸吸水，重复操作 3 ~5 次，即可将细胞进行染色观察。
5. 在制作临时装片的过程中需要注意的是，盖盖玻片时，用镊子夹起盖玻片，使它的一边先接触载玻片上的清水，倾斜 45 度，然后缓缓地放下。此操作可避免出现气泡，便于更好地观察。另外，对于较厚的果肉可以再盖一张载玻片，按压后，取下载玻片。
6. 在显微镜下先用低倍镜观察，再转动转换器调至高倍镜观察。拍照并做好记录。

05 实验结果

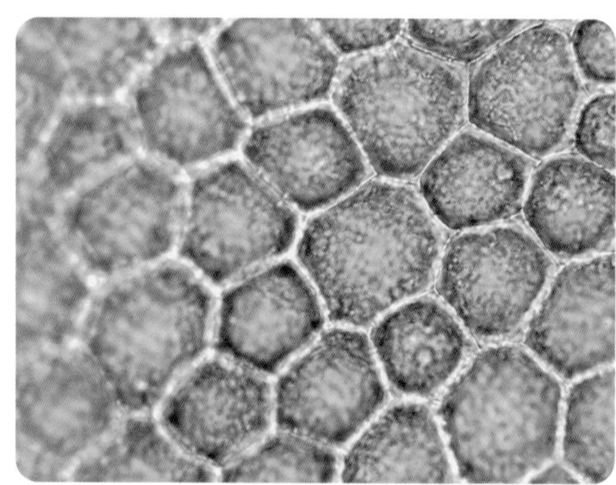

番茄外果皮细胞 （600 ×）

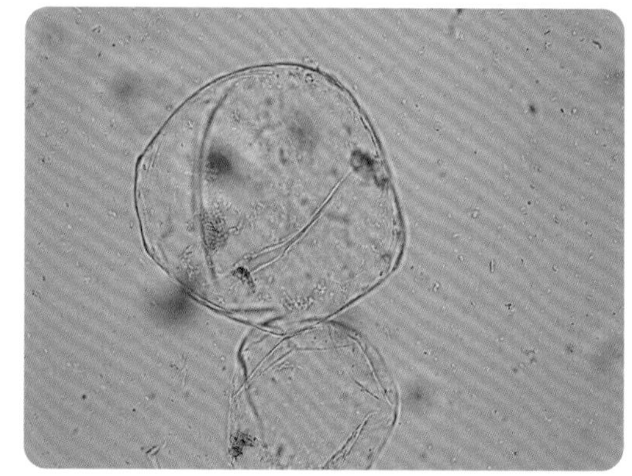

番茄果肉细胞 （150 ×）

桃外果皮 （30 ×）

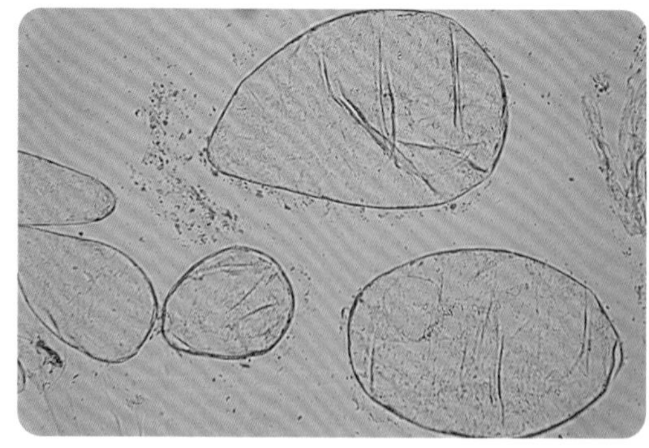

桃果肉细胞 （150 ×）

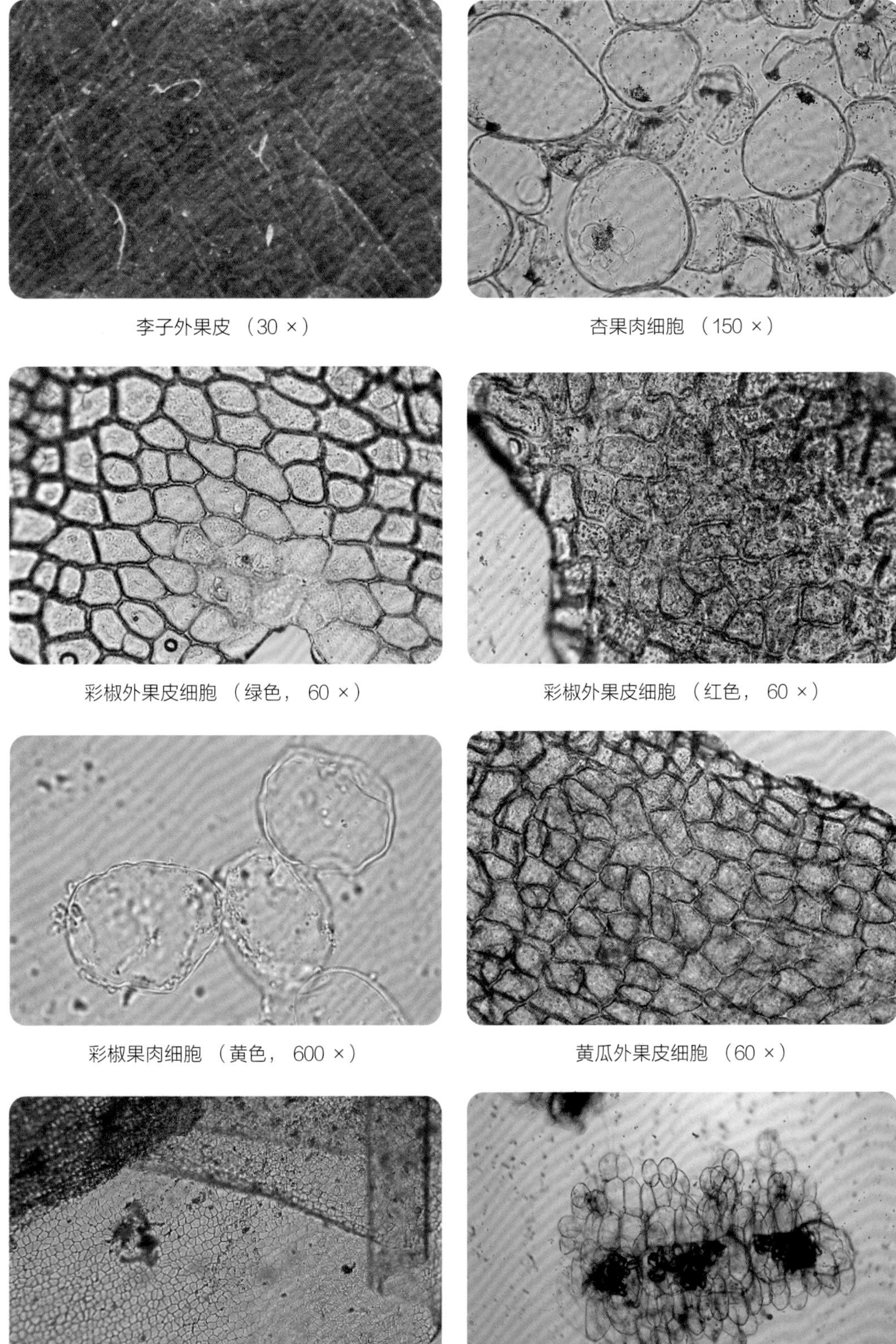

李子外果皮（30 ×）

杏果肉细胞（150 ×）

彩椒外果皮细胞（绿色，60 ×）

彩椒外果皮细胞（红色，60 ×）

彩椒果肉细胞（黄色，600 ×）

黄瓜外果皮细胞（60 ×）

茄子外果皮细胞（60 ×）

香蕉果皮内层细胞（60 ×）

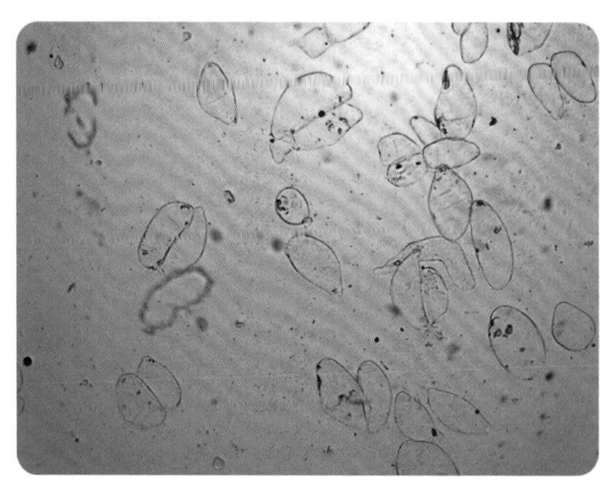

香蕉果肉细胞 （60 ×）

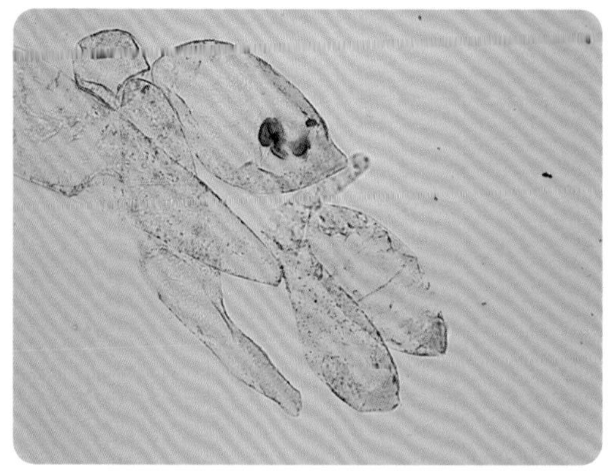

香蕉果肉细胞 （碘液染色，150 ×）

说 明

1. 通常果实的外果皮较薄，为一层到几层细胞构成，排列紧密，如番茄、彩椒和茄子；有的果实外果皮有角质膜或者蜡被，如李子；还有的外果皮外有密布的表皮毛，如桃。

2. 果皮细胞中很多种类的外果皮细胞内含有有色体，如番茄、彩椒、茄子、黄瓜。

3. 果肉常肥厚多汁，是因为细胞通常较大；果肉细胞为薄壁组织细胞，细胞内有较多液体，有一些种类的果肉细胞内含有有色体、花青素、淀粉，如番茄、彩椒、杏；对于果肉细胞内含有淀粉的种类，如香蕉，我们可以在进行临时装片的制作时使用碘液染色进行鉴定与观察。

06 实验结论

1. 果实的外果皮细胞排列紧密，有的种类表面有角质膜、蜡质或表皮毛，这些特点都与其保护功能有关，属于保护组织。
2. 果肉细胞排列较疏松，富含淀粉等营养物质及色素。

探究作业

苹果和梨的果皮细胞和果肉细胞

苹果和梨都是我们生活中的常见水果，它们的果皮细胞和果肉细胞一样吗？我们可以在显微镜下观察它们的形态和颜色。

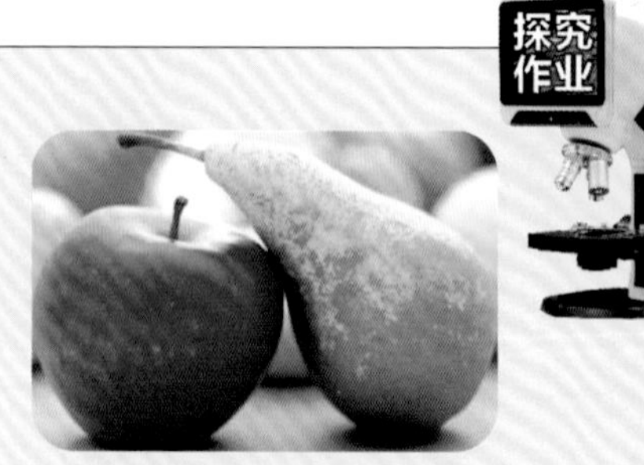

苹果和梨

CHAPTER 4

第四篇 动　物

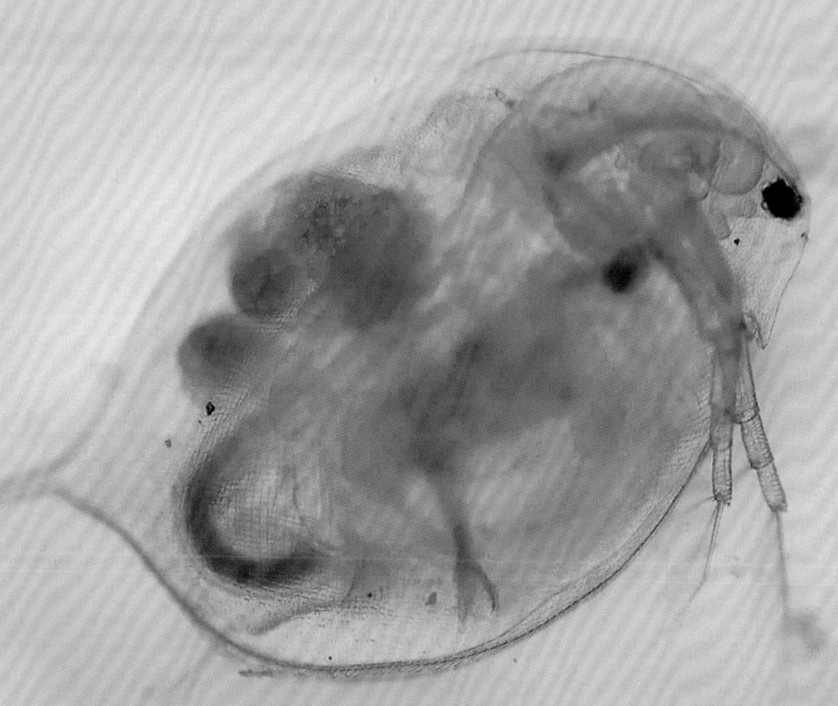

4.1 草履虫

草履虫是单细胞生物，一般呈长圆筒形，从平面看形状似倒置的草鞋，因此得名。草履虫全身长满纤毛，靠纤毛的划动在水里运动。它身体的一侧有一条凹入的口沟，其内密布纤毛，摆动时把食物摆进口沟，进入体内后形成食物泡。食物泡受到胞质环流的作用，在细胞质中按一定的路线边流动边消化，不能消化的残渣最后由身体后部的胞肛排出体外。草履虫靠身体的表膜吸收水里的氧气，排出二氧化碳。常见的草履虫具有两个细胞核：大核主要对营养代谢起重要作用，小核主要对生殖起作用。

01 实验原理

草履虫是单细胞生物，能独立完成生命生活，在显微镜下可以清晰地看到它的形态结构和运动状态。

02 实验目的

1. 观察草履虫的形态结构，了解其生理功能。
2. 改变草履虫的生活环境，观察其生活状态。

03 实验仪器及材料

数码液晶显微镜、培养皿、载玻片、盖玻片、胶头滴管、吸水纸；红墨水、稀淀粉糊、碘液、草履虫培养液。

04 实验步骤

1. 购买草履虫培养液，制备稀淀粉糊（能限制草履虫的行动）。
2. 滴一滴稀淀粉糊在载玻片上，取一滴草履虫培养液与之混合，盖上盖玻片。
3. 在显微镜下观察草履虫的形态结构和运动。
4. 用胶头滴管吸取表面的草履虫培养液，滴一滴在载玻片上，直接盖上盖玻片。
5. 在显微镜下，观察到有草履虫后，用吸水纸从盖玻片的一侧将一部分培养液吸掉以固定草履虫。
6. 观察草履虫的伸缩泡和收集管。
7. 将含有草履虫的稀淀粉糊培养液滴在载玻片上，在显微镜下观察到草履虫后，从载玻片的一侧滴加稀释的红墨水，观察其生活状态。

8. 将含有草履虫的稀淀粉糊培养液滴在载玻片上，在显微镜下观察到草履虫后，从载玻片的一侧滴加稀碘液，观察其生活状态。
9. 观察草履虫缺水的生活状态。

05 实验结果

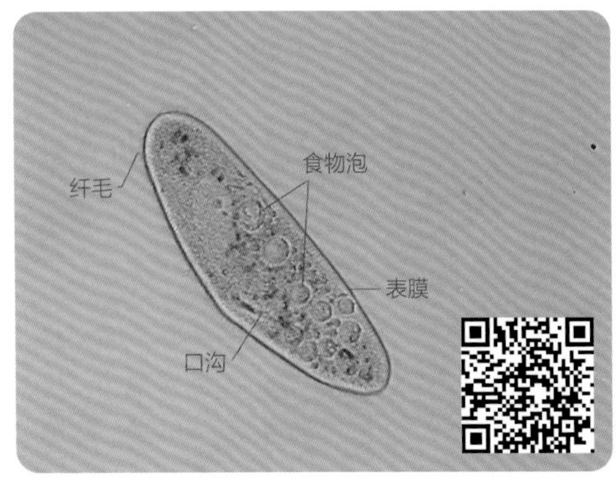

草履虫的形态结构 （150 ×）

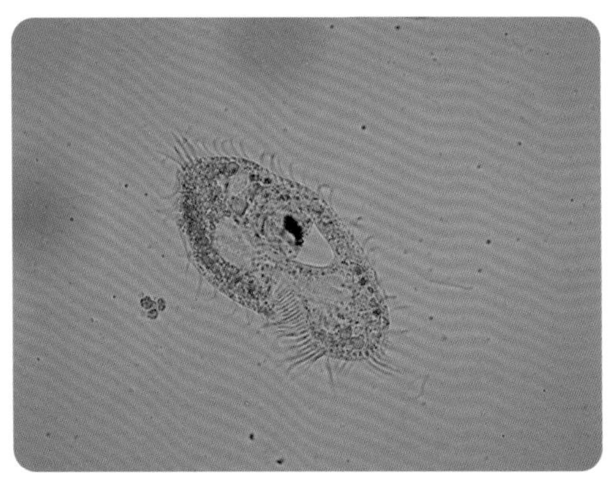

草履虫的口沟和纤毛 （400 ×）

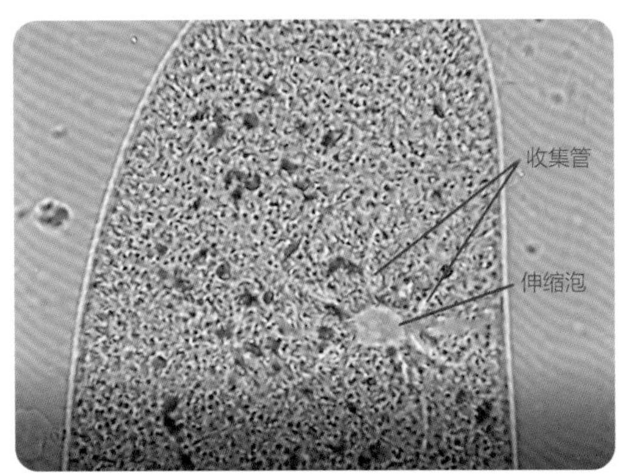

伸缩泡和收集管 （600 ×）

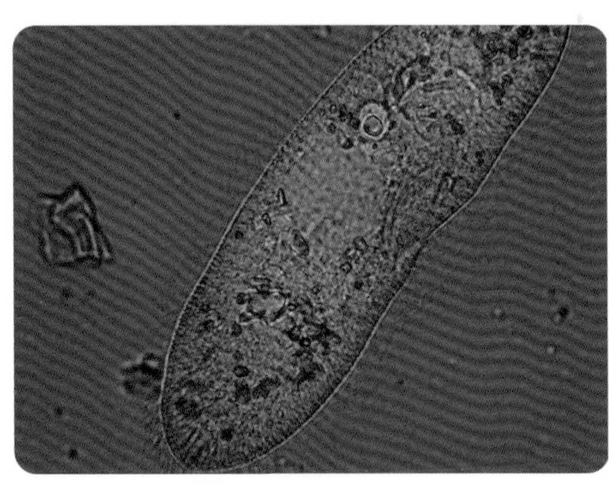

滴加红墨水，很快死亡 （600 ×）

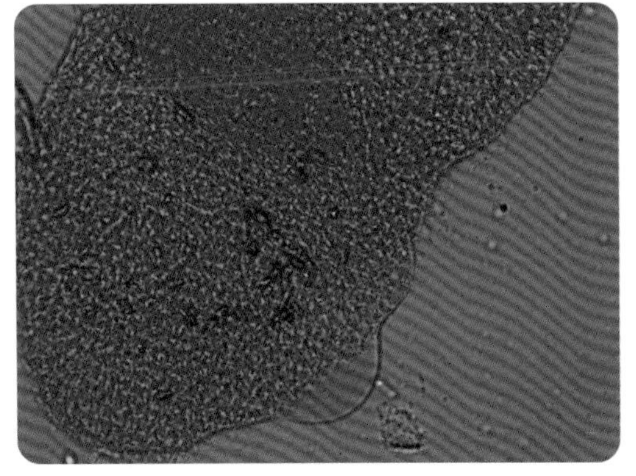

滴加红墨水后，草履虫解体 （600 ×）

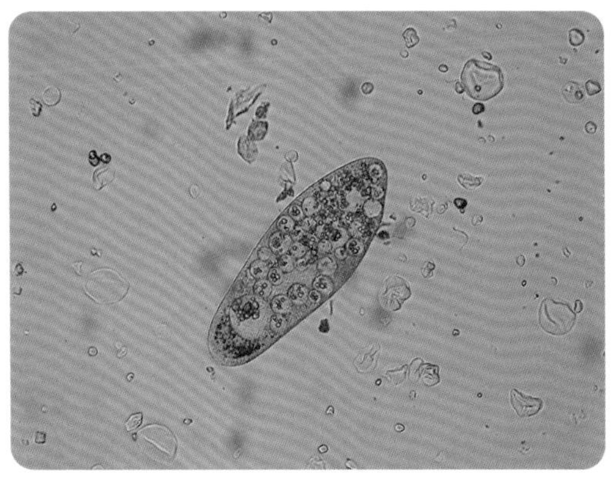

滴加碘液后，食物泡中的淀粉变蓝 （150 ×）

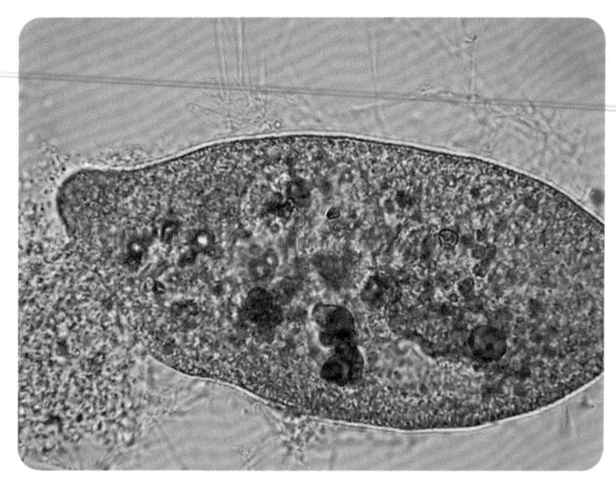

滴加碘液后，很快解体 （600 ×）

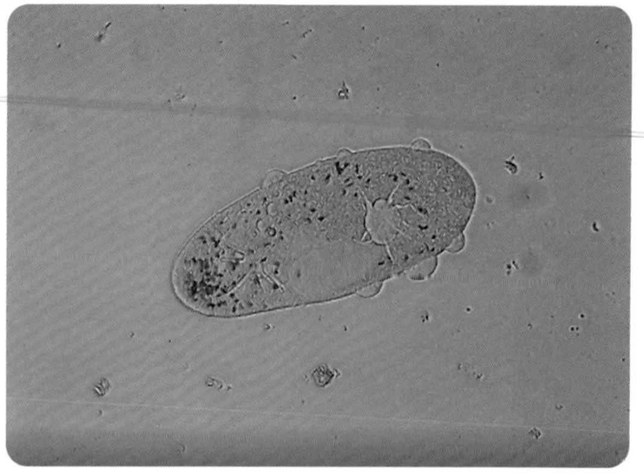

草履虫缺水 （150 ×）

06 实验结论

1. 在稀淀粉糊中，草履虫行动缓慢，可以看到其外部形态像倒转的草鞋。
2. 草履虫表面有许多摆动的纤毛，可使其螺旋向前或向后运动。
3. 口沟也有许多纤毛，可以将食物摆入体内，形成食物泡。
4. 固定草履虫后，可以清晰观察到收集管、伸缩泡和食物泡的动态变化。
5. 红墨水和碘液对草履虫有毒害作用，草履虫会解体死亡。
6. 草履虫解体始于身体出现泡状结构，最后泡状物破裂，虫体死亡。
7. 当缺水时，草履虫身体会出现泡状结构，在泡状结构没破裂之前补充水分，草履虫则又可以自由地活动了。

探究作业

草履虫的应激反应

实验表明，碘液对草履虫有毒害作用。但如果在可以游动的清水中，草履虫会避开碘液的影响吗？把碘液换成食盐溶液，草履虫会做出一样的反应吗？如果换成肉汤，草履虫又会做出什么反应呢？

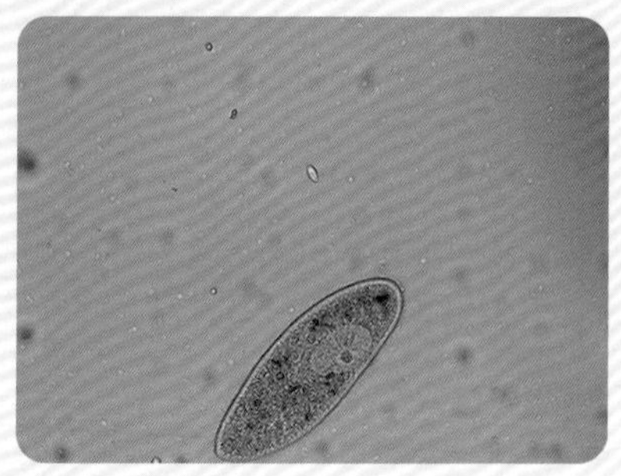

草履虫在避开红墨水

4.2 水螅

水螅生活在水流缓慢、清澈、水草丰富的小水沟或小池塘中。水螅的体型小，只有几毫米至几十毫米不等，身体呈褐色，圆筒形，辐射对称。下端有基盘着生，上端有口，口周围有 6~10 条触手，触手布满刺细胞，刺细胞可射出刺丝和毒液，用以捕获小型食饵。触手具有行动、捕食和御敌的功能。辐射对称的身体结构，便于它感知周围环境中来自各个方向的刺激，从各个方向捕获猎物，进行防御。

01 实验原理

水螅体积小，在数码液晶显微镜下可以清晰观察到水螅的形态结构。

02 实验目的

1. 观察水螅的形态结构。
2. 描述水螅的形态特征。

03 实验仪器及材料

数码液晶显微镜、带有凹槽的载玻片、盖玻片、胶头滴管、镊子、吸水纸；水螅培养液。

04 实验步骤

1. 采集富含水螅的活水，或者直接购买水螅培养液。
2. 用胶头滴管吸取一定量的培养液，滴在载玻片的凹槽处，用镊子盖上盖玻片，用吸水纸吸掉载玻片上多余的培养液。
3. 用侧光源处理，在显微镜下观察记录，并拍照。

05 实验结果

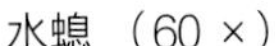

水螅 （60 ×）

舞动的触手 （60 ×）

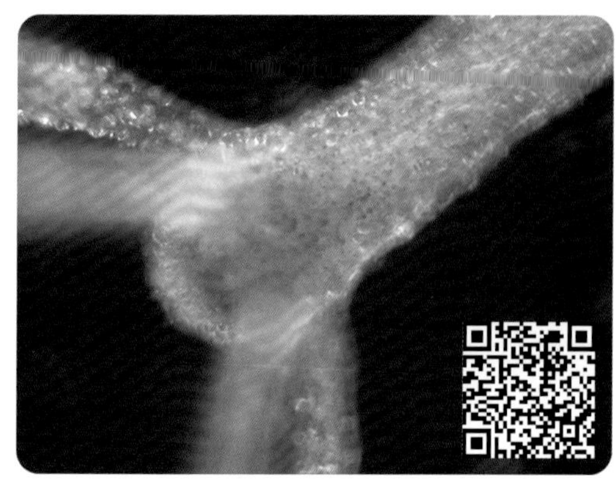

水螅的触手 （150 ×）

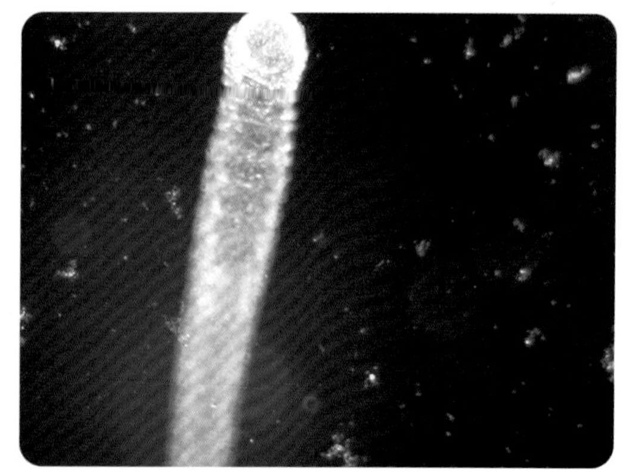

水螅的口 （150 ×）

06 实验结论

1. 水螅呈圆筒形，身体只能够分出上下，分不出前后、左右和背腹，呈典型的辐射对称。
2. 水螅是固着生活，下端有基盘着生，上端有口，口周围有 6 ~ 10 条灵活的触手，触手布满刺细胞。触手具有行动、捕食和御敌的功能。

探究作业

其他的腔肠动物

常见的腔肠动物有水螅、水母、海葵、海蜇等。如果你到水族馆去参观，一定会被水母的形态和颜色所吸引；在海边你会看到珊瑚，甚至珊瑚虫。海葵也是海洋中的常见生物。比较这些生物和水螅的相同点和不同点，想一想，为什么这些动物形态各异，但都是腔肠动物呢？

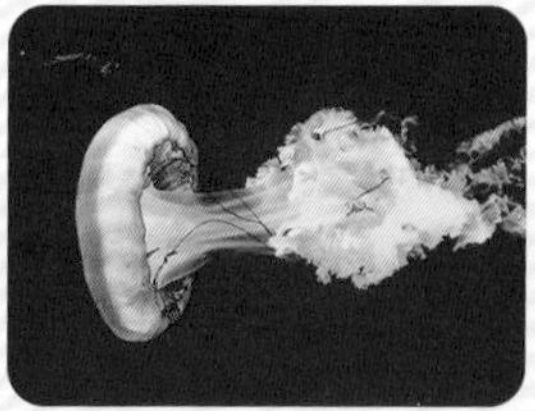

水母

珊瑚虫

海葵

4.3 鼠妇

鼠妇又名鼠负、负蟠、鼠姑、鼠黏、地虱等，是甲壳纲等足目潮虫亚目潮虫科鼠妇属动物，全世界有 150 种以上。鼠妇身体大多呈椭圆形或长卵形，头部很小，不明显。它的眼睛发达，为复眼。鼠妇通常生活于潮湿、腐殖质丰富的地方，杂食性动物，食枯叶、枯草、绿色植物、菌孢子等。

01 实验原理

在数码液晶显微镜下，可以清晰地观察鼠妇的形态结构。

02 实验目的

1. 了解鼠妇的生境。
2. 观察鼠妇的形态特征。

03 实验仪器及材料

数码液晶显微镜、带有凹槽的载玻片、盖玻片、镊子；鼠妇。

04 实验步骤

1. 取一片带有凹槽的载玻片。
2. 用镊子从培养瓶中轻轻取出要观察的鼠妇，放在凹槽处，盖上盖玻片。
3. 用显微镜的侧光源进行成像处理，观察并记录。

05 实验结果

鼠妇的背面 （60 ×）

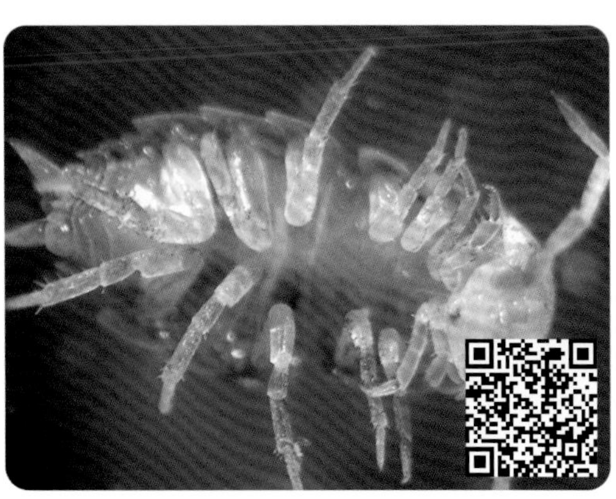

鼠妇的腹面 （60 ×）

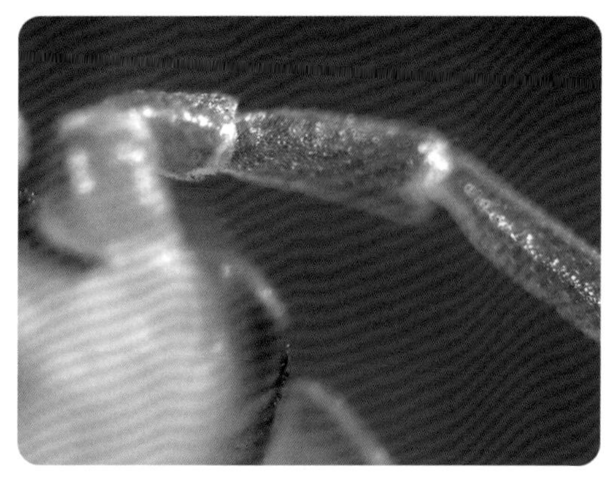

鼠妇的触角 （60 ×）

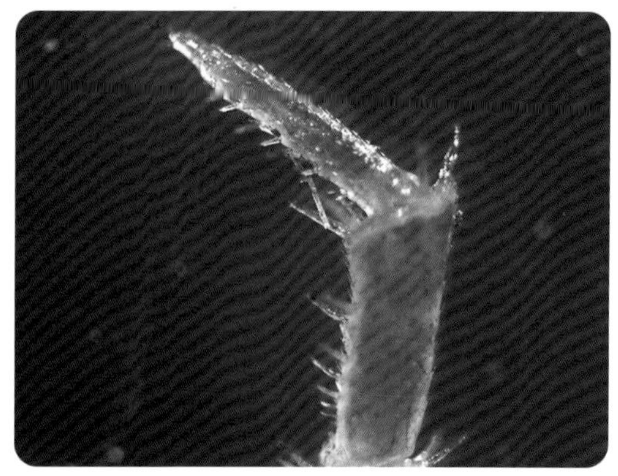

鼠妇的足 （60 ×）

06 实验结论

鼠妇的身体分头、胸、腹三部分，呈椭圆形或长卵形，背腹扁平，背部稍隆，呈灰褐色或灰蓝色。胸部宽大，胸肢 7 对，细长，为适于陆地生活的步行肢。尾节末端为两个片状的突起。

探究作业

饲养鼠妇

鼠妇通常生活于潮湿、腐殖质丰富的地方，如潮湿处的石块下、腐烂的木料下、树洞中、潮湿的草丛和苔藓丛中、庭院的水缸下、花盆下以及室内的阴湿处。

在实验室饲养鼠妇可用大的容器如塑料水槽、水桶等，在底部放一些松软的富含有机质的土壤，放一些烂树叶、稻草等，每天喷洒少量的清水，可喂食碎馒头屑、米饭、鱼食等。容器上可用黑布遮盖，扎满小孔，保证有充足的空气。

鼠妇

4.4 米象和赤拟谷盗

我们每天基本上都会吃到大米、小米、玉米等五谷杂食。不知道你有没有这样的印象，五谷杂粮没有保存好，竟然生出了虫子，这些虫子叫什么，又有什么结构特征呢?

常见的储粮害虫有甲虫类昆虫、蛾子昆虫、螨类等。

米象，俗称蛘子，鞘翅目象虫科。它是贮藏谷物的主要害虫，主要寄生在玉米、稻米、小麦、高粱、面粉等各种贮藏的谷物中。

赤拟谷盗，鞘翅目拟步甲科。主要寄主为禾谷类、豆类、油料、药材、干果等。耐饥力、抗寒性强。该虫有臭腺分泌臭液，其分泌物还含有致癌物苯醌。

米象

赤拟谷盗

01 实验原理

在数码液晶显微镜下，可以清晰地观察到米象和赤拟谷盗等谷物害虫的形态结构。

02 实验目的

1. 观察米象和赤拟谷盗的形态结构。
2. 了解米象和赤拟谷盗的生活史。

03 实验仪器及材料

数码液晶显微镜、载玻片、盖玻片、镊子、牙签；米象和赤拟谷盗（实验观察用的米象采集于已经生虫的大米，赤拟谷盗采集于已经生虫的玉米渣)。

04 实验步骤

1. 收集已经生虫的大米和玉米渣，从中挑出米象和赤拟谷盗。
2. 取两片带有凹槽的载玻片，用镊子轻轻挑取米象和赤拟谷盗，分别放到载玻片的凹槽处，盖上盖玻片。
3. 用显微镜观察并记录。

05 实验结果

米象的背面 （30 ×）

米象的腹面 （30 ×）

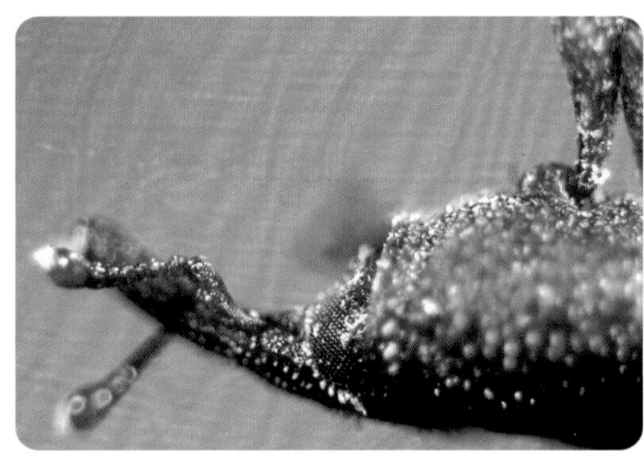

米象的头部 （60 ×）

米象的附肢 （150 ×）

米象的胸腹部 （60 ×）

米象的胸腹部 （150 ×）

赤拟谷盗成虫的背面 （30 ×）

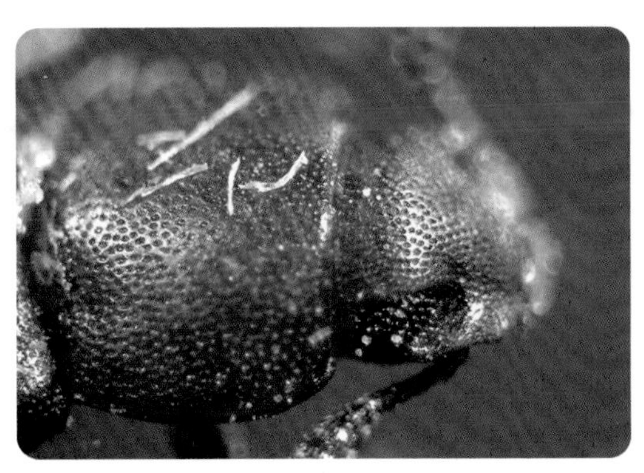

赤拟谷盗成虫的头部 （60 ×）

赤拟谷盗成虫的胸腹部 （60 ×）

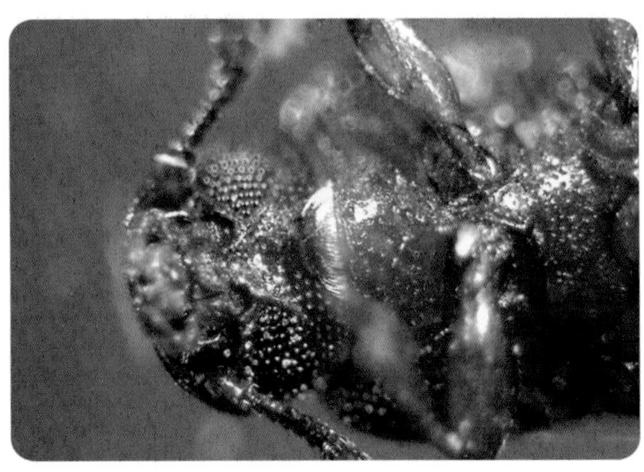

赤拟谷盗成虫的复眼 （150 ×）

赤拟谷盗成虫的触角 （150 ×）

赤拟谷盗成虫的翅 （150 ×）

赤拟谷盗幼虫 （30 ×）

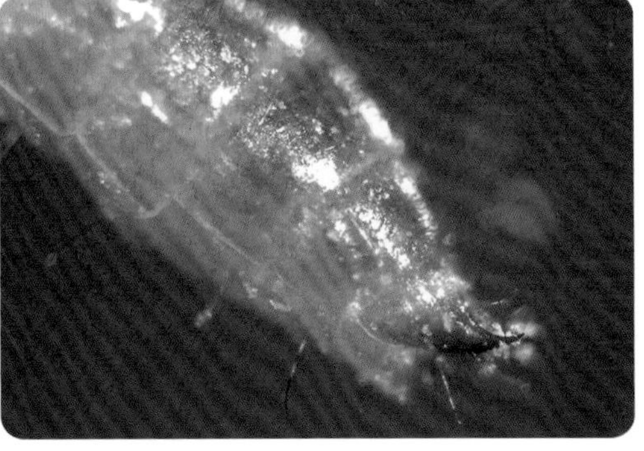

赤拟谷盗幼虫的腹部 （60 ×）

06 实验结论

1. 米象的成虫呈卵圆形，红褐至沥青色；头部小，略呈三角形，喙前伸呈象鼻状；“象鼻”其实是口器，用来咀嚼食物；触角 8 节；有 3 对胸足。
2. 赤拟谷盗的成虫呈扁长椭圆形，深褐色至漆黑色，具光泽；触角 11 节，末端显著膨大呈锤状；复眼较大；有 3 对胸足。幼虫多为乳白色至黄白色，圆筒形；胸、腹部 12 节；腹末具 1 对伪足状突起。

探究作业

贮粮害虫

你有没有这样的生活经历，一到夏天，家里存放的五谷杂粮稍不留神就会受潮或者生虫长飞蛾。谷粒被害虫蛀食后，碎粮增多，种子发芽率降低；害虫吐丝还可使粮食结块；虫粪、虫尸和分泌的臭液会污染粮食，甚至产生毒素，使粮食发热霉变。

贮粮害虫是危害贮藏期间粮食及其产品的害虫和害螨的统称。有记载的贮粮害虫近百种，主要种类有象虫类、谷蠹、大谷盗、锯谷盗、长角扁谷盗、赤拟谷盗、麦蛾、印度谷螟和腐嗜酪螨，甲虫类最多，蛾类次之。常见的贮粮害虫有甲虫类昆虫、蛾子昆虫、螨类等。

请查阅资料，了解哪些环境容易诱发贮粮害虫的发生，总结出谷物的正确保存方法。收集不同种类的害虫，在显微镜下观察它们的形态特点。

常见的贮粮害虫

4.5 昆虫的翅

昆虫属于无脊椎动物中的节肢动物，是地球上数量最多的动物群体，它们的踪迹几乎遍布世界的每一个角落。昆虫纲的共同特征是拥有外骨骼、两对翅和三对足。昆虫的翅不仅扩大了它们的活动和分布范围，也加快了昆虫活动的速度，便于它们觅食、求偶、寻找产卵和度过冬夏季节的场所，以及逃避敌害。

昆虫可以依据翅的形态结构特点来进行分类，主要有鞘翅目、鳞翅目、膜翅目、双翅目、直翅目、半翅目、广翅目、蜻蜓目等。

实验1　鳞翅目的翅

鳞翅目包括蛾类和蝶类昆虫，属有翅亚纲、全变态类。全世界已知约 20 万种，中国已知约 8000 余种。该目为昆虫纲中仅次于鞘翅目的第二个大目。一般具有发达的 2 对翅，仅个别种类的雌虫无翅或仅具退化的翅。翅膜质有鳞毛和鳞片覆盖，故名鳞翅目。许多蛾类在翅面上由各色鳞片组成各种线条和斑纹，多根据其形状或位置命名。

01 实验原理

鳞翅目不同种类和不同部位的翅的鳞片形状和排列不同。在显微镜下，可清楚看到其形态和排列方式。

02 实验目的

1. 观察蝶类和蛾类翅的鳞片的形态结构。
2. 比较两类鳞翅目昆虫的异同。

03 实验仪器及材料

数码液晶显微镜、载玻片、盖玻片、镊子；菜粉蝶的翅、玉带凤蝶的翅、绿刺蛾的翅、粉蝶灯蛾的翅。

04 实验步骤

1. 用镊子分别取菜粉蝶、玉带凤蝶、绿刺蛾、粉蝶灯蛾的成虫的部分翅，放到载玻片上，直接盖上盖玻片。
2. 放到显微镜下观察并记录。

05 实验结果

1. 菜粉蝶

成虫

黑白斑鳞片 （150 ×）

白斑鳞片 （150 ×）

一片鳞片 （600 ×）

2. 玉带凤蝶

成虫

白斑鳞片 （150 ×）

黑斑鳞片 （150 ×）

一片鳞片 （600 ×）

3. 绿刺蛾

成虫

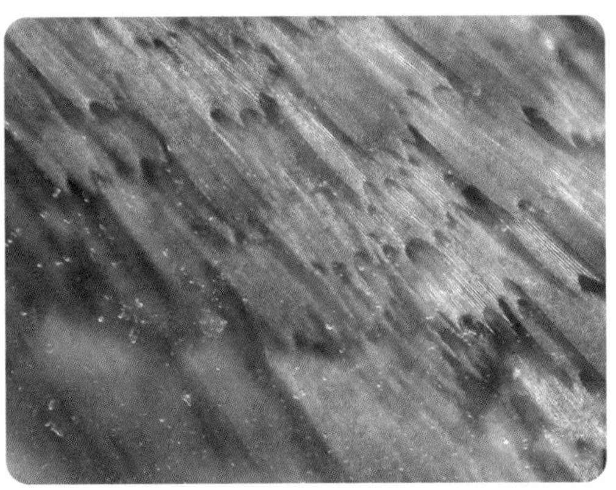

前翅绿色部分 （150 ×）

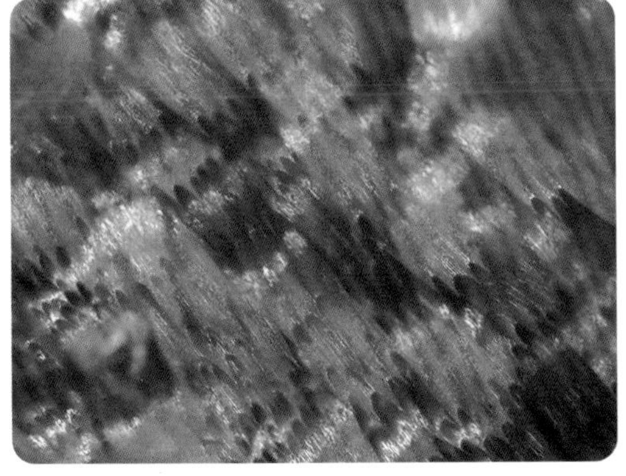

前翅棕色部分 （150 ×）

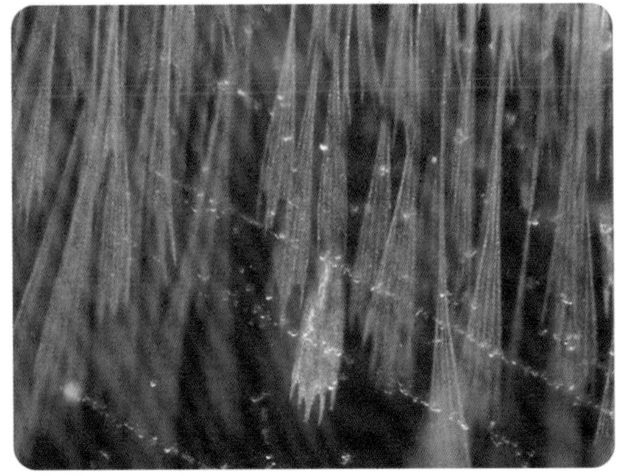

前翅最末边缘 （150 ×）

4. 粉蝶灯蛾

成虫

白斑鳞片（150 ×）

黑斑鳞片（150 ×）

鳞片（600 ×）

说 明

1. 无论是蝶类还是蛾类，前翅和后翅都有很多鳞片，呈覆瓦状排列。

2. 不同鳞翅目昆虫的鳞片大小和形状不一样，同时，也因着生的部位不同而表现出不同的形态。有的近似长方形、有的近似圆形、有的近似三角形，或长或短，或窄或宽，或皱或纹。鳞片边缘有的呈锯齿状，有的较圆滑。

3. 鳞片的颜色多样，排列各异，构成鳞翅目昆虫漂亮的花纹。

06 实验结论

1. 鳞翅目昆虫的两对翅都是膜质，均有鳞片呈覆瓦状覆盖，可防水，也有利于飞行。
2. 鳞片的形态因种类和着生的部位不同而有所差异，颜色多样。每种鳞翅目昆虫的翅，都拥有独特的颜色和花纹。

实验2　金龟子的翅

金龟子是金龟子科昆虫的总称，是鞘翅目中的一个大科，全世界有2万余种。常见的有铜绿丽金龟、大黑金龟子、茶色金龟子、暗黑金龟子等。金龟子的成虫一般雄大雌小，体壳坚硬，表面光滑，多有金属光泽，前翅坚硬，后翅膜质。

01 实验原理

鞘翅目的前翅和后翅因不同种类和不同部位的形态有所不同。在显微镜下，可清楚看到其形态。

02 实验目的

1. 观察大黑金龟子、暗黑金龟子、绒金龟的前翅和后翅的形态结构。
2. 比较金龟子与鳞翅目昆虫翅的异同。

03 实验仪器及材料

数码液晶显微镜、载玻片、盖玻片、镊子；大黑金龟子、暗黑金龟子、绒金龟。

04 实验步骤

1. 用镊子分别取大黑金龟子、暗黑金龟子、绒金龟的成虫的部分翅，放到载玻片上，直接盖上盖玻片。
2. 在显微镜下观察并拍照记录。

05 实验结果

1. 大黑金龟子

成虫

前翅 （30 ×）

后翅翅根 （150 ×）

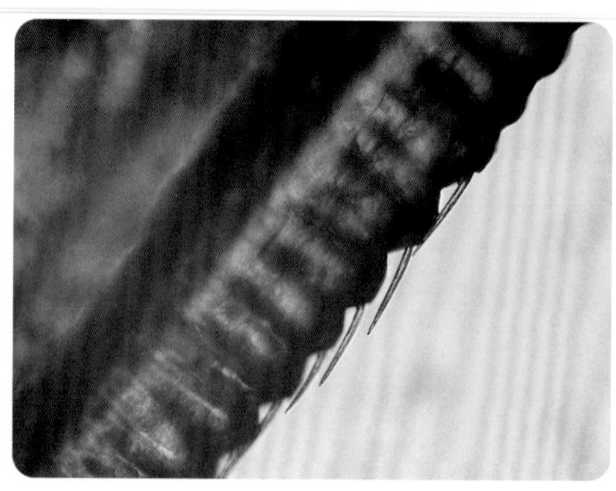

后翅折叠处边缘 （150 ×）

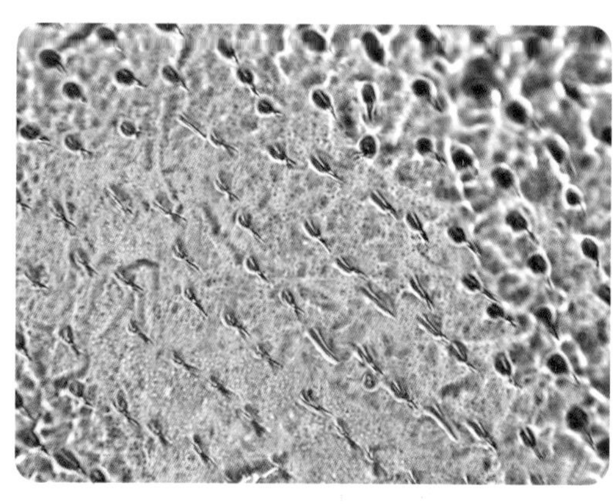

后翅翅膜 （600 ×）

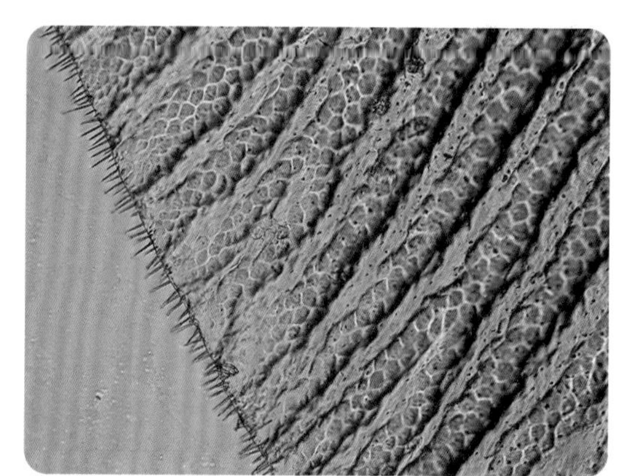

后翅翅膜边缘 （150 ×）

2. 暗黑金龟子

成虫

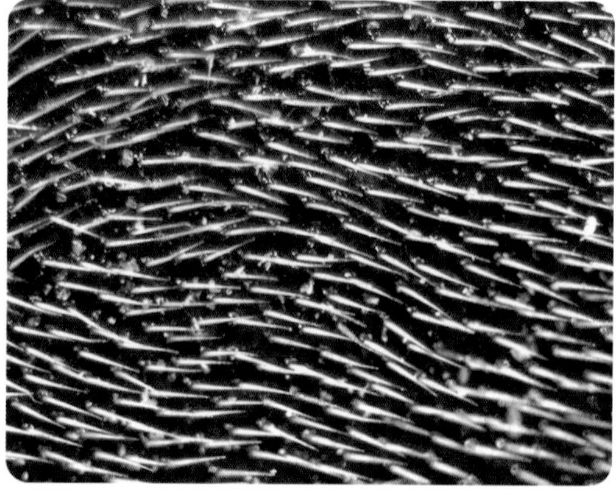

前翅 （60 ×）

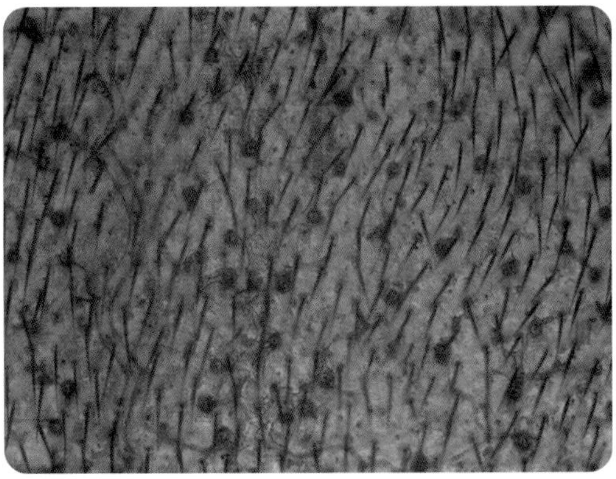

前翅 （60 ×）

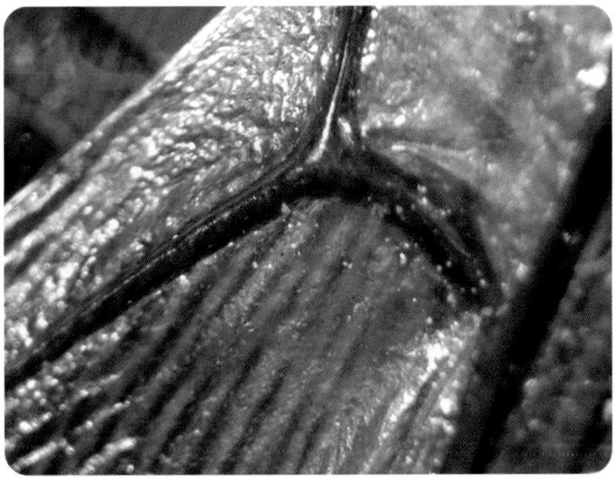

后翅 （30 ×）

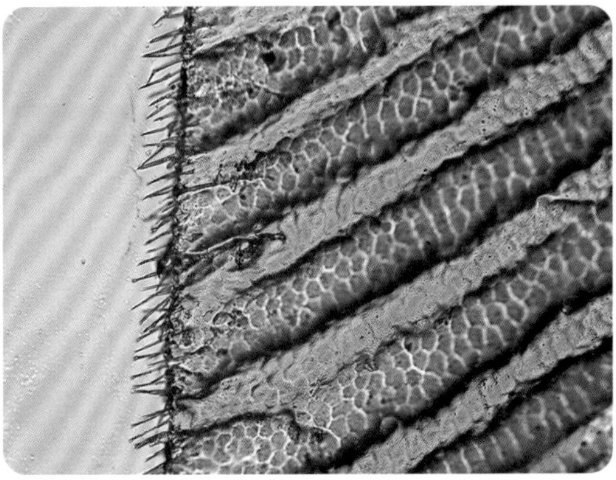

后翅翅膜边缘 （150 ×）

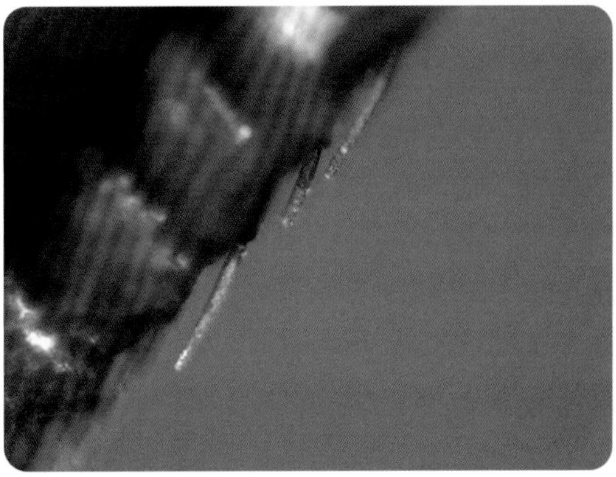

后翅翅脉折叠处边缘 （150 ×）

3. 绒金龟

成虫

前翅及其上刻点 （30 ×）

后翅根 （150 ×）

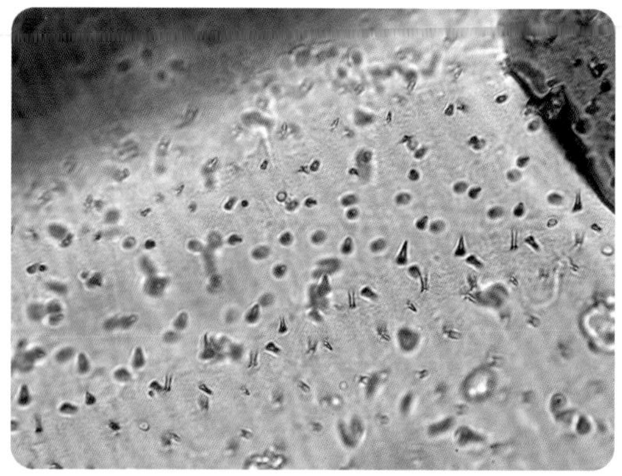

后翅翅膜 （600 ×）

说明

1. 鞘翅目的前翅革质、坚硬、无翅脉，翅上密布刻点，故称为“鞘翅”。

2. 后翅膜质，靠近翅根的翅脉有钩状结构，折叠处的翅脉有毛状物；后翅内侧边缘亦有毛状结构。

3. 后翅膜质表面有毛刺。

06 实验结论

与鳞翅目昆虫比较，金龟子的翅是没有鳞片的。其前翅革质、坚硬、无翅脉，颜色各异，有的有刻点，有的有刺毛，静止时合拢于胸腹部背面，起保护作用；后翅膜质、透明、有翅脉，比前翅的面积宽阔、柔软，一般折叠在鞘翅的下面，飞行时展开。

实验3　半翅目的翅

国际昆虫界将原“同翅目”的蚜虫、蝉及蜡蝉类昆虫与蝽类昆虫一起作为半翅目的成员对待。半翅目蝽类的前翅基半部骨化，端半部膜质，为半鞘翅，后翅膜质；蚜虫、蝉及蜡蝉类前后翅形状、质地相同，故人为地称同翅目。

01 实验原理

半翅目昆虫的翅形态结构不同，可作为分类依据。

02 实验目的

1. 观察半翅目昆虫的翅。
2. 认识半翅目翅的特点，了解分类的基本方法。

03 实验仪器及材料

数码液晶显微镜、载玻片、盖玻片、镊子；长鼻蜡蝉、蝉、黄点斑蝉。

04 实验步骤

1. 用镊子分别取长鼻蜡蝉、蝉、黄点斑蝉的成虫的部分翅，放到载玻片上，直接盖上盖玻片。
2. 在显微镜下观察并拍照记录。

05 实验结果

1. 长鼻蜡蝉

成虫

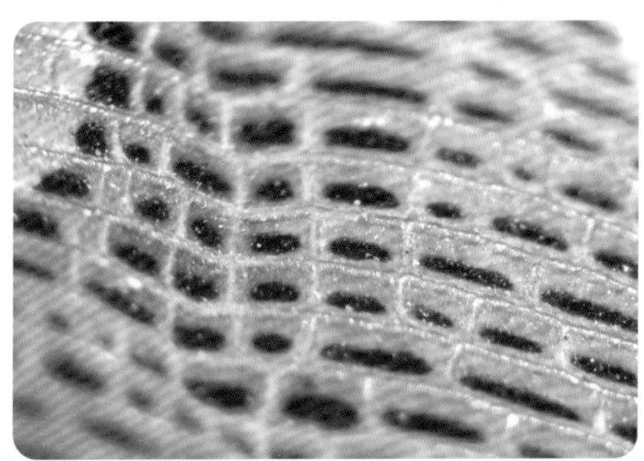

前翅绿色部分（30 ×）

前翅（30 ×）

前翅表面蜡质物质（30 ×）

2. 蝉

成虫

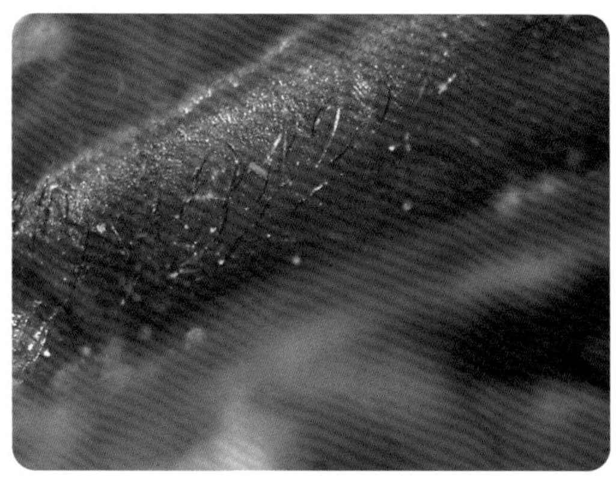
靠近翅根的翅脉（60×）

靠近翅根的前翅（60×）

前翅脉及透明膜质（60×）

3. 黄点斑蝉

成虫

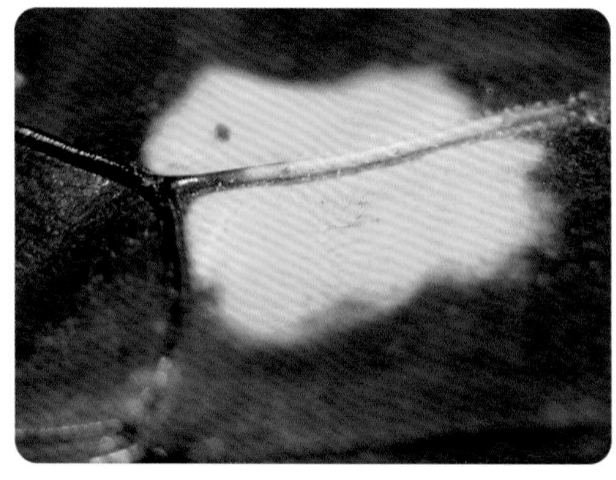
前翅黄斑（30×）

前翅翅脉 （30 ×）

前翅边缘 （30 ×）

06 实验结论

蜡蝉类和蝉类前后翅形状、质地相同，且蝉类的前后翅膜质透明。昆虫的翅形态各异，色彩丰富，有些透明，有些不透明，但都有适应飞行的特点。

探究作业

蚊、蝇的翅

蚊、苍蝇、果蝇等属于双翅目，它们的翅与其他昆虫的翅又有所不同，前翅膜质，后翅退化成细小的棒状物，称为平衡棒，在飞行时有定位和调节的作用。这也是结构与功能适应的结果。

请将你在显微镜下观察到的翅拍下来，与大家分享精彩的昆虫世界吧！

4.6 昆虫卵的孵化

昆虫的生命活动是从卵开始的，各类昆虫卵的形状、大小、颜色、构造各不相同，产卵方式和产卵场所也不相同。昆虫卵的形状最常见的为卵圆形和肾形，此外还有半球形、球形、桶形、瓶形、纺锤形等。草蛉类的卵有一丝状卵柄，蝽的卵还具有卵盖。

昆虫的卵大都有卵壳，形态多样，具保护作用。有些昆虫的卵壳表面有各种各样的脊纹，以增加卵壳的硬度。卵的前端有一个或若干个贯通卵壳的小孔，称为卵孔，是精子进入卵内的通道，因而也称为精孔或受精孔。卵孔附近区域常有放射状、菊花状等刻纹，可作为鉴别不同虫种卵的依据之一。

昆虫的产卵形式也有不同，有的单个散产，如多数蝶类；有的连在一起形成卵块，如荔枝蝽、卷叶蛾等；有的卵块上覆盖一层雌蛾腹端体毛，如斜纹夜蛾及毒蛾类的卵块；天牛产卵在寄主植物组织内，而介壳虫类成熟雌虫一般不再移动，因此卵都产在虫体腹部下面。

实验1 菜粉蝶的卵

菜粉蝶别名菜白蝶，幼虫又称菜青虫，主要危害十字花科蔬菜，尤以芥蓝、甘蓝、花椰菜等受害比较严重。菜粉蝶一般在叶片背面产卵，卵竖立呈瓶状，高约 1 毫米，卵壳表面在纵脊之间还有横脊。初产时淡黄色，后变为橙黄色。卵期 2 ~ 11 天，出壳时，幼虫在卵内用大颚在卵尖端稍下处咬破卵壳外出。幼虫杂食性，初孵幼虫，把卵壳吃掉，再转食十字花科植物，食菜叶。

01 实验原理

当十字花科植物的叶片出现虫眼时，在其下表面易采集到菜粉蝶的卵，肉眼可见黄色小颗粒。在显微镜下，能清楚观察到卵的形态结构和卵孵化的过程。

02 实验目的

1. 观察菜粉蝶卵的形态结构。
2. 观察菜粉蝶卵的孵化。

03 实验仪器及材料

数码液晶显微镜、载玻片；菜粉蝶的卵。

04 实验步骤

1. 小心剪取带有卵的叶片（叶背面）放到载玻片上，放到显微镜下观察，并记录卵的形态结构。
2. 当卵由淡黄色变为橙黄色时，特别是卵的中上部出现深色小点时，要耐心观察，表示幼虫将孵化出来了。
3. 观察并记录幼虫孵化的过程。

05 实验结果

卵 （60 ×）

顶端为卵孔 （160 ×）

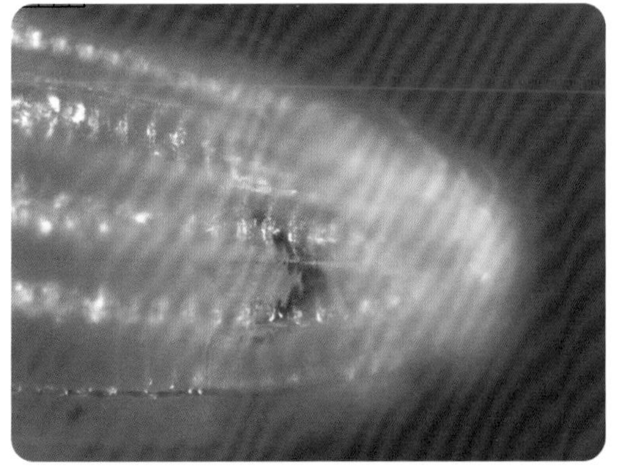

深色为幼虫口器中的大颚 （150 ×）

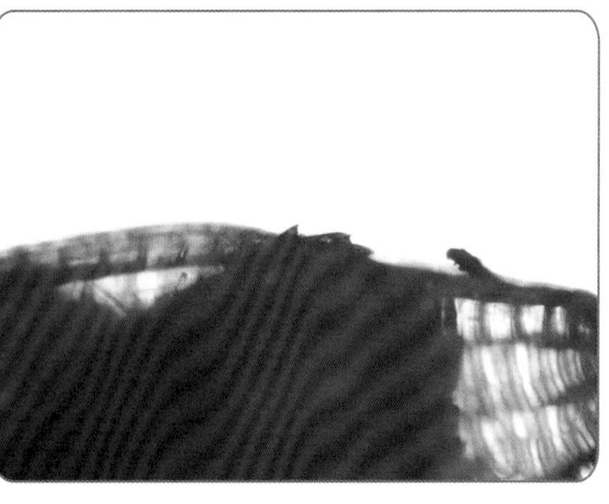

幼虫咬卵壳 （160 ×）

幼虫咬破卵壳孵出 （150 ×）

说 明

1. 菜粉蝶的卵散产，高约 1 毫米，初产时淡黄色，后变为橙黄色。
2. 由初产到孵化大约一周。
3. 卵的中上部出现深色点，是幼虫的大颚非常接近卵壳而显影。
4. 当幼虫孵化时，用大颚咬破卵壳，从开口慢慢蠕动出壳。
5. 幼虫体表有毛，孵化出来后，会以卵壳作为食物，一段时间后，一动不动，休息一下，再继续吃。

06 实验结论

1. 菜粉蝶的卵竖立呈瓶状，卵壳表面有许多纵横列的脊纹，形成长方形的小格。
2. 幼虫孵化时，先以大颚咬破卵壳而出。

实验 2 苏铁小灰蝶的卵

苏铁小灰蝶属鳞翅目灰蝶科紫灰蝶属，是苏铁属植物的主要害虫。虫害主要发生在 5 月至 11 月，常群集于苏铁顶部心间及附近的芽鳞片内或散附于较嫩叶片的正面或背面，以啮食幼嫩叶叶片、叶柄及小叶为主，也啮食较大新生叶片及较老叶片的叶背，被食叶部一般仅留下上表皮。

01 实验原理

苏铁小灰蝶主要危害苏铁，所以在其繁殖期内容易在苏铁植株上找到虫卵，肉眼可见，但需在显微镜下才能看清楚虫卵的结构。

02 实验目的

1. 观察苏铁小灰蝶卵的形态结构。
2. 比较与菜粉蝶卵的异同。
3. 观察苏铁小灰蝶卵的孵化。

03 实验仪器及材料

数码液晶显微镜、载玻片；苏铁小灰蝶的卵。

04 实验步骤

1. 剪取带有卵的苏铁小叶放到载玻片上，并放到显微镜下观察。
2. 观察并记录卵的形态结构。

05 实验结果

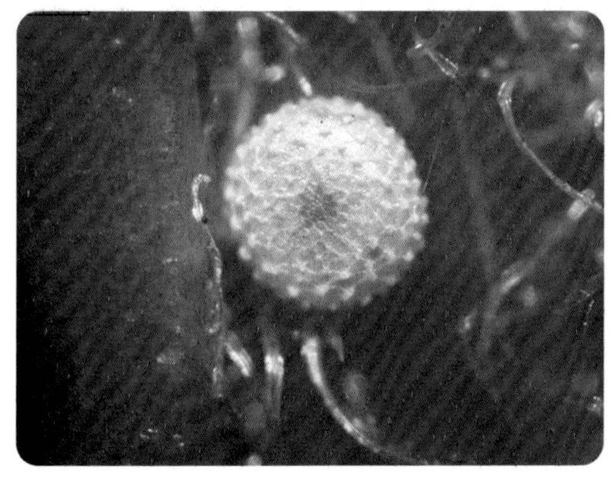

初生卵 （130 ×）

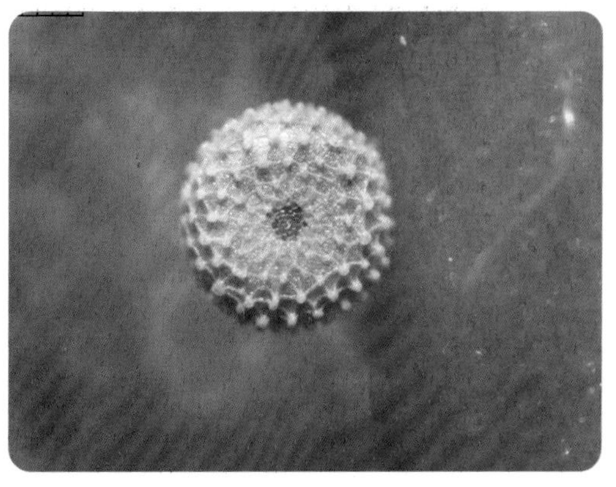

颜色变深 （130 ×）

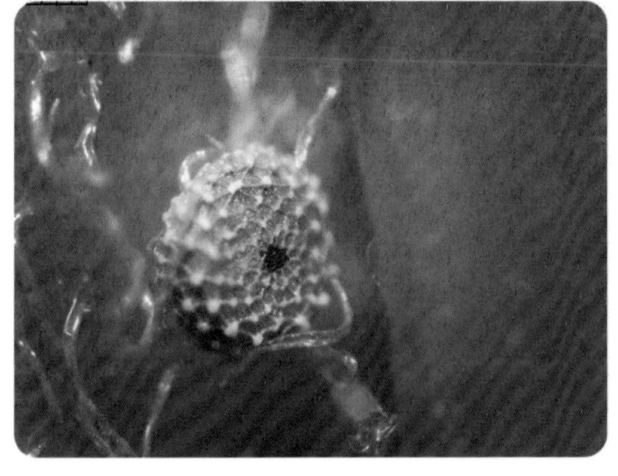

颜色变深 （130 ×）

中间为卵孔，颜色变深 （360 ×）

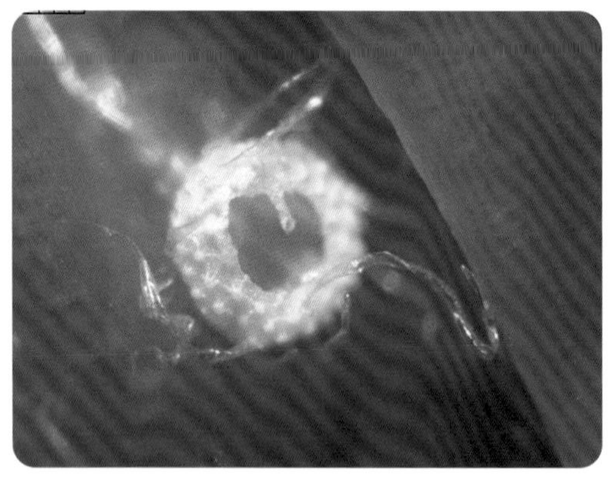

空壳 （130 ×）

孵化的幼虫 （360 ×）

说 明

1. 苏铁小灰蝶卵是扁圆形，表面有类似三角形的棱。

2. 初生卵是白色，后变深色。

3. 幼虫枣红色，肥大稍扁，体表有毛，中央有一条比体色更深的纵纹，两侧亦各有一条比体色更深的环状纵纹。

06 实验结论

1. 苏铁小灰蝶的卵扁圆形，表面有类似三角形的棱，与菜粉蝶卵的形态不同。
2. 苏铁小灰蝶的幼虫从卵孔位置爬出。

家蚕卵的孵化

你养过家蚕吗？你知道在显微镜下家蚕卵是怎样的吗？蚕宝宝出生又是怎样的呢？生命的出现总是令人激动的，请将你在显微镜下观察到的过程记录下来，与大家分享你的喜悦吧！

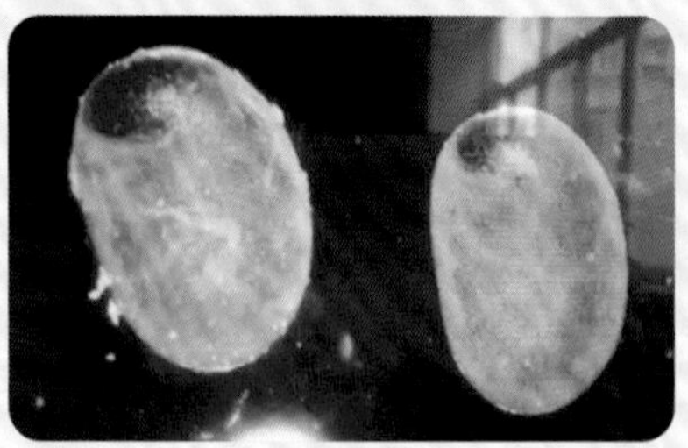

蚕卵

4.7 昆虫的触角

昆虫活动的时候，两根触角总是不停地摆动或敲打，这是为什么呢？因为触角是昆虫重要的感觉器官，主要起嗅觉和触觉作用，有的还有听觉作用，可以帮助昆虫进行通讯联络、寻觅异性、寻找食物和选择产卵场所。一般雄性昆虫的触角较雌性昆虫的触角发达，能准确地接收雌性昆虫在较远处释放的信息素。

昆虫的触角由三节组成：柄节、梗节和鞭节，其中鞭节是触角的端节，常分成若干亚节，在不同昆虫中变化最大。昆虫触角有多种类型，如蝗虫的丝状触角、白蚁的念珠状触角、雄蚊的环毛状触角等。

01 实验原理

昆虫的触角有多种类型，尤其是鞭节的差异很大，可以利用显微镜观察不同类型触角的细微结构，并重点观察鞭节的形态变化。

02 实验目的

1. 观察几种常见类型的昆虫触角。
2. 比较不同类型触角的结构差异。

03 实验仪器及材料

数码液晶显微镜；昆虫丝状触角装片、环毛状触角装片、具芒状触角装片、栉齿状触角装片、念珠状触角装片。

04 实验步骤

将各个装片放到显微镜下，观察整体结构和细微结构，并拍照记录。

05 实验结果

1. 丝状触角

触角细长，整体呈现丝状（图 1），典型代表为直翅目昆虫蝗虫和蟋蟀等。除基部第一、二节较粗外（图 3），其余各节的大小和形状相似（图 2），向端部渐细。靠近基部的鞭节各节呈扁平的长方形（图 4），中部各节大致呈正方形（图 5），端部呈细长的长方形（图 6），触角各节表面生有稀疏的短毛。

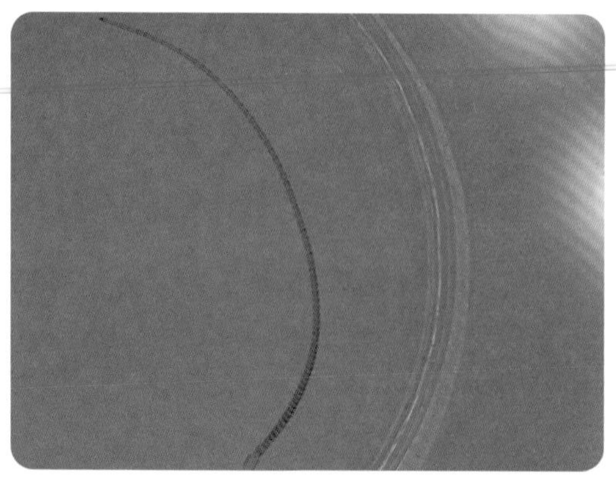

图 1　丝状触角整体观（6 ×）

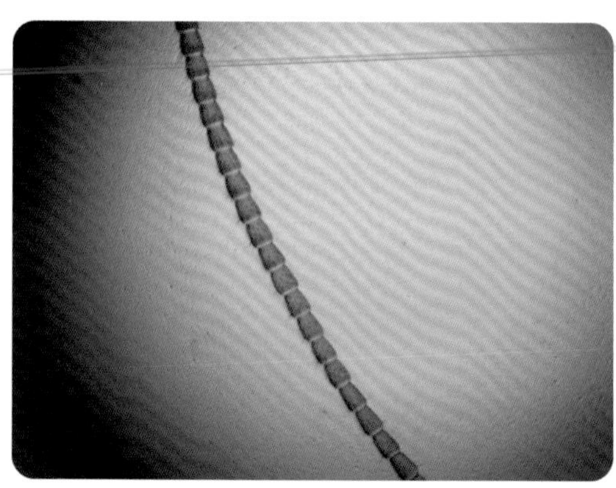

图 2　丝状触角（30 ×）

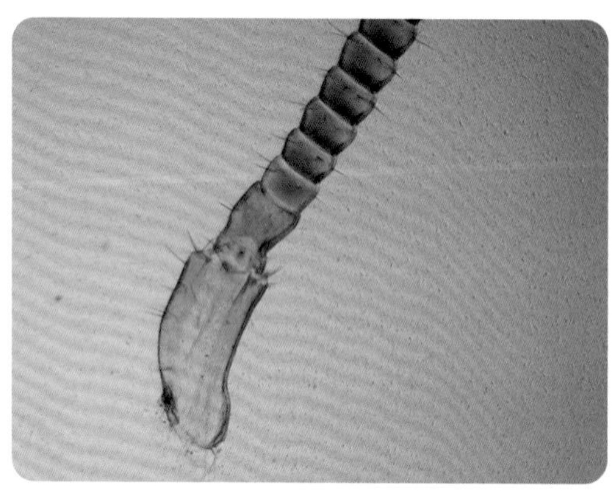

图 3　丝状触角基部（60 ×）

图 4　丝状触角近基部鞭节放大（600 ×）

图 5　丝状触角中部（600 ×）

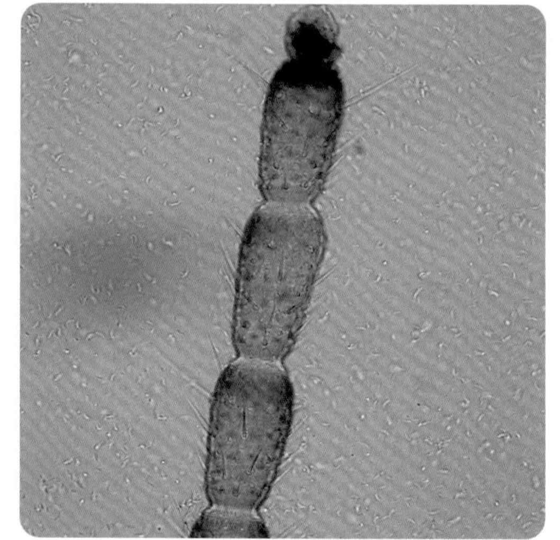

图 6　丝状触角端部（600 ×）

2. 环毛状触角

以雄蚊为例，环毛状触角（图 1）除基部两节外，每节具有一圈环毛，越近基部的越长，渐向端部递减（图2）。放大观察环毛状触角，可以看到每三节形成一个小单位（图3），在每三节之间有白色的膜状物连接（图4）。

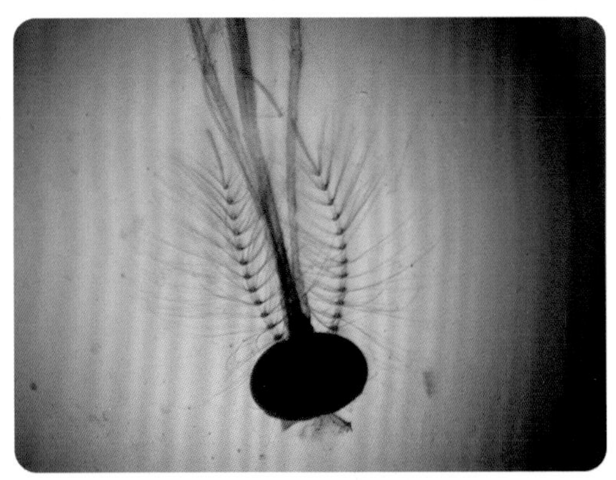
图1 雄蚊的环毛状触角（30 ×）

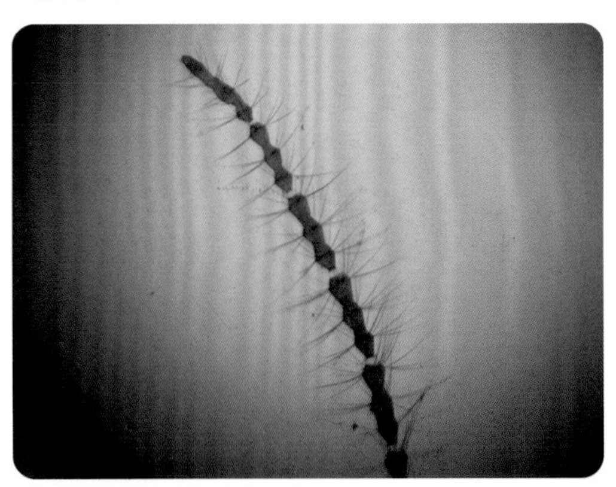
图2 环毛状触角整体观（60 ×）

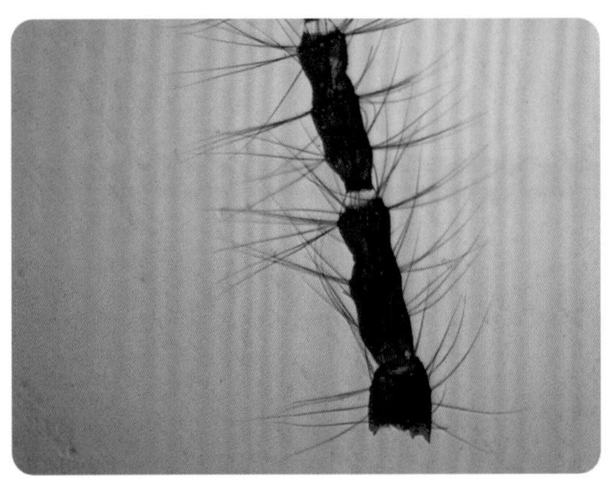
图3 三节触角形成的小单位（150 ×）

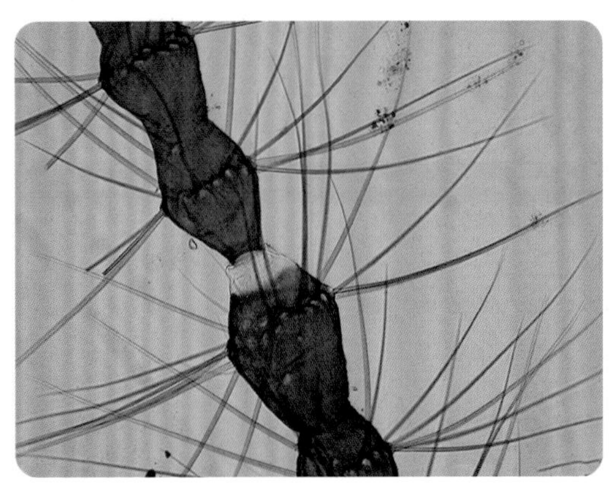
图4 触角小单位之间的连接处（600 ×）

3. 具芒状触角

蝇类具有具芒状触角（图1），触角短，鞭节不分亚节，较柄节和梗节粗大（图2），其上有一刚毛状或芒状构造，称触角芒（图3、图4）。

图1 具芒状触角整体观（60 ×）

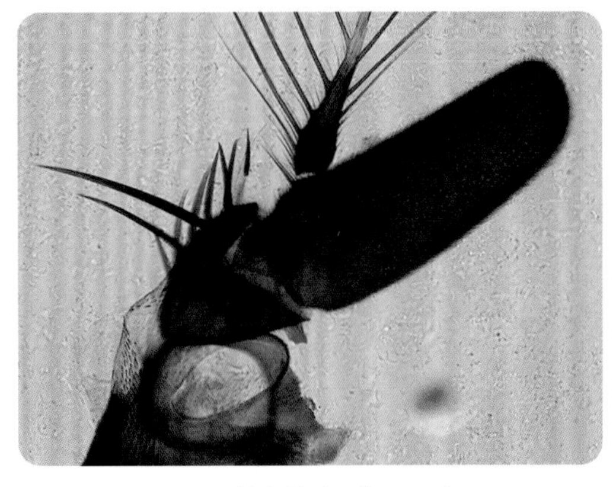
图2 触角放大（150 ×）

图3 触角芒与鞭节相连处（600×）

图4 触角芒放大（600×）

4. 栉齿状触角

雄性绿豆象具有栉齿状触角，外形像一把梳子（图1）。鞭节各亚节向一侧突出，近基部突出不明显（图2），越到端部向一侧突出越明显（图3、图4），最末端一节一侧不突出（图5）。触角上密被短毛（图6）。

图1 栉齿状触角整体观（30×）

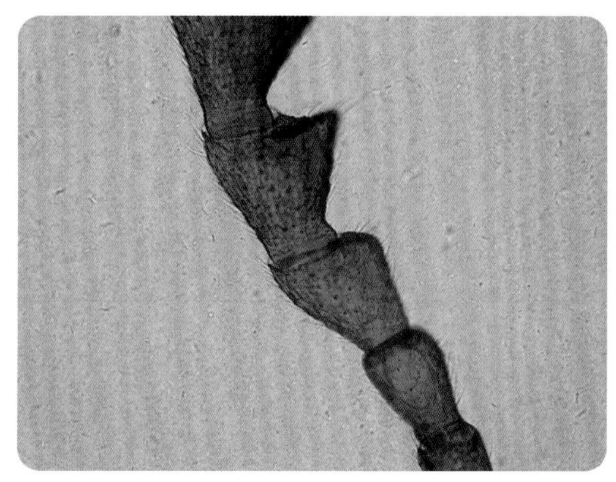

图2 触角基部（150×）

图3 触角端部（60×）

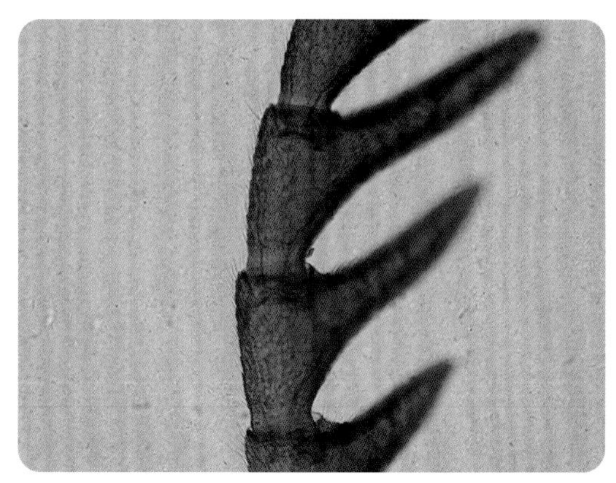

图4 触角中部（150×）

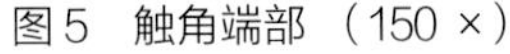

图5 触角端部（150×）

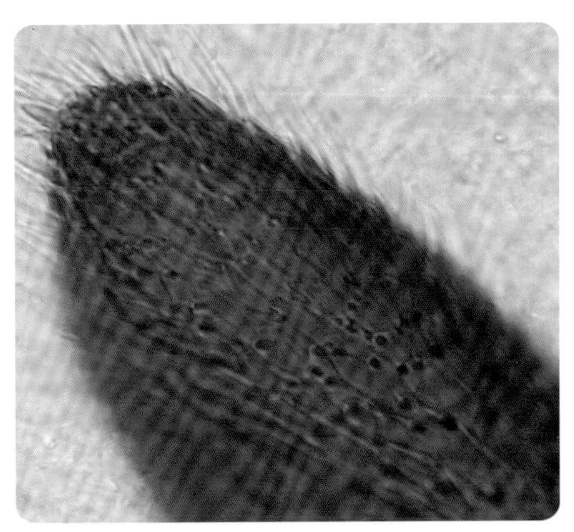

图6 鞭节最末节（600×）

5. 念珠状触角

白蚁、褐蛉等具有念珠状触角（图1），这种触角柄节较长，梗节小，鞭节各亚节的形状和大小基本一致，近似圆球形，像一串念珠。靠近基部的小节较为扁平（图2），近端部小节近球形（图3），每一小节上生有长短不同的毛状物（图4）。

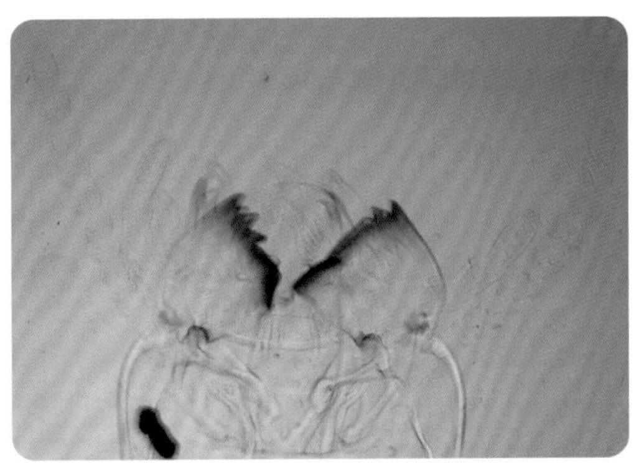

图1 念珠状触角整体观（60×）

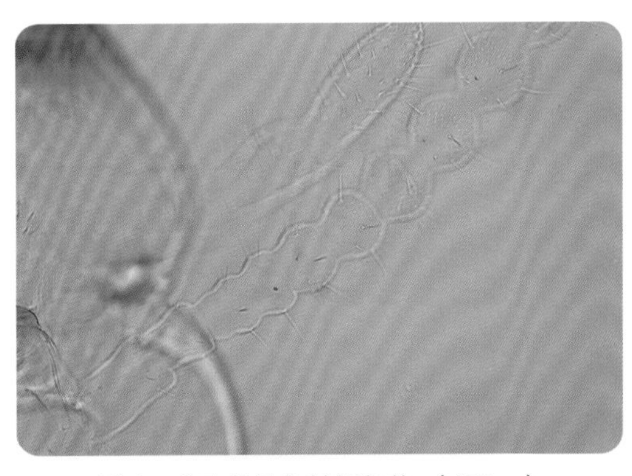

图2 念珠状触角基部各节（150×）

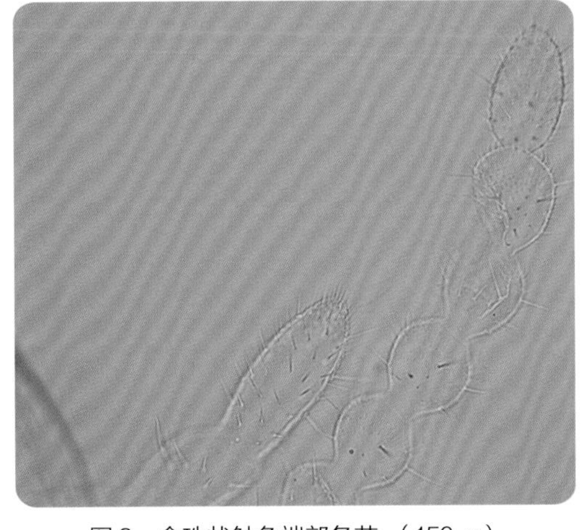

图3 念珠状触角端部各节（150×）

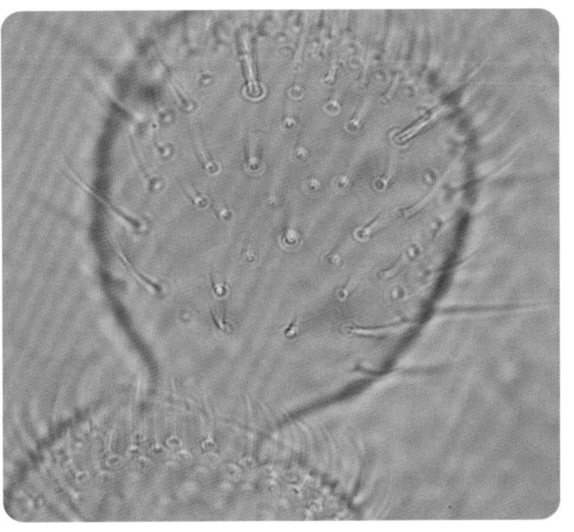

图4 触角端部放大（600×）

说 明

1. 由于观察的触角都做成了固定装片，所以观察起来相对要清晰。

2. 有的触角比较大而立体，如栉齿状触角，观察较大倍数的细微结构时，有些地方看得不是很清楚。

3. 有的装片颜色很浅，如念珠状触角，需要将视野调暗，才能隐约看到其细微结构。

06 实验结论

1. 不同昆虫的触角类型多样，但都由基本的三部分组成：柄节、梗节和鞭节。
2. 在不同的触角类型中，形态变化最大的是鞭节的各亚节。
3. 不同触角各节表面一般都生有长短不同的毛，跟其作为主要的感觉器官相适应。

探究作业

昆虫的足

除了触角多样，昆虫的足在漫长的进化过程中也多种多样。如蝗虫的跳跃足、蝼蛄的开掘足等。你身边常见昆虫的足是哪种类型呢？有机会观察一下吧！

蝗虫跳跃足的股节 （60 ×）

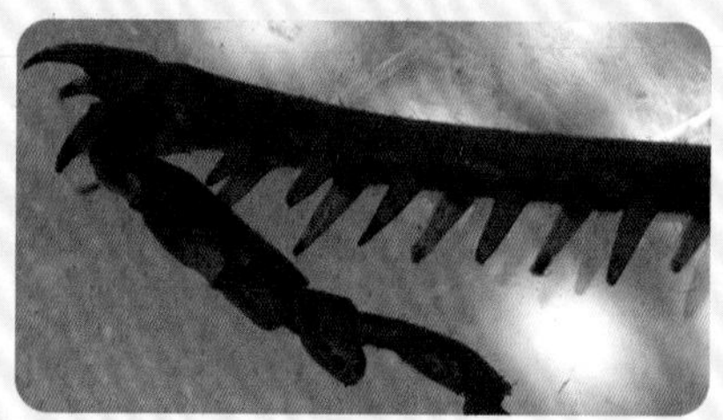

蝗虫跳跃足的胫节和跗节 （60 ×）

4.8 蚊的头部结构

蚊是夏天常见的双翅目昆虫，会通过吸血而传播疾病。蚊是一种小型昆虫，成蚊体长约1.6～12.6毫米，呈灰褐色、棕褐色或黑色，身体分头、胸、腹3部分。蚊的头部呈半球形，有复眼、触角、口器等结构，这些结构在显微镜下是怎样的呢？让我们一起来看看吧！

01 实验原理

在显微镜下，可以清晰地观察到蚊头部的微观结构。

02 实验目的

观察蚊头部的复眼、触角、触须和口器。

03 实验仪器及材料

数码液晶显微镜、载玻片；一只蚊。

04 实验步骤

1. 取一只蚊（注意蚊已死，最好保持蚊的形态，蚊死后各个结构相对比较脆弱，因此操作时动作要轻一些）。
2. 将蚊放在载玻片上，直接在显微镜下观察。
3. 分别观察蚊的复眼、触角、触须和口器的形态。

05 实验结果

1. 蚊的复眼

蚊的复眼 （150 ×）

蚊的复眼 （150 ×）

2. 蚊的触角

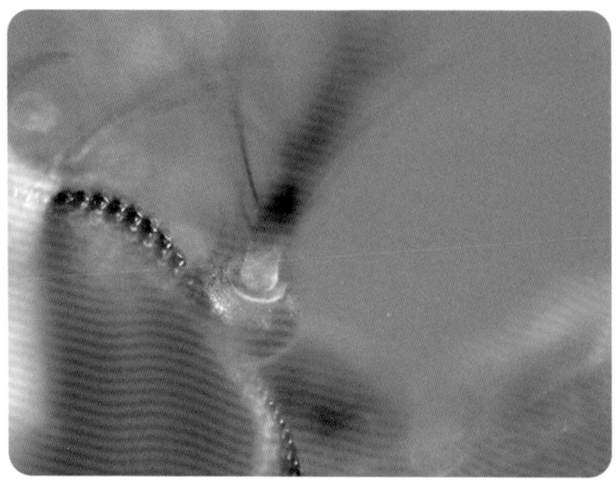

蚊的触角基部 （600 ×）

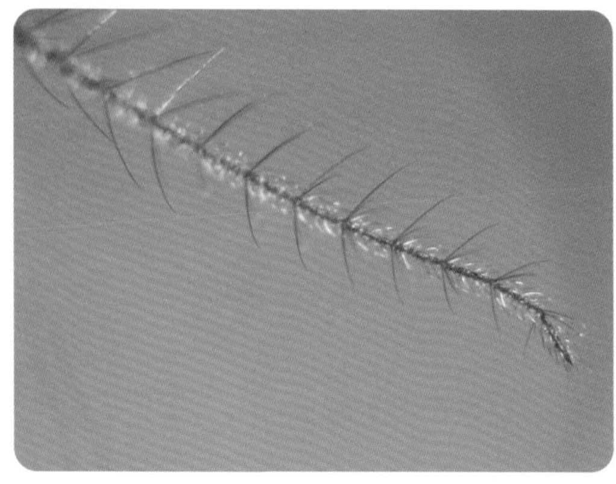

蚊的触角 （150 ×）

蚊的触角 （侧光源，600 ×）

蚊的触角 （底光源，600 ×）

3. 蚊的触须

蚊的触须 （150 ×）

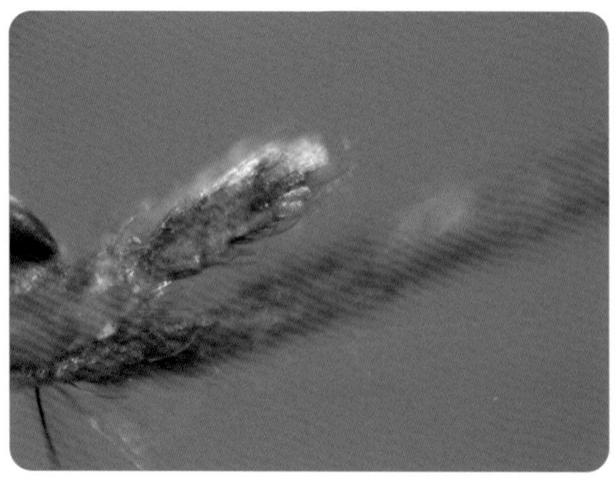

蚊的触须 （600 ×）

4. 蚊的口器

蚊的口器（60 ×）

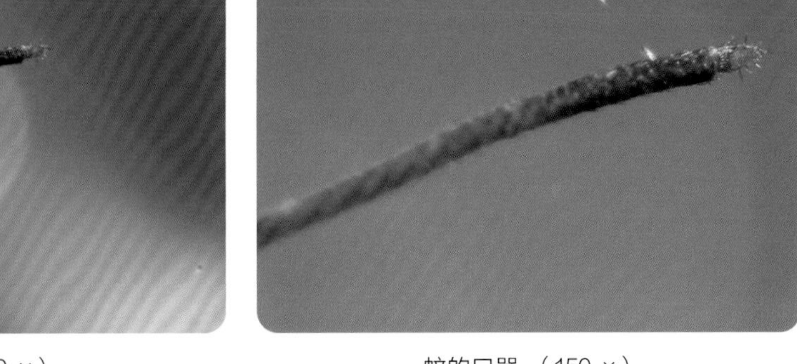
蚊的口器（150 ×）

06 实验结论

1. 蚊有一对复眼，由众多小眼组成。
2. 蚊有一对触角，触角共 15 节，各节具有轮毛。
3. 蚊有一对触须，触须较短。
4. 蚊有一个很长的刺吸式口器。

探究作业

雌蚊和雄蚊的头部结构

1. 查阅资料，对比雌蚊和雄蚊头部的差异。
2. 判断上述实验中蚊的性别。
3. 找到一只蚊，在显微镜下观察，并判断其性别。

性别：________

性别：________

4.9 蚊的口器

蚊为什么能吸血，这是因为它有特殊的口器，可以刺进人的皮肤。

雌蚊在产卵的时候需要吸血，而雄蚊只是吸取一些植物的汁液就可以了。雄蚊和雌蚊的口器有着明显的区别。雌蚊的喙（就是叮咬人的口器）非常长，雌蚊的口器是一个高度进化的结构，它总共由六根口针组成。

孑孓（jiéjué），蚊的幼虫，是蚊由卵成长至蛹的中间阶段，由蚊卵在水中孵化而成，身体细长，胸部较为宽大，游泳时身体一屈一伸，俗称跟头虫。孑孓以水中的细菌和单细胞藻类为食，具有呼吸管，如库蚊（家蚊）的孑孓尾端具有1条长呼吸管，管端为呼吸器的开口。呼吸时，身体与水面成一角度，使呼吸管垂直于水面。

01 实验原理

口器是昆虫的取食器官，由头部后面的3对附肢和一部分头部结构联合组成，主要有摄食、感觉等功能。与其他昆虫一样，蚊的口器也由一系列高度特化的附肢组成：上唇、上颚、下颚、下唇，再加上可能起源于上颚体节的舌。在数码液晶显微镜下，可以清楚地看到这些结构。

02 实验目的

1. 观察雄蚊和雌蚊口器的结构。
2. 观察孑孓的形态结构。

03 实验仪器及材料

数码液晶显微镜、镊子、清水、雄蚊口器装片、雌蚊口器装片、孑孓活体。

04 实验步骤

1. 观察库蚊口器。取雄蚊口器装片，置于载物台上，由于蚊的口器较大，先使用2倍物镜观察全貌，再使用4倍物镜仔细观察局部。采用同样的方法观察雌蚊的口器。观察并记录实验结果。
2. 观察孑孓。夏天在池塘边、积水处或家里水培植物的瓶子中会看到伸屈着身体的虫子，用镊子或胶头滴管将其置于白纸（不透水）的水滴中。用显微镜的侧光模式对孑孓进行观察、拍照。

05 实验结果

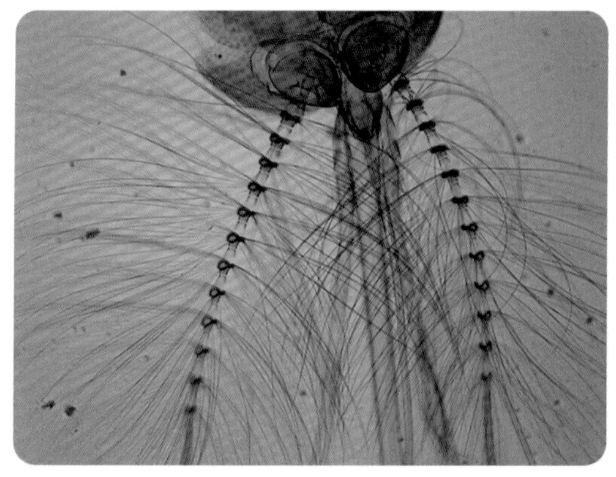

雄蚊刺吸式口器（60×）

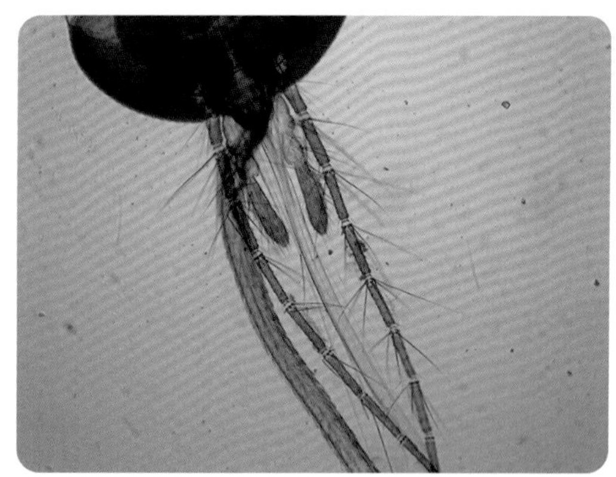

雌蚊刺吸式口器（60×）

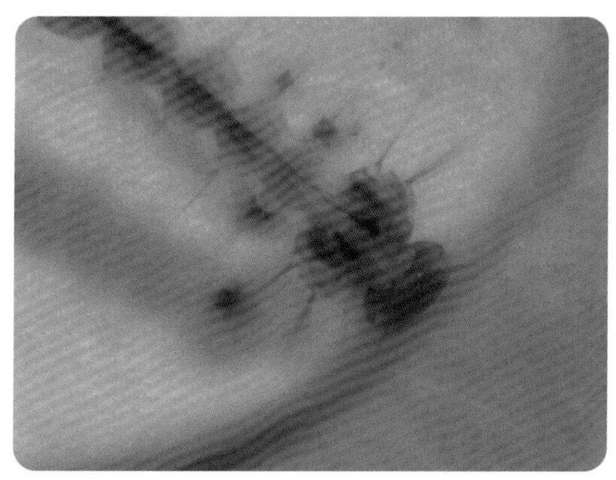

孑孓（60×）

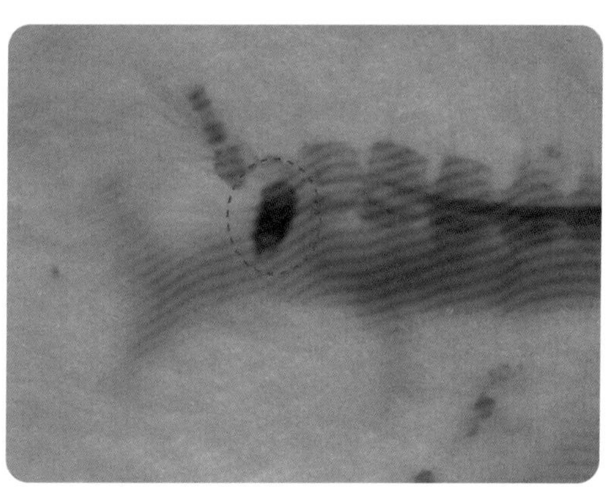

孑孓尾部（示呼吸管，60×）

06 实验结论

1. 雄蚊和雌蚊口器的比较观察

<table>
<tr><th colspan="2">比较</th><th>雄蚊口器</th><th>雌蚊口器</th></tr>
<tr><td colspan="2">触角</td><td>蓬松多毛（羽毛状）、长</td><td>少毛、短</td></tr>
<tr><td colspan="2">触须</td><td>比喙长</td><td>短，不到喙的一半</td></tr>
<tr><td rowspan="5">喙</td><td>上唇</td><td rowspan="5">上颚和下颚退化</td><td>吸取</td></tr>
<tr><td>上颚</td><td>刺入</td></tr>
<tr><td>舌</td><td>注入唾液</td></tr>
<tr><td>下颚</td><td>刺入</td></tr>
<tr><td>下唇触须</td><td>保护与支持刺吸器</td></tr>
</table>

2. 孑孓摄食有机物及微生物，口的刷毛会产生水流，流向嘴巴。用尾端的呼吸管呼吸。

探究作业

其他类型的口器

昆虫主要有五种口器类型适应不同的取食方式。

1. 咀嚼式口器（图 A）。以咀嚼植物或动物的固体组织为食，如蜚蠊（蟑螂）、蝗虫、蚂蚁。

2. 虹吸式口器（图 B）。下颚的外叶左右合抱成长管状的食物道，盘卷在头部前下方，如钟表的发条一样，用时伸长，如蛾、蝶。

3. 嚼吸式口器（图 C）。可咀嚼并吸食，如蜜蜂。

4. 刺吸式口器（图 D）。吸食植物或动物体内的汁液，如蚊、虱、椿象。

5. 舔吸式口器（图 E）。其主要部分为头部和以下唇为主构成的吻，吻端是下唇形成的伪气管组成的唇瓣，用以收集物体表面的液汁；下唇包住了上唇和舌，上唇和舌构成食物道，如苍蝇。

请任选两种，在显微镜下观察，比较这两种口器的差异。

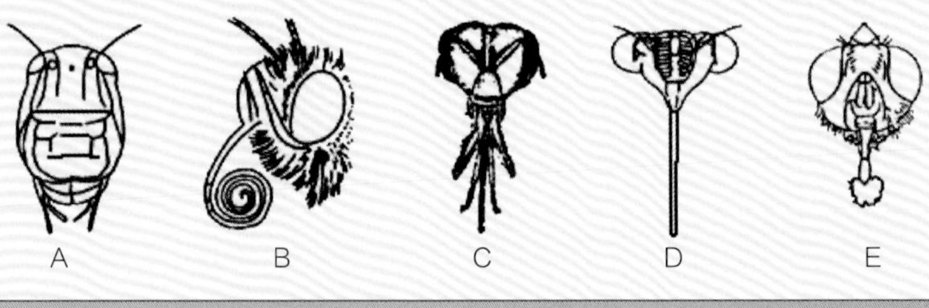

4.10 蚊的胸部和腹部结构

蚊的胸分前胸、中胸和后胸，每胸节各有足1对，中胸有翅1对，后胸有1对平衡棒，是双翅目昆虫的特征。蚊的腹部分节，与消化、生殖等重要功能相关。这些结构在显微镜下是怎样的呢？让我们一起来看看吧！

01 实验原理

在显微镜下，可以清晰地观察到蚊胸部和腹部的微观结构。

02 实验目的

观察蚊胸部的足、翅和平衡棒，观察蚊的腹部。

03 实验仪器及材料

数码液晶显微镜、载玻片；一只蚊。

04 实验步骤

1. 取一只蚊，直接放在载玻片上，在显微镜下观察，分别观察蚊胸部的足、翅、平衡棒和腹部结构。
2. 先用侧光源观察，再用底光源观察。

05 实验结果

1. 蚊的足

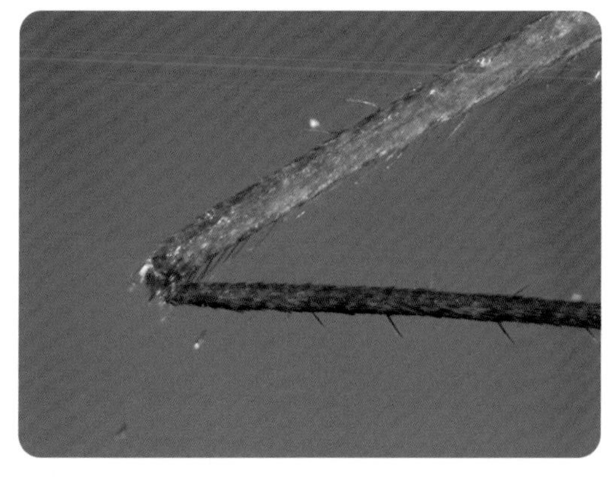

蚊的足 （150 ×）

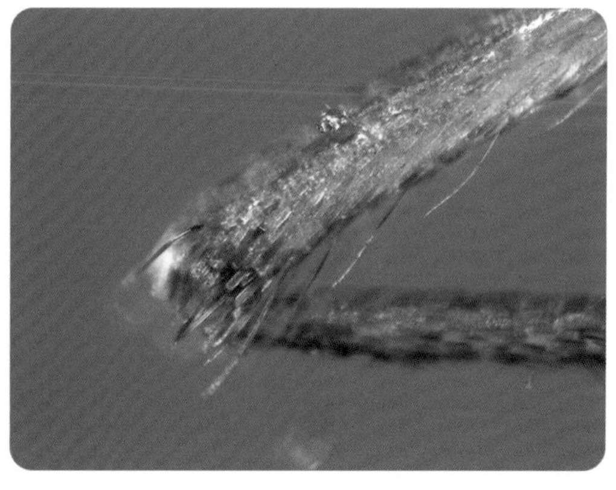

蚊的足 （600 ×）

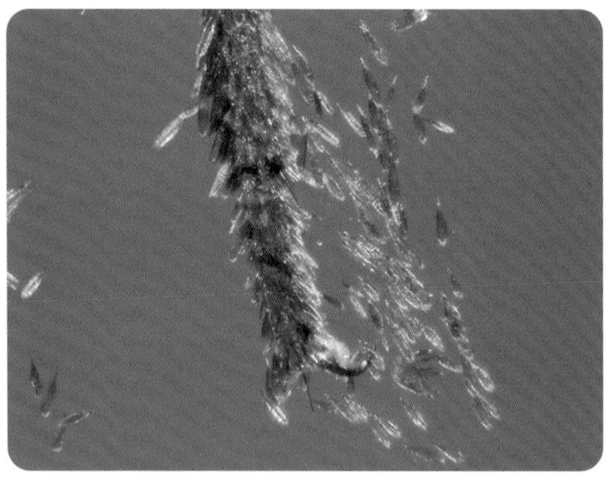

蚊的足 （600 ×）

蚊的足 （600 ×）

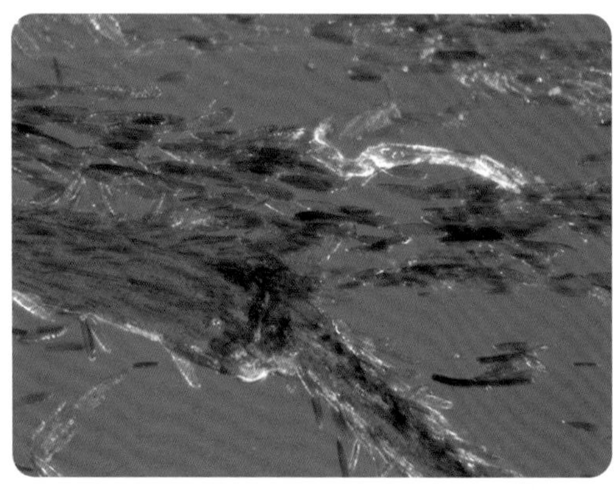

蚊的足 （600 ×）

蚊的足 （600 ×）

2. 蚊的翅

蚊的翅 （60 ×）

蚊的翅 （60 ×）

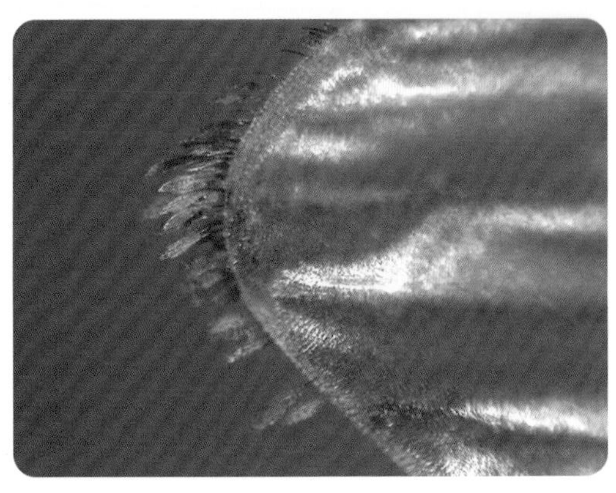
蚊的翅 （600 ×）

蚊的翅 （600 ×）

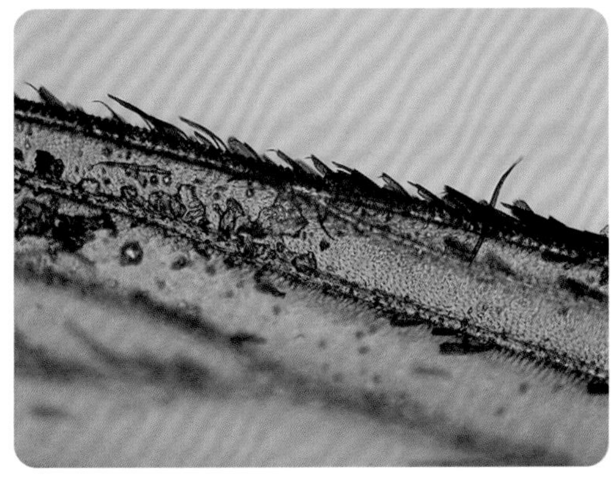
蚊的翅 （600 ×）

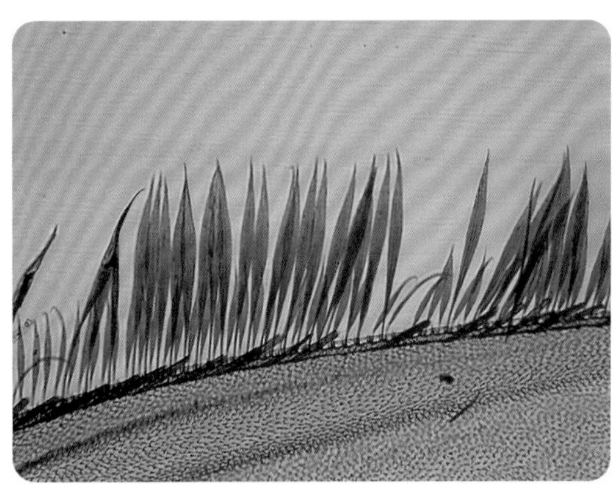
蚊的翅 （600 ×）

3. 蚊的平衡棒

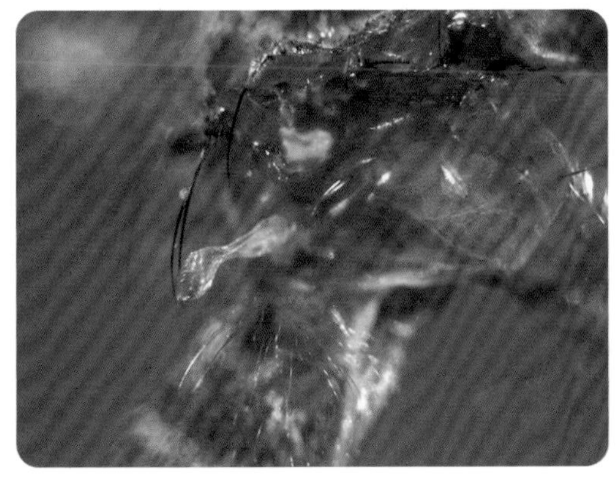
蚊的平衡棒 （150 ×）

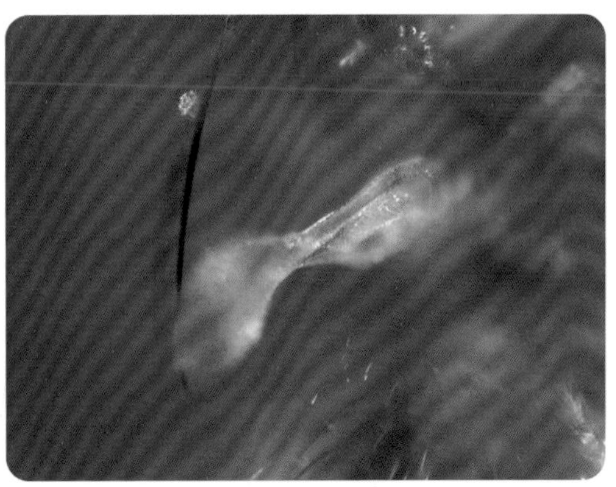
蚊的平衡棒 （600 ×）

4. 蚊的腹部

蚊的腹部（60×）

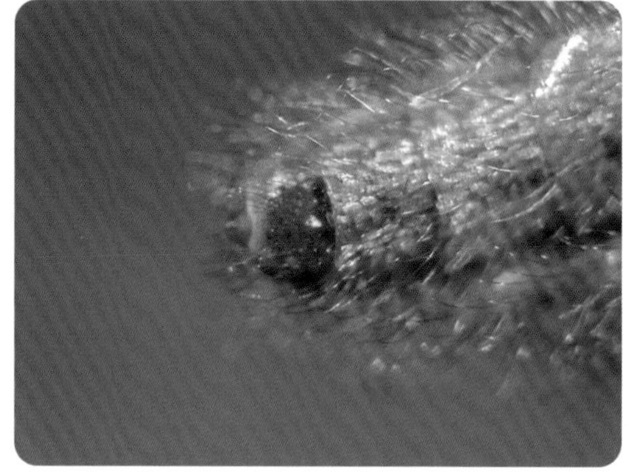

蚊的腹部（150×）

08 实验结论

1. 蚊的足分节、细长，表面覆盖大量鳞片。
2. 蚊的翅为膜质、狭长，翅脉简单，有鳞片覆盖，翅的后缘有较长的鳞片，膜翅上有斑点存在。
3. 蚊的后胸有1对平衡棒。
4. 蚊的腹部分节，覆盖大量鳞片。

探究作业

蚊的卵和幼虫

蚊的卵和幼虫是生活在水中的，蚊一生可产卵6~8次，每次200~300粒，单粒的卵呈长粒状。

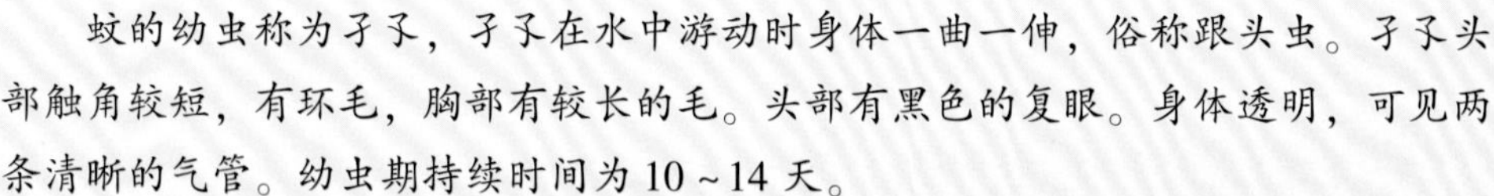

蚊的幼虫称为孑孓，孑孓在水中游动时身体一曲一伸，俗称跟头虫。孑孓头部触角较短，有环毛，胸部有较长的毛。头部有黑色的复眼。身体透明，可见两条清晰的气管。幼虫期持续时间为10~14天。

采集蚊产的卵或幼虫，在显微镜下观察并识别幼虫的结构。探究减少蚊的方法。

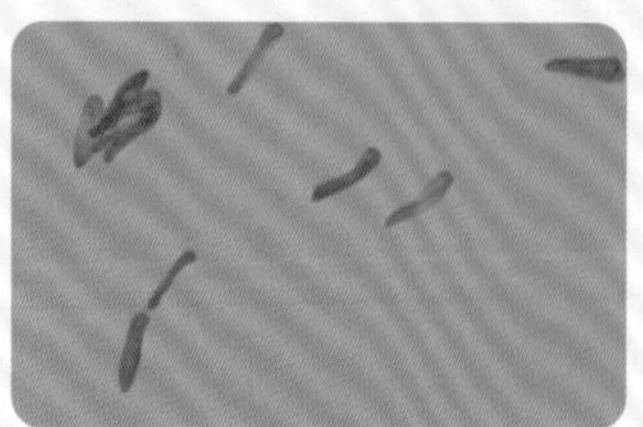

蚊的卵

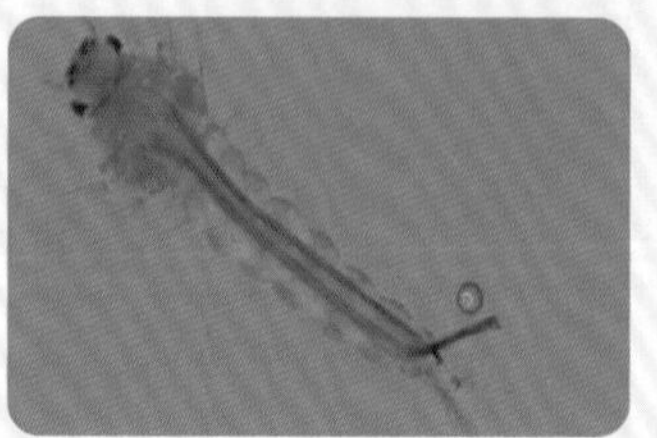

蚊的幼虫

4.11 虾的外骨骼、鳃和附肢

虾是一种常见的水中生活的节肢动物。虾身体长而扁，外骨骼有石灰质，分头胸和腹两部分。头胸由甲壳覆盖，腹部由 7 节体节组成。

头胸前端有一尖长呈锯齿状的额剑及 1 对能转动带有柄的复眼。虾用鳃呼吸，鳃位于头胸部两侧，为甲壳所覆盖。虾的口在头胸部的底部。头胸部有 2 对触角，负责嗅觉、触觉及平衡，亦有由大小颚组成的咀嚼器。头胸部还有 3 对颚足，帮助把持食物。虾有 5 对步足，主要用来捕食及爬行。

腹部有 5 对游泳肢及一对粗短的尾肢。尾肢与腹部最后一节合为尾扇，能控制虾的游泳方向。虾的运动器官很不发达，平时只能缓慢地爬行在海底，利用身体腹部的屈伸动作，也能作短距离的游动。

01 实验原理

在显微镜下，可以清晰地观察到虾的头胸部和腹部的微观结构。

02 实验目的

观察虾的外骨骼、额剑、触角、鳃、足等结构。

03 实验仪器及材料

数码液晶显微镜、载玻片；一只虾。

04 实验步骤

1. 取一只虾。
2. 将虾放在显微镜下，开通侧光源进行观察。
3. 分别观察虾的外骨骼、额剑、触角、鳃、足等结构。

05 实验结果

1. 虾的外骨骼

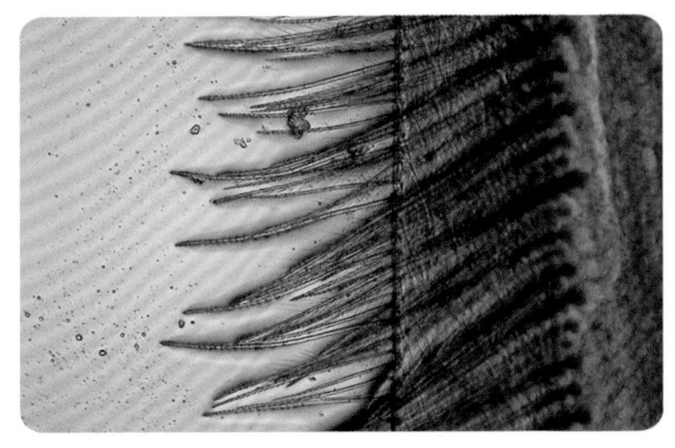

虾的外骨骼边缘 （150 ×）

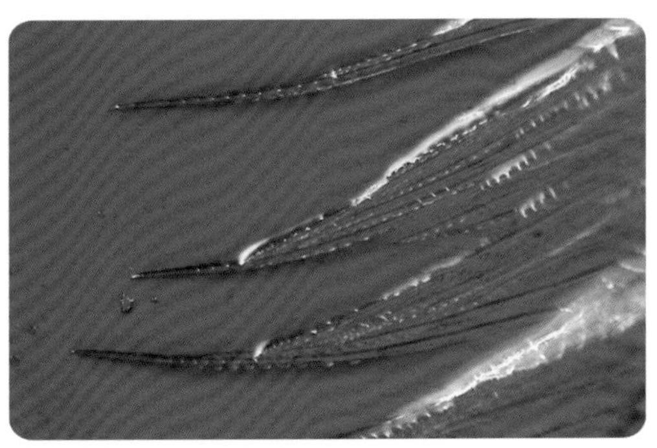

虾的外骨骼边缘 （600 ×）

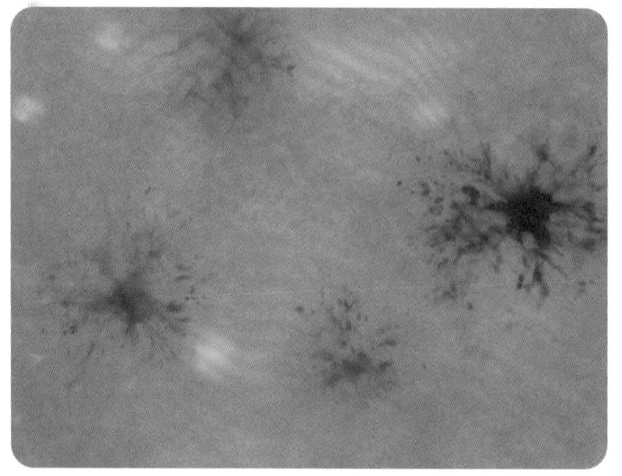

虾的外骨骼 （600 ×）

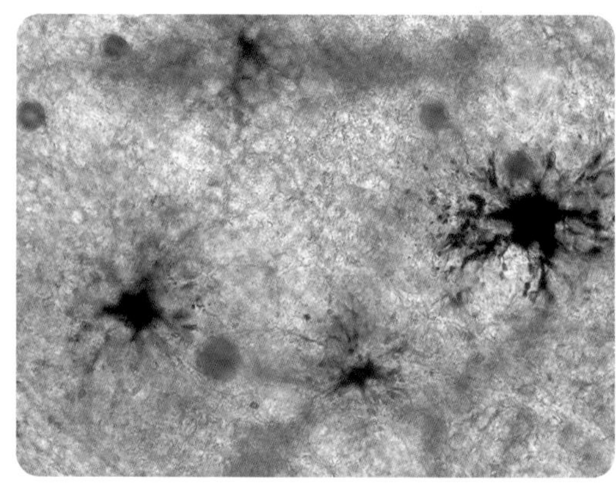

虾的外骨骼 （600 ×）

2. 虾的额剑

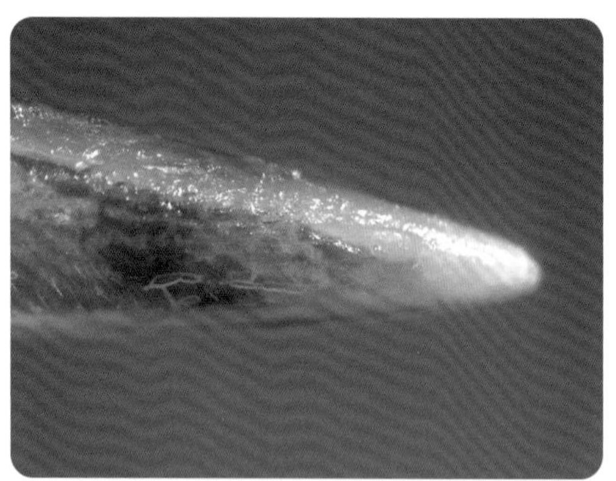

虾的额剑 （150 ×）

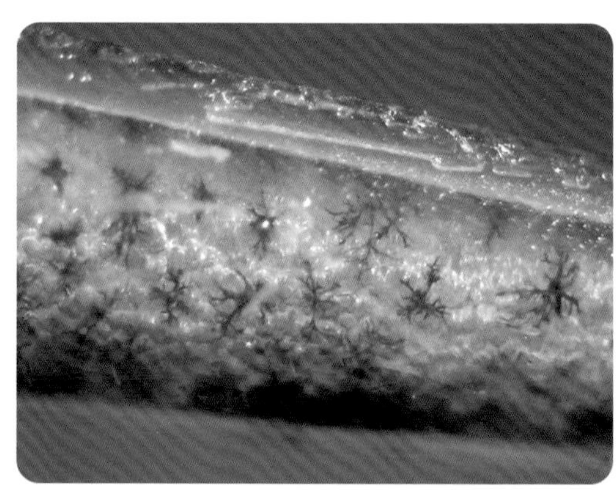

虾的额剑 （150 ×）

虾的额剑 （60 ×）

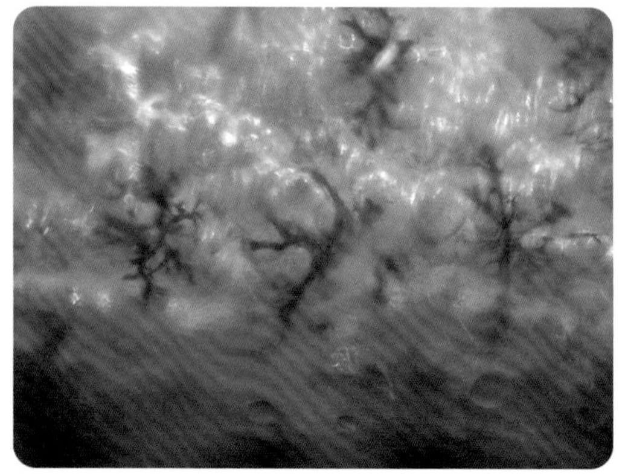

虾的额剑 （600 ×）

3. 虾的触角

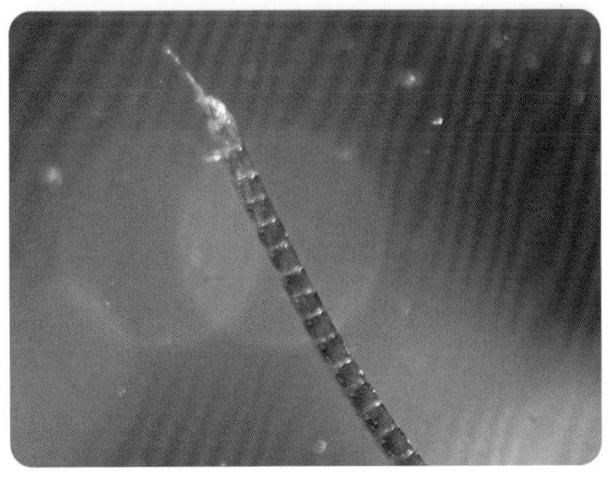

虾的触角 （60 ×）

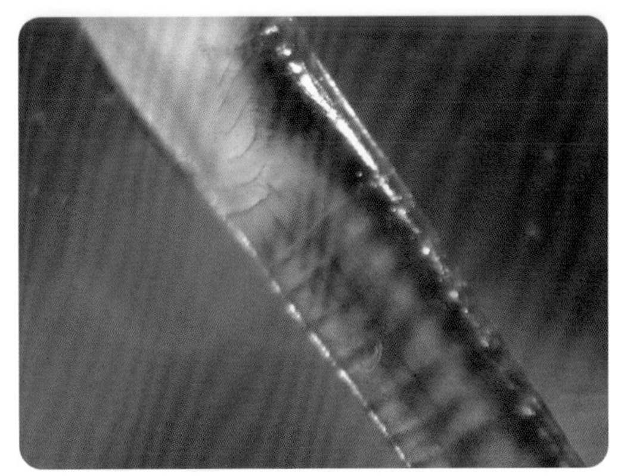

虾的触角 （60 ×）

4. 虾的鳃

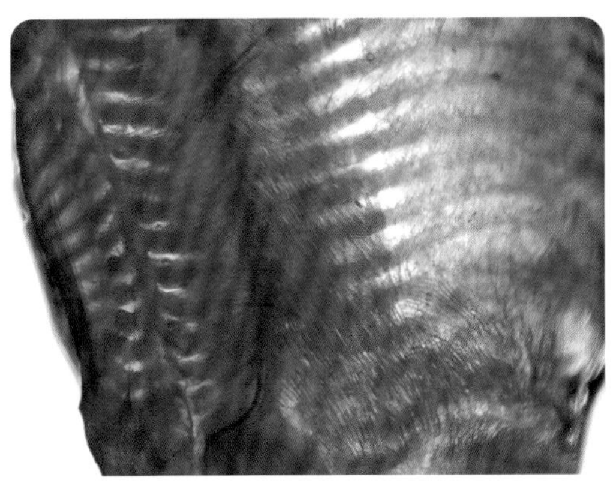

虾的鳃 （60 ×）

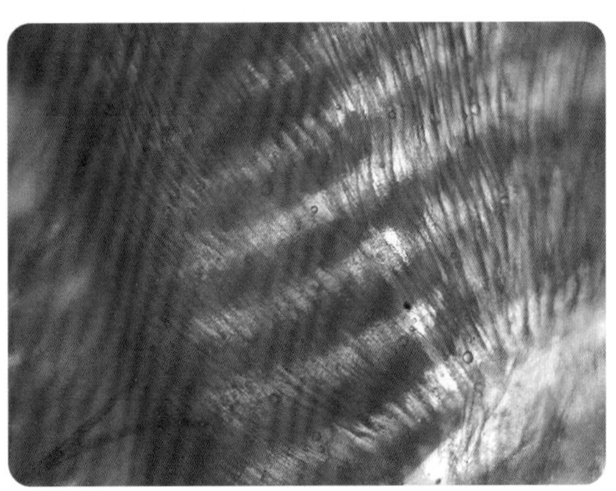

虾的鳃 （150 ×）

5. 虾的步足

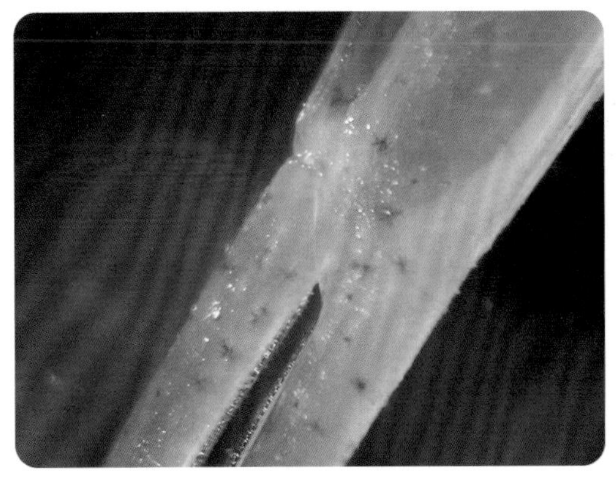

虾的步足 （60 ×）

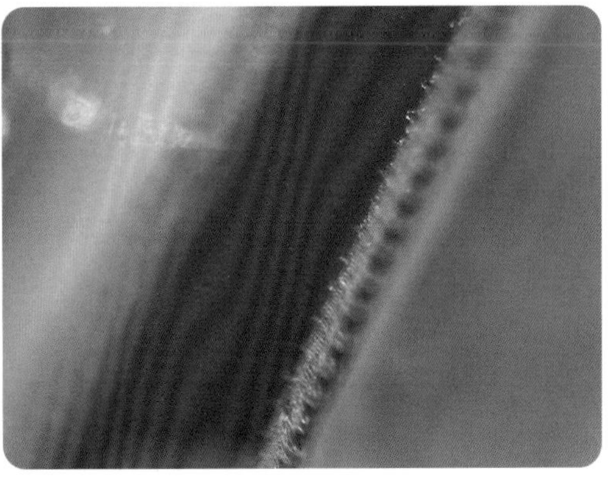

虾的步足 （600 ×）

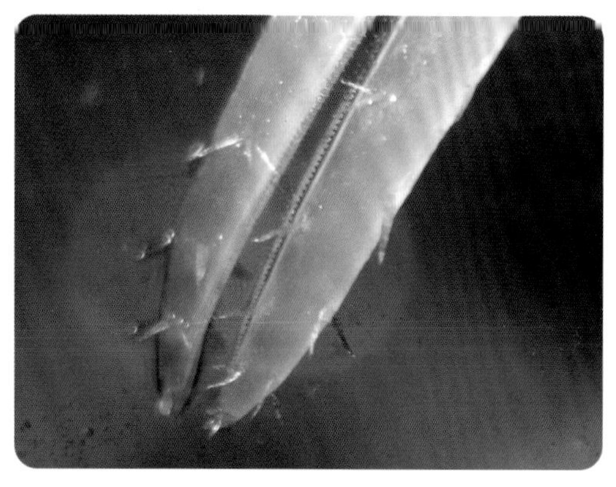

虾的步足 （60 ×）

虾的步足 （60 ×）

06 实验结论

1. 虾的外骨骼坚硬，有的区域特化为额剑等结构；颜色透明，能清晰观察到表皮层中的黑青色花纹。
2. 虾的呼吸器官为鳃，其结构特点有利于增加气体交换的速率。
3. 虾的附肢分节，具备典型的节肢动物特征。
4. 虾的第三步足呈螯状，表面有很多尖锐的刺状结构，内部呈锯齿状，锯齿边缘也有很多刺状结构。

探究作业

小河虾的结构

小河虾与上面所观察的虾相比，躯体小而且色彩淡。小河虾广泛生长于江河、湖泊、水库和池塘中，很容易找到它的踪迹。

仔细观察下小河虾的结构吧。

小河虾

4.12 鱼鳞

鱼体表多具鳞片，鳞片上通常含有类似树木“年轮”的轮纹。鱼鳞片轮纹的产生跟鱼的生长快慢不均有关。春夏时节，水温较高，正是生长旺季，鱼的食饵丰富，鱼长得快，鳞片也随之长得快，产生很亮很宽的同心圈，圈与圈之间的距离远，称之为“夏轮”。进入秋冬后水温开始下降，鱼觅食活动减少，生长速度变得缓慢。鳞片的生长也随之缓慢起来，从而产生很暗很窄的同心圈，圈与圈之间的距离近，称之为“冬轮”。这一宽一窄，就代表了一夏一冬。等到翌年鱼的宽带重新出现时，窄带与宽带之间就出现了明显的分界线。这就是鱼的年轮。我们常见的鱼鳞的结构是怎样的呢？不同的鱼鳞有何差别？让我们通过显微镜一起来进行观察和辨别吧！

01 实验原理

鱼鳞片可以分为基区、顶区和两个侧区。朝鱼头方向而埋入鳞囊内的部分为鳞片的基区，朝鱼尾部而露出在囊外的部分为顶区。介于这两部分之间，轮纹呈与鱼体平行方向的部分为侧区。鳞焦一般位于鳞片的中心，为面积较小且平坦的区域。同心圈排列的轮纹在相对同一位置处断裂，形成辐射沟。大部分鳞片结构清晰，分界明显。通过观察鱼体上的鳞片，不仅可以粗略估算一下鱼的年龄，也可以作为鱼分类的重要依据。

02 实验目的

1. 制作鱼鳞的临时装片，培养动手操作能力。
2. 尝试区分不同种类鱼鳞片的顶区、基区、侧区、鳞焦、辐射沟。
3. 通过观察鱼鳞片，了解年轮的形成过程；学习鉴定鱼年龄、鱼分类的方法。

03 实验仪器及材料

数码液晶显微镜、载玻片、盖玻片；清水、鲫鱼、鲤鱼、武昌鱼、鲈鱼、黄花鱼、鳙鱼、草鱼等鱼的鳞片。

04 实验步骤

1. 取鱼鳞（背鳍下方侧线上方的，此区鳞片形状典型、磨损少），洗净上面的黏液。
2. 在载玻片中央滴一到两滴清水，将鳞片放在水滴中，盖上盖玻片，制成临时装片。

3. 用显微镜进行观察并拍照记录。

05 实验结果

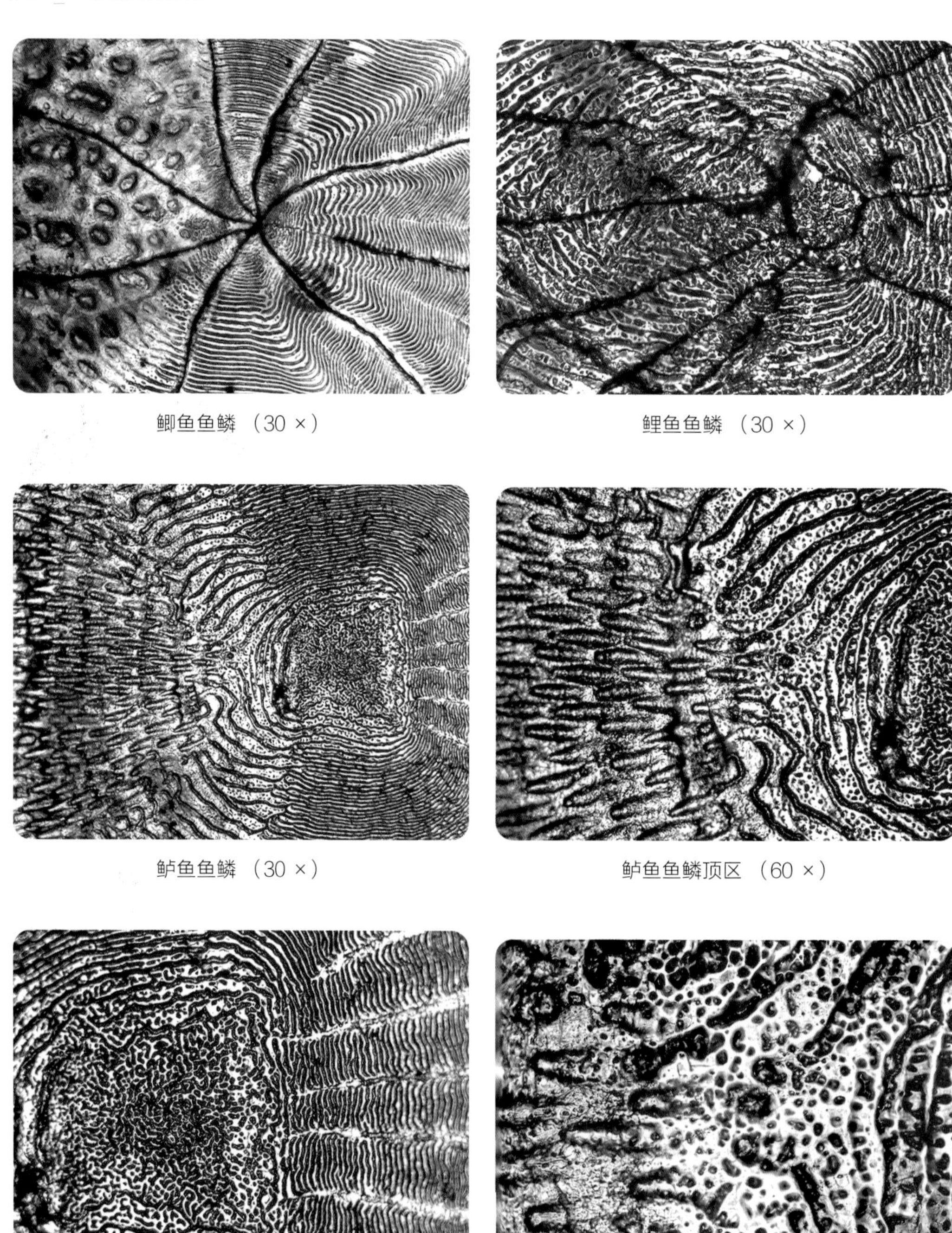

鲫鱼鱼鳞 （30 ×）

鲤鱼鱼鳞 （30 ×）

鲈鱼鱼鳞 （30 ×）

鲈鱼鱼鳞顶区 （60 ×）

鲈鱼鱼鳞鳞焦和基区 （60 ×）

鲈鱼鱼鳞 （150 ×）

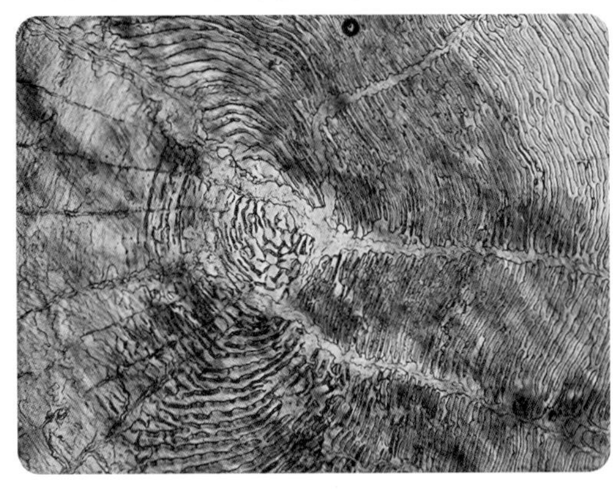
武昌鱼鱼鳞 （60 ×）

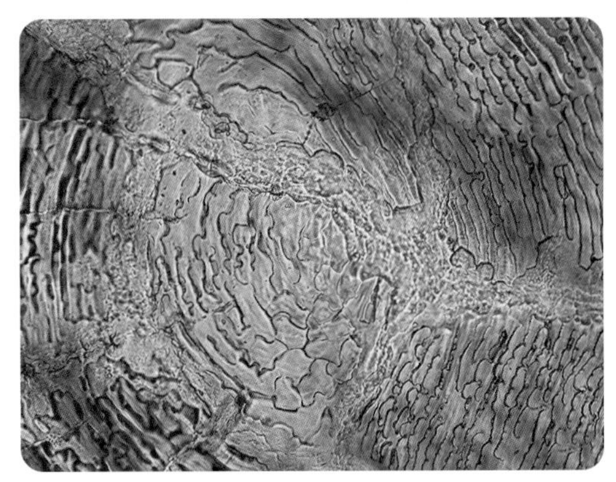
武昌鱼鱼鳞鳞焦 （150 ×）

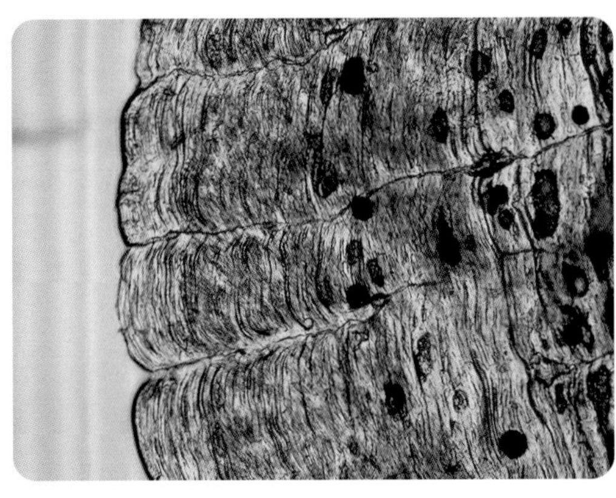
武昌鱼鱼鳞顶区 （60 ×）

武昌鱼鱼鳞顶区 （150 ×）

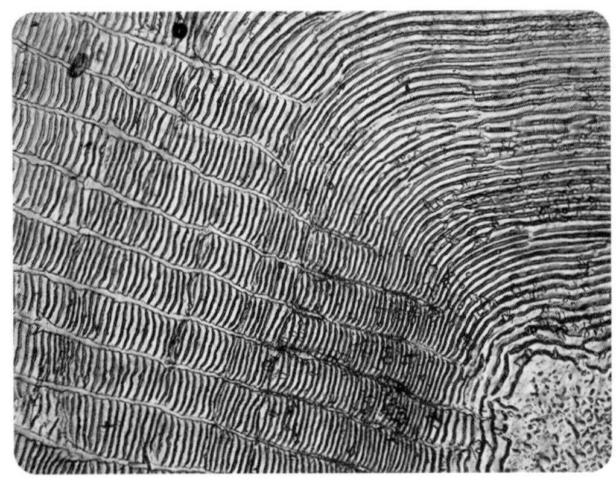
黄花鱼鱼鳞 （60 ×）

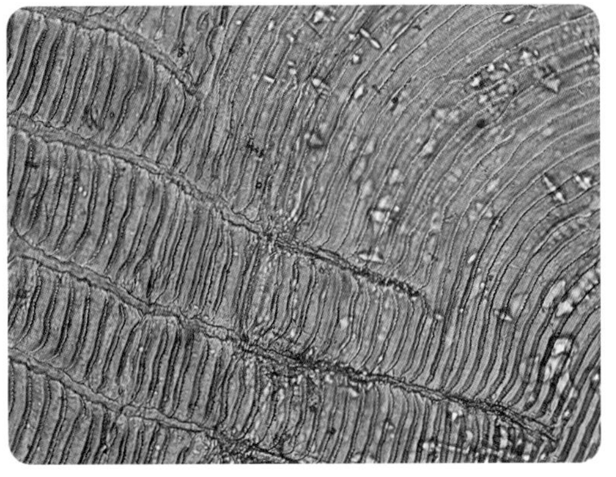
黄花鱼鱼鳞 （150 ×）

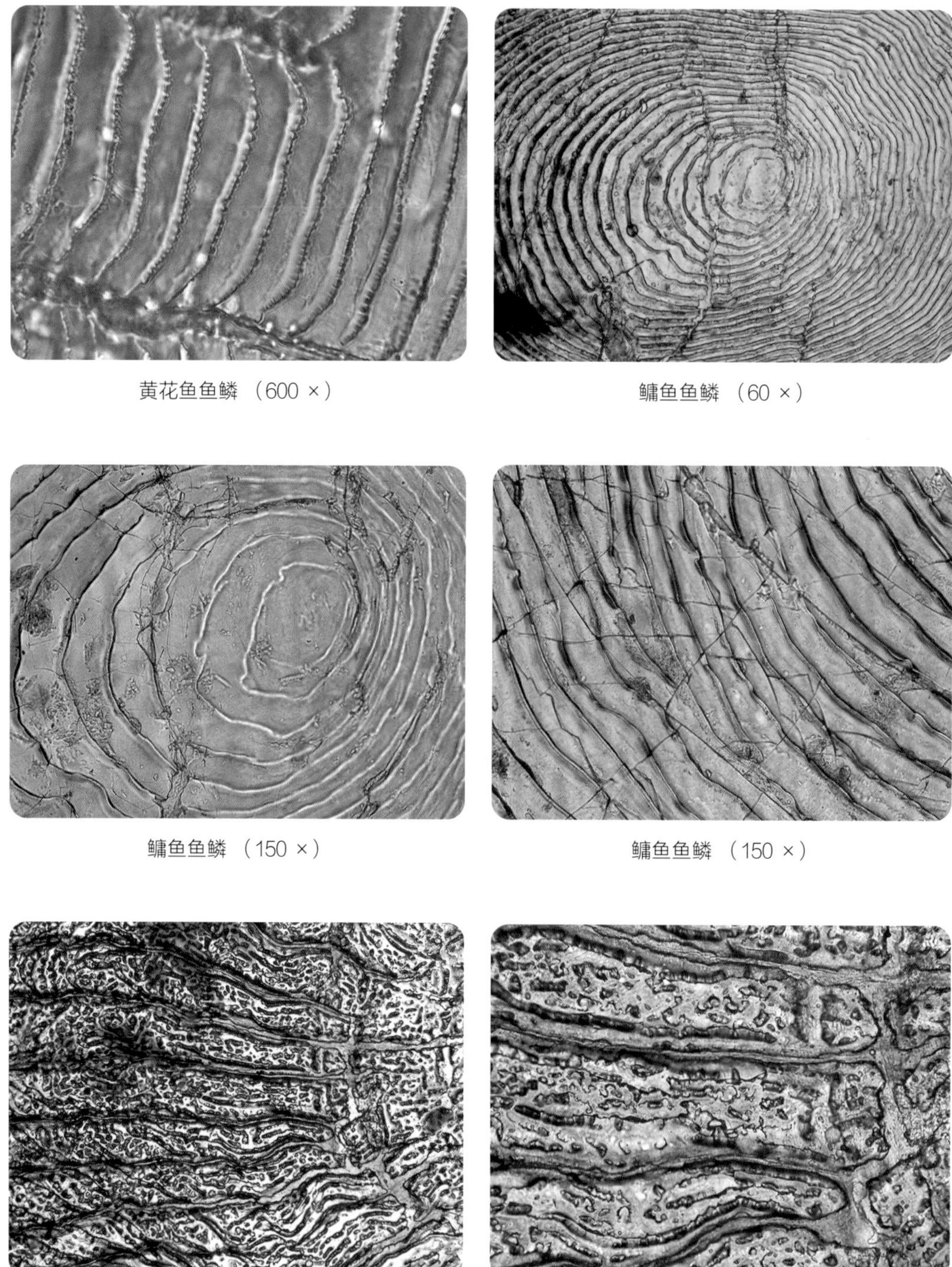

黄花鱼鱼鳞（600×）

鳙鱼鱼鳞（60×）

鳙鱼鱼鳞（150×）

鳙鱼鱼鳞（150×）

草鱼鱼鳞（60×）

草鱼鱼鳞（150×）

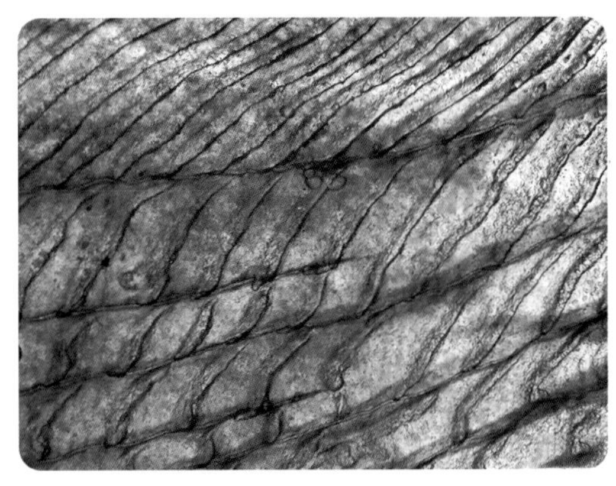

草鱼鱼鳞 （150 ×）

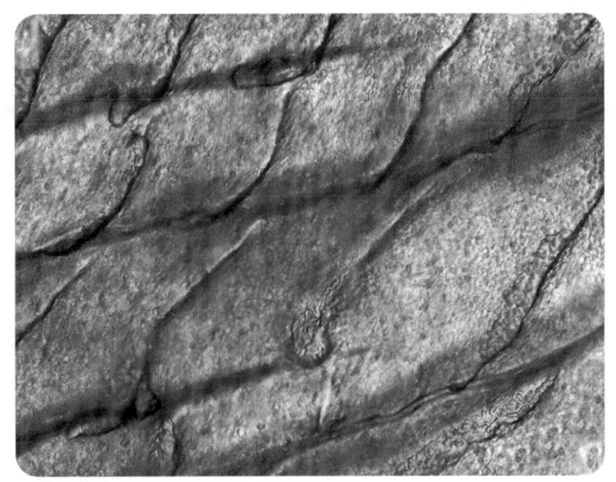
草鱼鱼鳞 （600 ×）

06 实验结论

1. 不同种鱼鳞片上的轮纹清晰明了，各不相同。
2. 黄花鱼、鲈鱼、草鱼的鳞片有相对较大面积的鳞焦。
3. 鳙鱼鳞片几乎没有辐射沟，草鱼和黄花鱼的鳞片辐射沟相对比较发达。
4. 所观察的几种鱼鳞顶区、基区、侧区都比较明显，通常色素分布在顶区。

探究作业

通过鱼鳞判断鱼的年龄

在日常生活中，我们可以接触到多种鱼。当我们和家人去市场时，可以向商户要几片不同种的鱼鳞。回家后自己制作临时装片，观察一下鱼鳞的结构。

尝试着对比鳞片的不同，区分一下顶区、基区、侧区、鳞焦、辐射沟，并判断一下鱼的年龄。不清楚的地方可查阅资料。

金鱼

4.13 鸟的羽毛

鸟的羽毛可分为正羽、绒羽和纤羽三种。

正羽是被覆在体外的大型羽毛，由羽轴和羽片构成。羽轴下段不具羽毛的部分叫作羽根。羽轴上段的两侧发出许多羽支，每个羽支再向两侧发出许多羽小支，一侧的羽小支上生有小钩，另一侧的羽小支上有槽，使相邻的羽小支互相钩住，形成结构紧密而具有弹性的羽片。正羽有飞翔、护体、保温等作用。

绒羽的羽轴短，羽支柔软，丛生在羽轴的顶端；羽小支细长，没有小钩，不形成羽片。绒羽密生在正羽的下面，有保温、护体等作用。

纤羽的羽轴细而长，羽支很少，生在羽轴顶端，多无羽小支。纤羽散生在眼缘、喙基部和正羽的下面，有感觉、护体等作用。

01 实验原理

在显微镜下能清楚地观察到鸟羽毛的结构，理解羽毛的功能。

02 实验目的

1. 制作鸟羽毛的临时装片，培养动手操作能力。
2. 观察不同鸟羽毛的显微结构，对比正羽和绒羽的区别。
3. 尝试区分鸟的正羽和绒羽，尝试解释鸟羽毛自我修复能力强的原因。

03 实验仪器及材料

数码液晶显微镜、载玻片、盖玻片、剪刀；清水；麻雀、喜鹊、乌鸦、黄鹭、鹰、环颈雉的羽毛。

04 实验步骤

1. 在载玻片中央滴一到两滴清水。
2. 用剪刀剪取鸟类的一小片羽毛（翼上的羽和绒羽），放到载玻片的水滴中，展平。
3. 盖上盖玻片，制成临时装片。
4. 将装片放到显微镜下观察并拍照记录，注意观察正羽和绒羽的差异。

05 实验结果

麻雀的正羽羽支 （50 ×）

麻雀正羽羽支一侧羽小支 （600 ×）

麻雀的绒羽 （150 ×）

麻雀的绒羽 （600 ×）

喜鹊的正羽羽支 （60 ×）

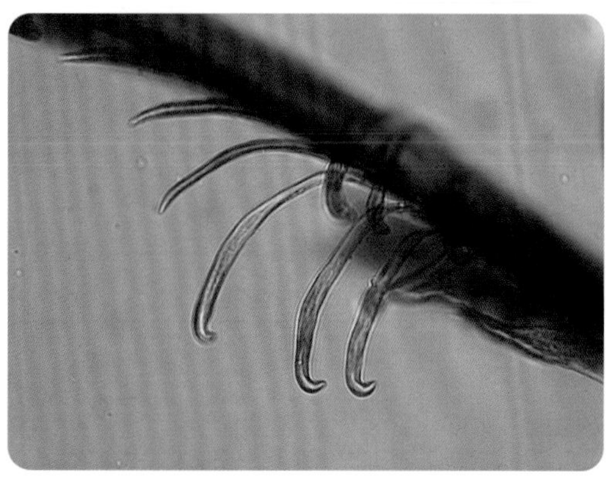

喜鹊正羽羽支一侧羽小支 （600 ×）

乌鸦的正羽羽支 （150 ×）

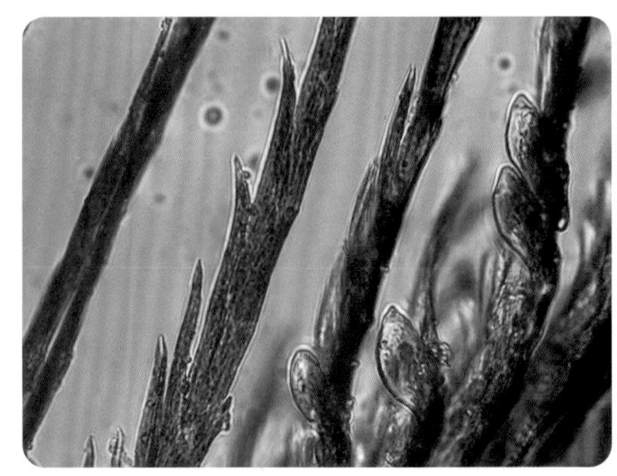

乌鸦正羽羽支一侧羽小支 （600 ×）

环颈雉的正羽羽支 （150 ×）

环颈雉正羽羽支一侧羽小支 （600 ×）

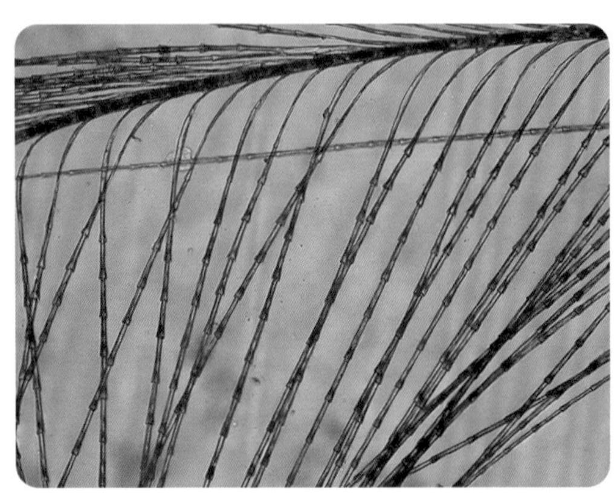

环颈雉的绒羽 （150 ×）

鹰的正羽羽支 （30 ×）

鹰的正羽羽支 （150 ×）

鹰正羽羽支一侧羽小支 （600 ×）

鹰的绒羽 （10 ×）

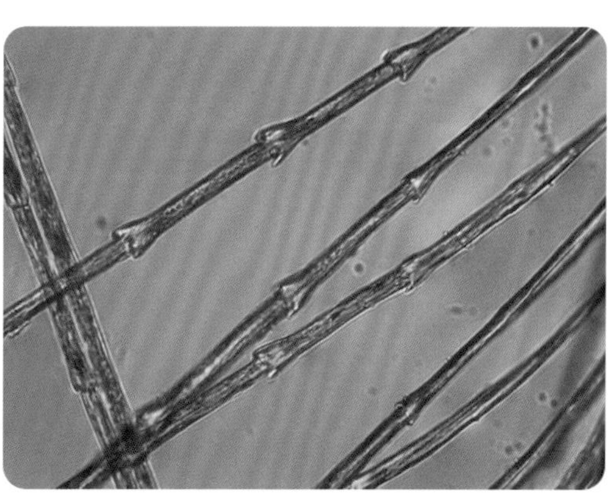

鹰的绒羽 （40 ×）

黄鹭的正羽羽支 （150 ×）

黄鹭的绒羽 （30 ×）

06 实验结论

1. 正羽的每个羽支两侧有许多羽小支，羽小支前端弯曲，像倒挂的小钩子。
2. 绒羽的羽小支细长，前端不弯曲，没有小钩，但羽小支具明显的分节。
3. 弯曲的羽小支正好能够相互挂在一起，由于这些特殊结构的存在，才让羽毛看起来修复能力特别的强。

探究作业

鸟类羽毛的特点

假日里去公园玩儿时，我们会在树下或草地上发现掉落的鸟的羽毛，请捡取几片羽毛，观察一下鸟羽的特点，探究一下其中的奥秘吧！

用剪刀剪取一小片羽毛，制作临时装片。显微镜下观察，先用低倍镜再用高倍镜。注意观察羽小支，根据羽小支前端是否弯曲有小钩、是否分节，判断其是正羽还是绒羽。请尝试解释羽毛特点与鸟类适应飞翔生活的关系。

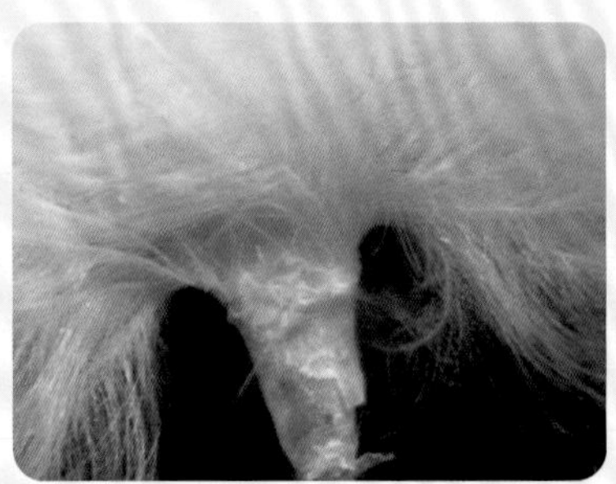

家鸽的羽毛

4.14 小动物的红细胞

红细胞也称红血球，是血液中数量最多的一种血细胞。红细胞富含血红蛋白，故呈红色。血红蛋白含铁，它在含氧量高的地方容易与氧结合，在含氧量低的地方又容易与氧分离。血红蛋白的这一特性，使红细胞具有运输氧的功能。红细胞在肺部获取氧，然后随血液流动，通过全身各处的毛细血管将氧释放，供细胞利用。红细胞运输氧气，也运输一部分二氧化碳。除哺乳动物成熟的红细胞外，其他动物的红细胞均有细胞核。

01 实验原理

红细胞内的细胞质具有一定的渗透压，如果外界溶液渗透压远低于细胞质的渗透压，细胞吸水涨破；如果外界溶液渗透压远高于细胞质的渗透压，细胞失水皱缩，最后解体。

02 实验目的

观察红细胞的吸水和失水现象。

03 实验仪器及材料

数码液晶显微镜、载玻片、盖玻片、解剖针、吸水纸、胶头滴管；质量分数为10% 和 30% 的蔗糖溶液、清水；小金蛙的血液、罗非鱼的血液。

04 实验步骤

1. 用解剖针扎一下小金蛙趾蹼，血液很容易渗出。
2. 剪去鱼鳃时，有血液流出。
3. 用胶头滴管分别吸取少许小金蛙和罗非鱼的血液，滴到载玻片上，迅速盖上盖玻片，制成临时玻片标本，放到数码液晶显微镜下观察正常红细胞的状态。
4. 在盖玻片的一边滴加清水，在另一端用吸水纸吸引，使清水渗入标本中，观察并记录红细胞的变化。
5. 重复步骤 3。
6. 在小金蛙材料的盖玻片一端滴加 10% 的蔗糖溶液，在另一端用吸水纸吸引，使蔗糖溶液渗入标本，观察并记录红细胞的变化。
7. 在罗非鱼材料的盖玻片一端滴加 30% 的蔗糖溶液，在另一端用吸水纸吸引，使蔗糖溶液渗入标本，观察并记录红细胞的变化。

05 实验结果

1. 小金蛙

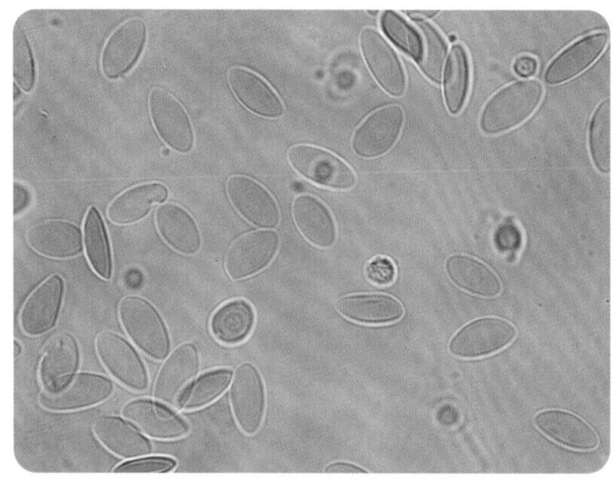

正常红细胞（600 ×）

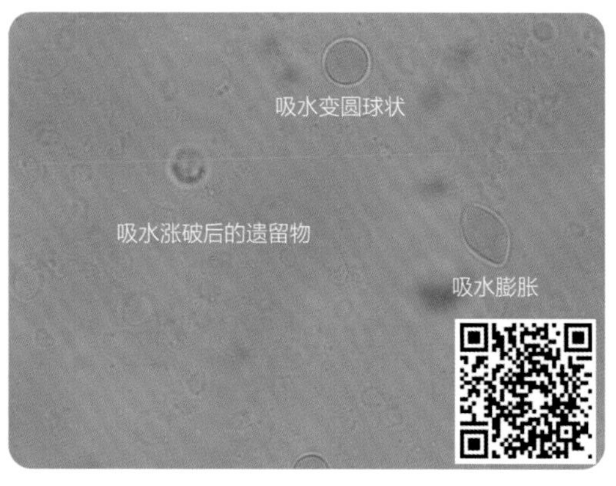

红细胞吸水（600 ×）

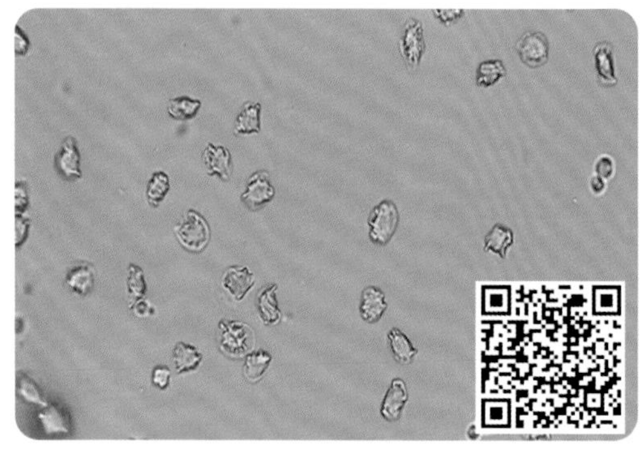

红细胞失水皱缩（600 ×）

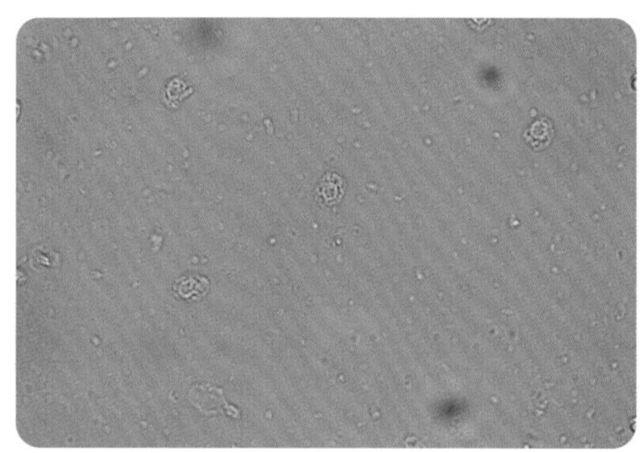

红细胞失水过多解体遗留物（600 ×）

2. 罗非鱼

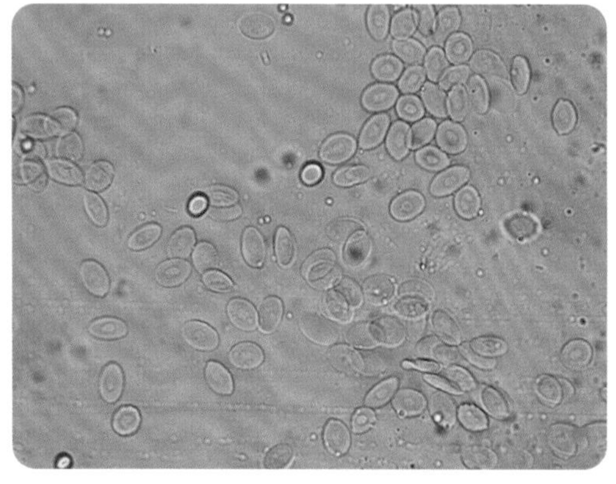

正常红细胞（600 ×）

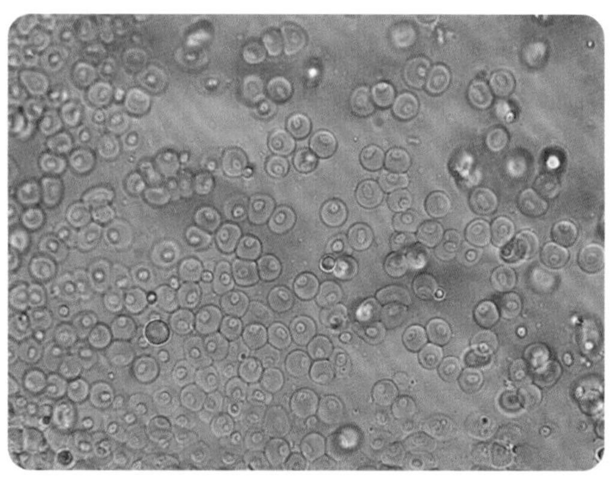

红细胞吸水变圆（600 ×）

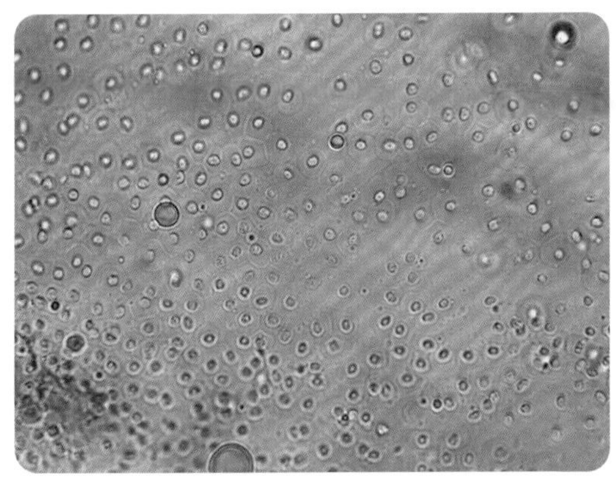
红细胞吸水涨破解体遗留物 （600 ×）

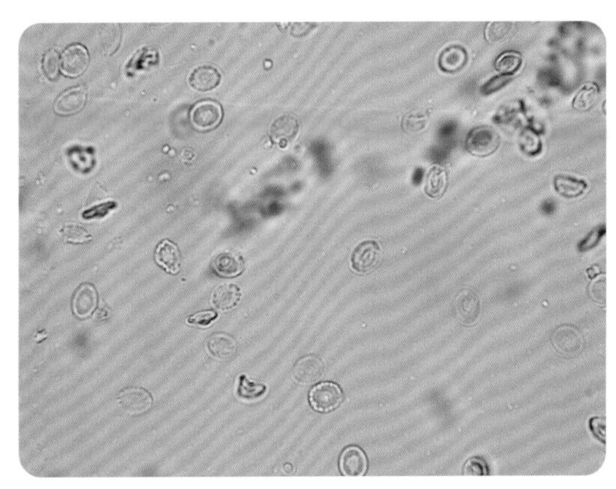
红细胞失水皱缩 （600 ×）

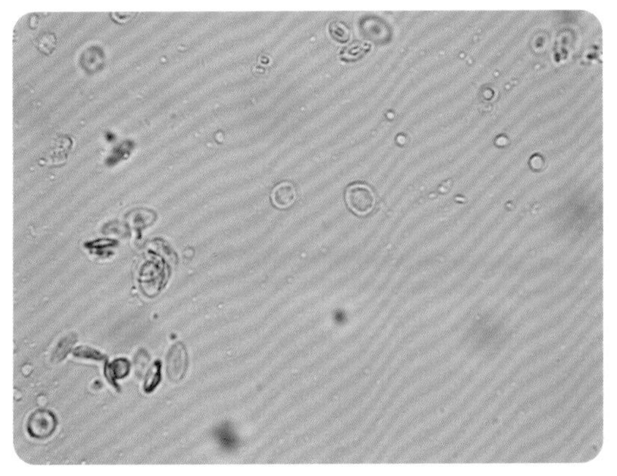
红细胞失水皱缩开始解体 （600 ×）

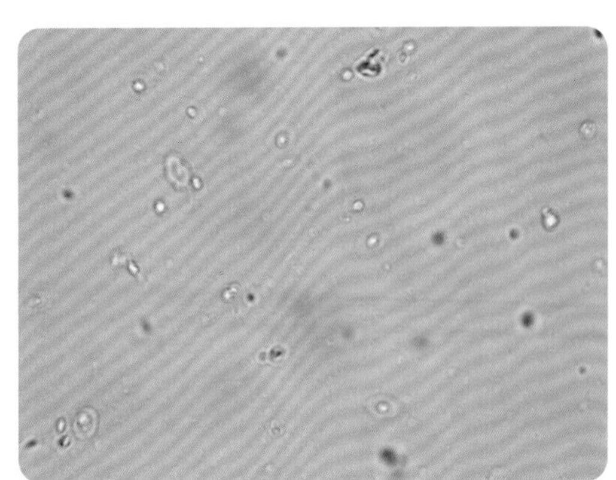
红细胞失水过多解体遗留物 （600 ×）

06 实验结论

1. 小金蛙和罗非鱼的红细胞都有细胞核。
2. 外界溶液渗透压远低于红细胞质的渗透压，细胞吸水涨破；外界溶液渗透压远高于红细胞质的渗透压，细胞失水皱缩，最后解体。

探究作业

动物血中的红细胞

获取不同动物的血，如小金鱼的血、鸡的血等，在数码液晶显微镜下观察，这些动物血中的红细胞的形态一样吗？

小金鱼

4.15 小金蛙趾蹼的血管及血液流动

大多数动物的血管按构造功能不同，分为动脉血管、静脉血管和毛细血管三种。

动脉血管管壁较厚，弹性大，快速将血液运出心脏，由主干流向分支；静脉血管将血液运回心脏，管壁较薄，管内血流速度较慢，由分支流向主干；毛细血管管壁非常薄，只由一层细胞构成，内径小，只允许红细胞单行通过。

让我们通过观察小金蛙趾蹼的血液流动来了解一下三种血管吧！

01 实验原理

小金蛙趾蹼半透明，色素较少，血管分布密度较大，在显微镜下可以看到其血液的流动情况，并根据血液流动初步判断血管的类型。

02 实验目的

1. 观察血液在血管中的流动。
2. 初步分辨血管的类型及血液在不同的血管内的流动情况。

03 实验仪器及材料

数码液晶显微镜、培养皿、载玻片、纸巾；10% 的酒精、清水；小金蛙。

04 实验步骤

1. 将小金蛙放到 10% 的酒精中进行麻醉，时间 3 分钟。
2. 将小金蛙平放在培养皿中，用浸湿的纸巾包裹其身体，展开趾蹼，使其平贴在培养皿上。
3. 将载玻片盖在趾蹼上，迅速放在显微镜下观察。

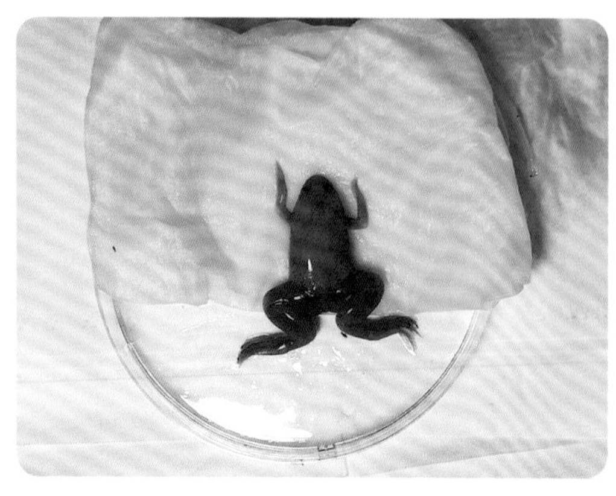

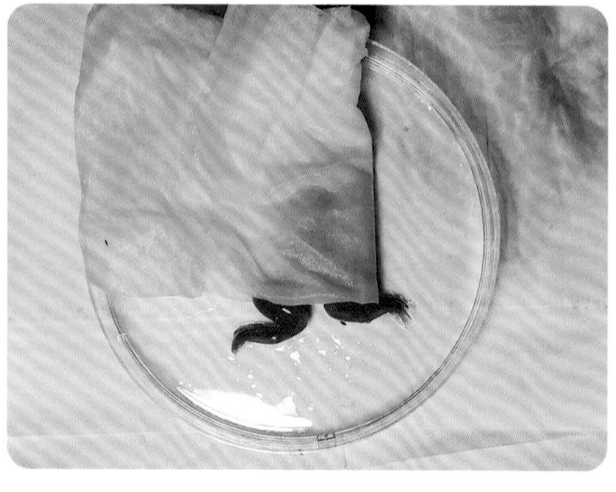

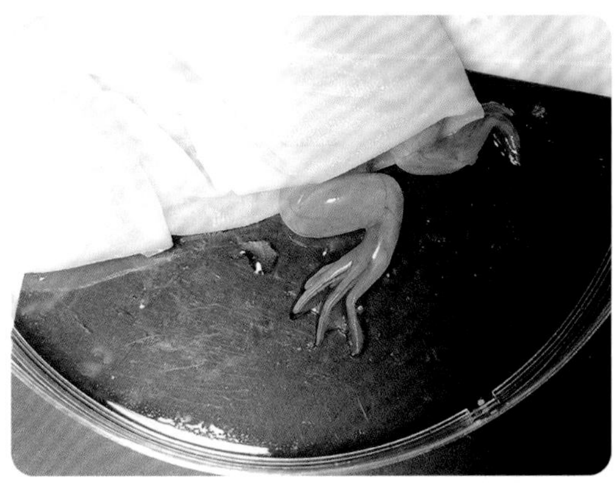

05 实验结果

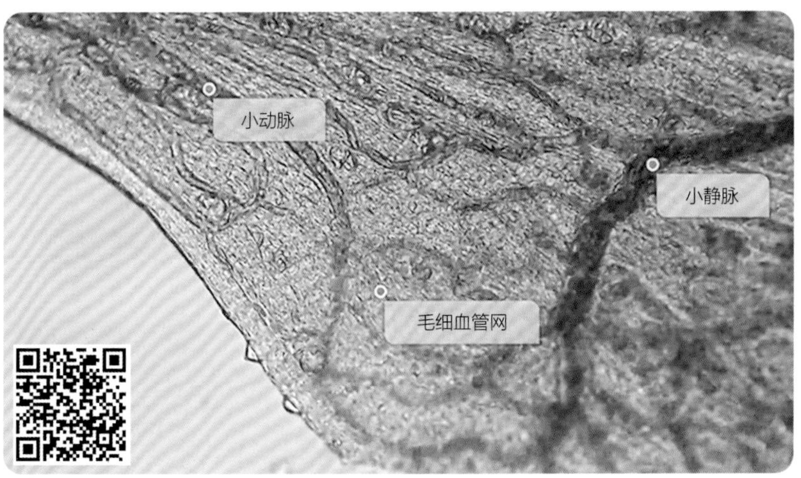

动脉、静脉和毛细血管 （150 ×）

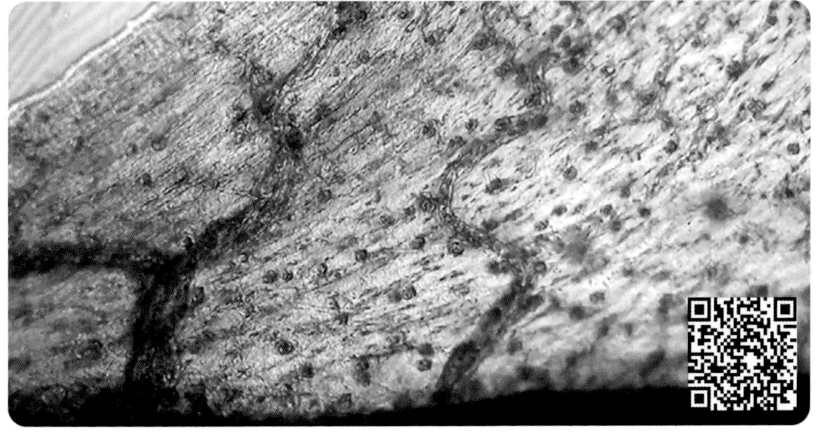

忙碌的血液运输 （150 ×）

06 实验结论

1. 血液的流向由主干到分支的血管是动脉，由分支到主干的血管是静脉，只允许单行红细胞通过的是毛细血管，分布范围广，错综复杂，形成毛细血管网。
2. 动脉内的血液流动速度比静脉内的快，毛细血管内的血流速度在不同的部位略有不同，有快有慢。
3. 动脉不断分支，口径渐细，最后形成大量的毛细血管，分布到全身各组织和细胞间。毛细血管再汇合，逐级形成静脉。因此，毛细血管连通最小的动脉和静脉，全身血管构成封闭式管道。

小金鱼尾鳍的血液流动

小金鱼有很多种，如孔雀鱼、斑马鱼、红绿灯鱼等，在显微镜下观察它们的尾鳍，很容易观察到血液流动的情况。它们的血液流动方式与小金蛙的一样吗？你能通过小金鱼尾鳍的血液流动方向判断出动脉血管、静脉血管和毛细血管吗？

小金鱼尾鳍的血管 （150 ×）

CHAPTER 05

第五篇 人　体

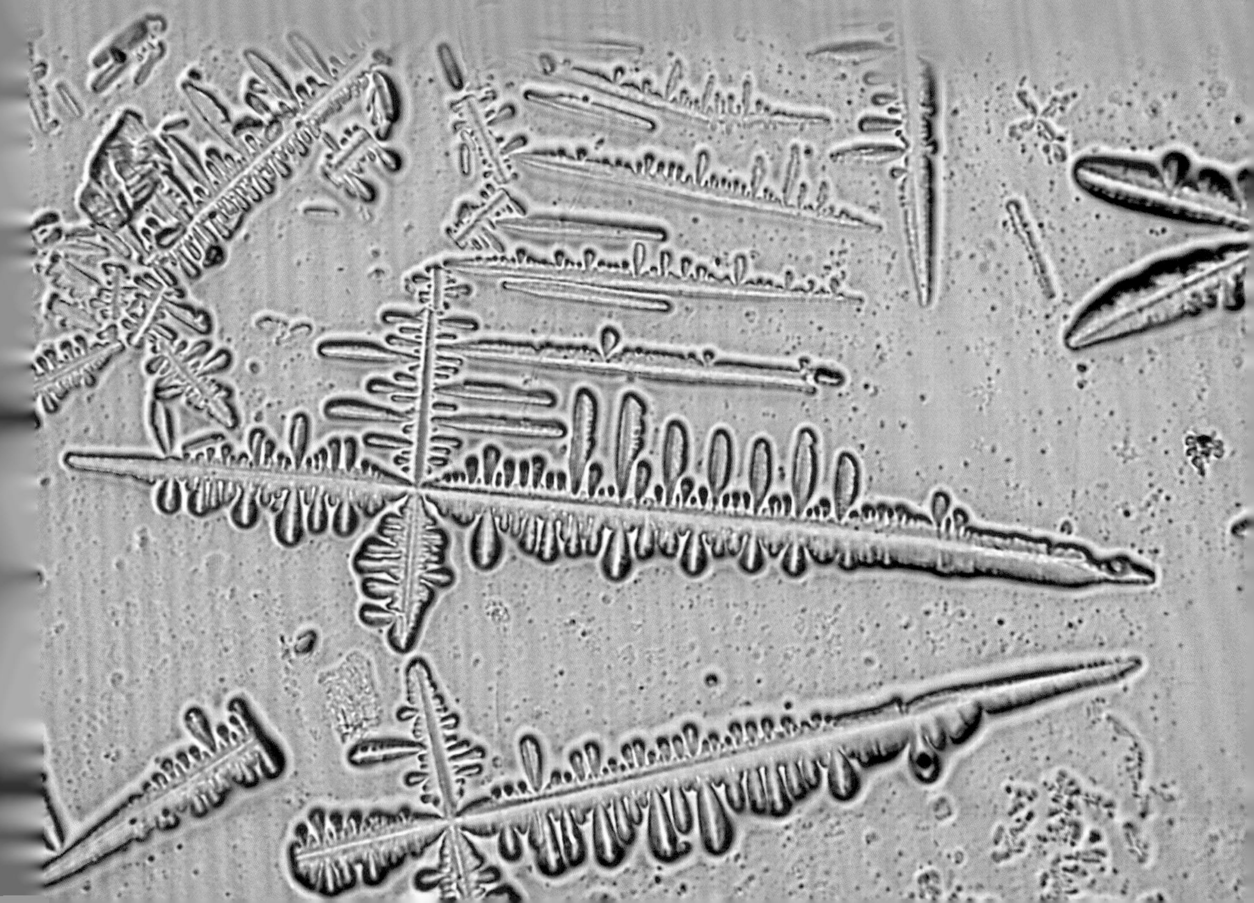

5.1 人的口腔上皮细胞

上皮组织是人体四大组织之一，由密集排列的上皮细胞和少量细胞间质构成。上皮细胞是位于皮肤或腔道表层的细胞，口腔上皮细胞就是其中之一，主要分布在口腔两侧颊部。口腔上皮细胞长什么样子，它们都是活细胞吗？让我们一起来看看细胞里的结构吧！

01 实验原理

1. 碘液可使口腔上皮细胞染成黄色，细胞核着色较深，细胞质着色较浅。
2. 活的口腔上皮细胞的细胞膜具有选择透过性，不能被红墨水染色，而死的口腔上皮细胞能被红墨水染色。
3. 活的口腔上皮细胞中有线粒体，经健那绿染色后，显示蓝绿色，呈球状或短棒状。

02 实验目的

1. 练习制作人的口腔上皮细胞临时装片，学会使用显微镜观察上皮细胞的结构。
2. 用染色排除法区分口腔上皮细胞的死活。
3. 使用显微镜观察染色后的线粒体的形态和分布。

03 实验仪器及材料

数码液晶显微镜、载玻片、盖玻片、吸水纸、纱布、消毒牙签、胶头滴管；生理盐水、碘液、稀释的红墨水、健那绿染液。

04 实验步骤

1. 用洁净的纱布将载玻片和盖玻片擦拭干净。在载玻片中央滴一滴生理盐水。
2. 清水漱口后，用消毒牙签粗的一端在口腔侧壁上轻轻刮几下，将牙签上附着的碎屑放在载玻片的生理盐水中涂抹几下，盖上盖玻片。
3. 在盖玻片的一侧滴一滴碘液，用吸水纸从盖玻片对侧引流，使碘液扩散到整个装片。将制成的临时装片放在显微镜的载物台上进行观察并拍照。
4. 重复步骤 1 ~ 3，在盖玻片的一侧滴一滴稀释的红墨水，用吸水纸从盖玻片对侧引流，使红墨水扩散到整个装片，将制成的临时装片放在显微镜的载物台上进行观察并拍照。
5. 用胶头滴管在洁净的载玻片中央滴一滴健那绿染液，用消毒牙签粗的一端在口腔侧壁上轻轻刮几下，将牙签上附着的碎屑放在载玻片的染液中涂抹几下，盖上盖玻片。显微镜下观察并拍照。

05 实验结果

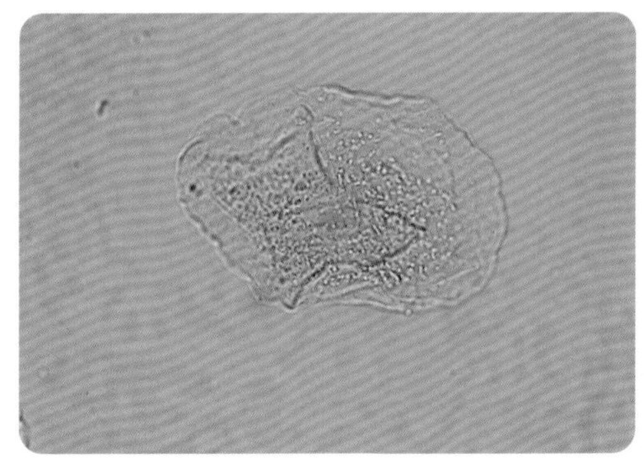
口腔上皮细胞 （碘液染色，600 ×）

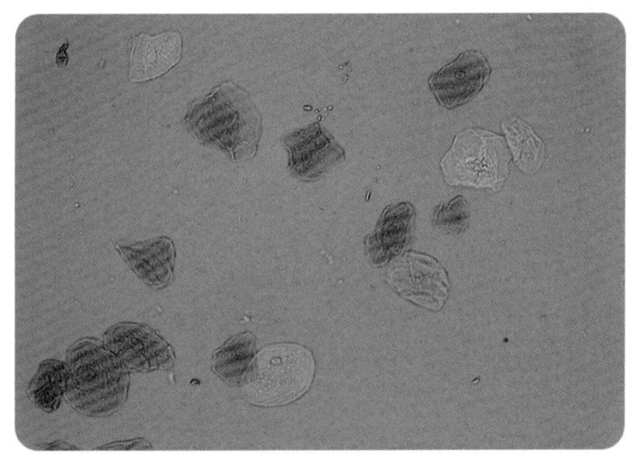
口腔上皮细胞 （红墨水染色，150 ×）

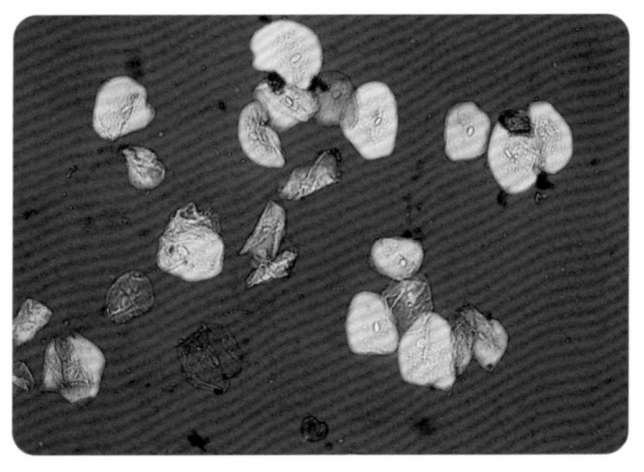
口腔上皮细胞 （健那绿染色，150 ×）

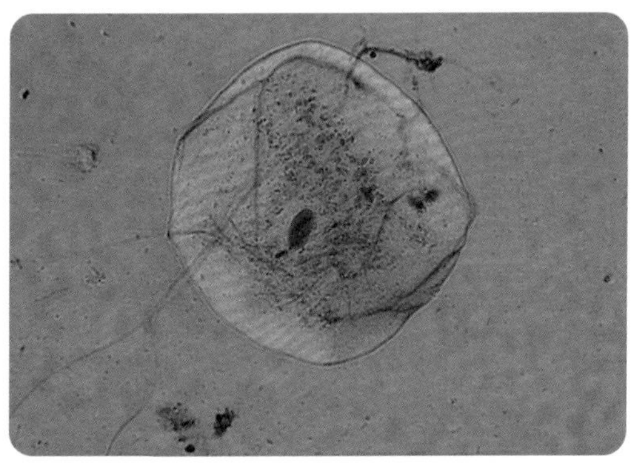
口腔上皮细胞 （健那绿染色，600 ×）

06 实验结论

1. 人的口腔上皮细胞呈多边形，形状不规则，能看到清晰的细胞膜、细胞质和细胞核。
2. 人的口腔上皮细胞中有很多死细胞，死细胞能被红墨水染成红色，活细胞则不能。

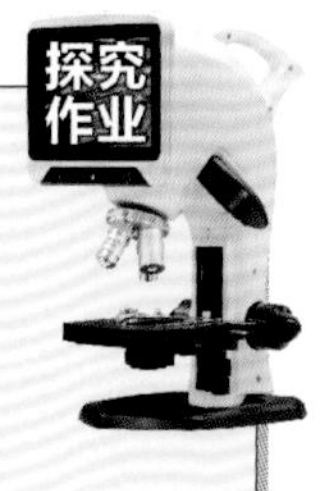

人体的其他组织细胞

人体内有200多种细胞，如表皮细胞、血细胞、肌肉细胞、神经细胞等，它们的形态结构是什么样子的？与口腔上皮细胞有什么不同？请自己制作临时装片或观察永久装片一探究竟吧！

5.2 人的血细胞

血细胞随血液的流动遍及全身，哺乳动物的血细胞主要含有红细胞、白细胞和血小板。红细胞的主要功能是运送氧气。白细胞主要在免疫调节中起作用。当病菌侵入人体时，白细胞能穿过毛细血管壁，集中到病菌入侵部位，将病菌包围后吞噬。血小板在止血过程中起着重要的作用。在正常生理情况下，血细胞有一定的形态结构，并有相对稳定的数量。

01 实验原理

1. 红细胞呈双凹圆盘状，中央较薄，周缘较厚，无细胞核。较多红细胞聚集时会叠连一起呈串钱状，称红细胞缗钱。
2. 白细胞为无色有核的球形细胞，体积比红细胞大，能做变形运动，具有防御和免疫功能。
3. 血小板是骨髓中巨核细胞脱落下来的小块，无细胞核，表面有完整的细胞膜。血小板体积小，直径 2 ~ 4 微米，呈双凸扁盘状；在血涂片中，血小板常呈多角形，聚集成群。
4. 显微镜能将血细胞放大，此时可清晰地呈现血细胞的形态特征，初步区分三种血细胞类型。

02 实验目的

初步学会人血涂片的制作方法，显微镜下观察并能分辨三种常见血细胞。

03 实验仪器及材料

数码液晶显微镜、载玻片、盖玻片、采血针；人血固定装片、人的新鲜血液、酒精。

04 实验步骤

1. 消毒：先按摩指尖，使血流通畅，再用酒精消毒采血针和指尖（该步骤应在老师或父母的指导下完成）。
2. 取血：待酒精干后，刺破皮肤，使血自然流出，勿挤。取干净的载玻片，让血滴在离载玻片一端的 4 ~ 5 毫米处，注意手指持握载玻片的边缘，勿触及其表面。不能使载玻片接触取血部位的皮肤。
3. 推片：取一块边缘光滑的载玻片做推片，将其一端置于血滴前方，向后移动到接触血滴，使血液均匀分散在推片与载玻片的接触处。然后使推片与载玻片呈

30°向另一端平稳地推出。涂片推好后，迅速在空气中摇动，使之自然干燥。

4. 将自制装片或人血固定装片放在显微镜下观察。

05 实验结果

人的红细胞染色固定装片（60 ×）

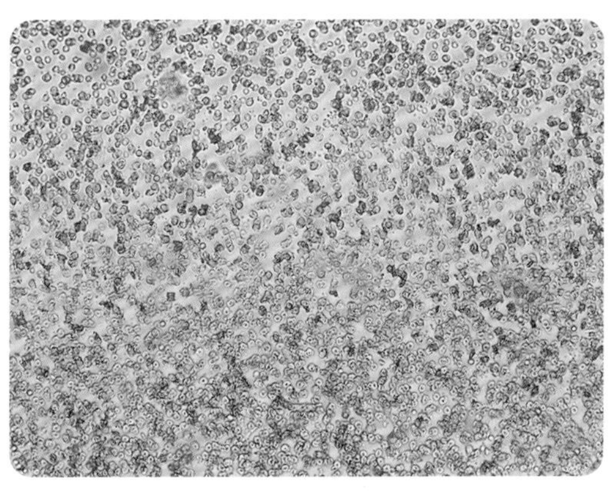

人的红细胞未经染色临时装片（60 ×）

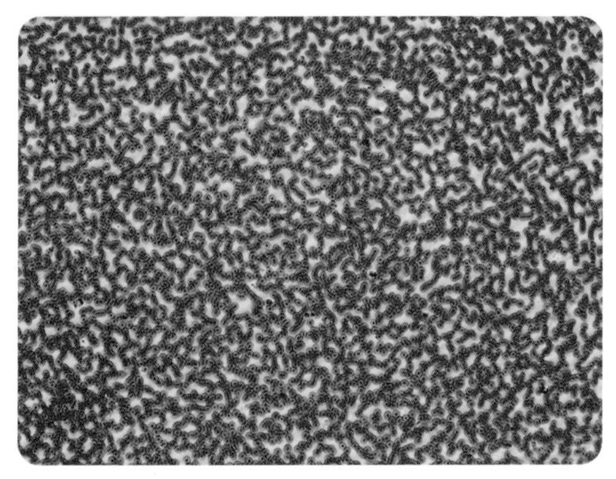

人的红细胞染色固定装片（150 ×）

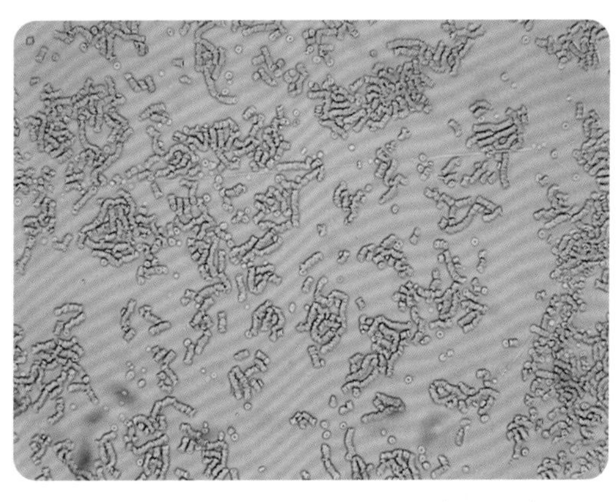

人的红细胞未经染色临时装片（150 ×）

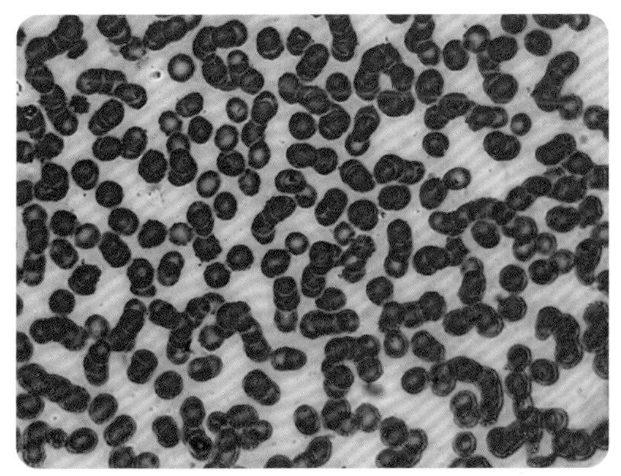

人的红细胞染色固定装片（600 ×）

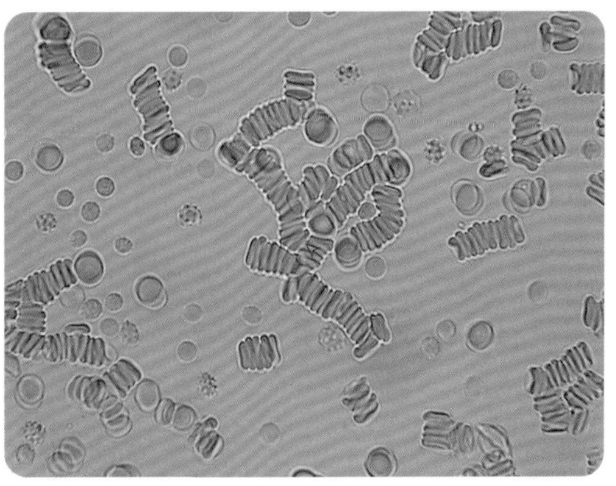

人的红细胞未经染色临时装片（600 ×）

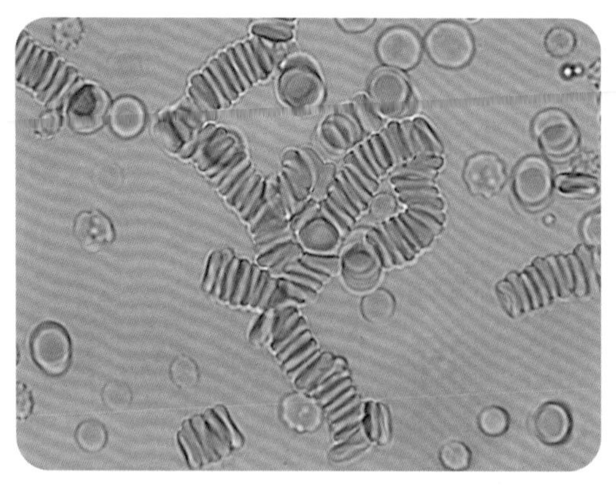

红细胞缗钱 （600 ×）

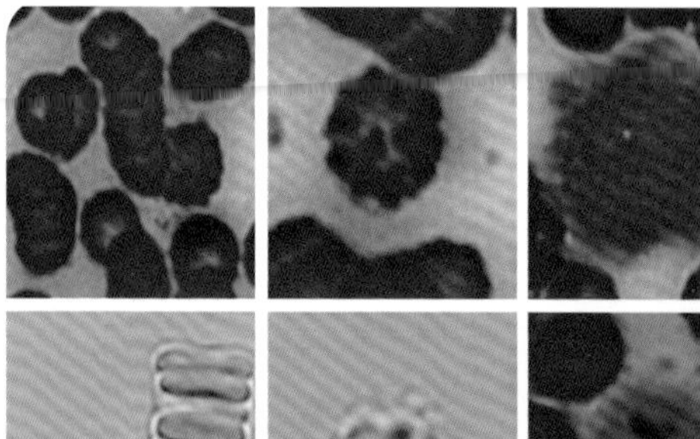

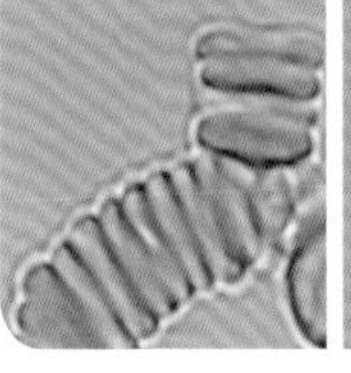

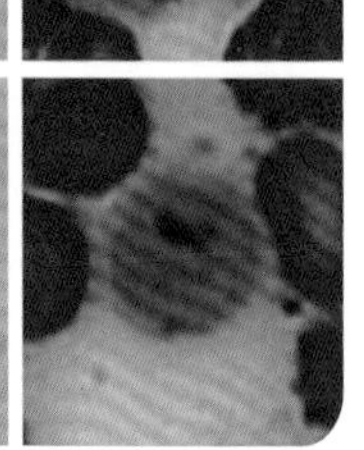

红细胞	血小板	白细胞
400万~500万个/微升	4000~10000个/微升	10万~30万个/微升

说明

未经染色的血涂片难以辨认白细胞。

06 实验结论

在显微镜下看到的正常血细胞，中间的透光度大，周边的透光度相对小，因此红细胞的中间有一个“亮点”，是一个有点粉红色的圆形细胞。白细胞种类较多，需要染色及病理学分析才能辨认区分。

探究作业

蛙的血细胞

蛙是两栖类动物。与哺乳动物的红细胞不同，蛙红细胞有成熟的细胞核、细胞器，可以从细胞大小、细胞形态结构等方面和哺乳动物的血细胞做比较。

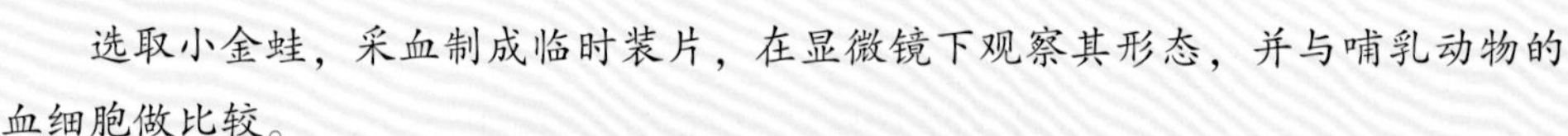

选取小金蛙，采血制成临时装片，在显微镜下观察其形态，并与哺乳动物的血细胞做比较。

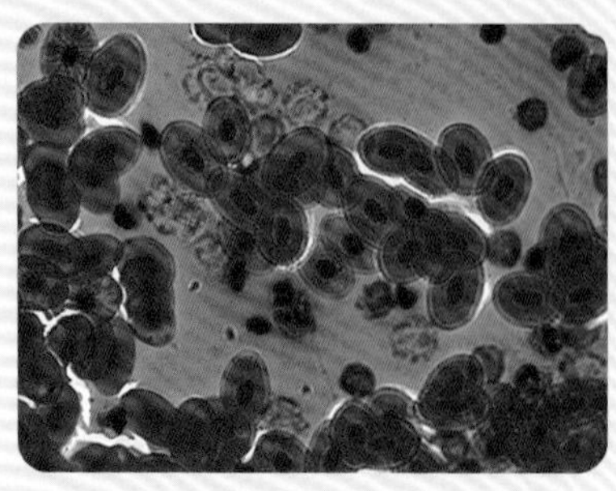

蛙的血细胞 （600 ×）

5.3 人的汗液

人在流汗的时候，汗液可能会不小心流入口中，会感觉有咸味，这是因为汗液含有少量钠、钾、钙、镁、尿素、乳酸等物质。出汗分为主动出汗和被动出汗两种。汗液的主要成分是水。

01 实验原理

在数码液晶显微镜下，可以清晰地观察到人的汗液的结晶过程和晶体状态。

02 实验目的

1. 了解汗液的主要成分。
2. 观察汗液的结晶现象及结晶体的形态。

03 实验仪器及材料

数码液晶显微镜、载玻片、盖玻片；汗液。

04 实验步骤

1. 采集汗液。
2. 将汗液收集到载玻片上，盖上盖玻片，制成临时装片。
3. 在显微镜下观察、拍照。

05 实验结果

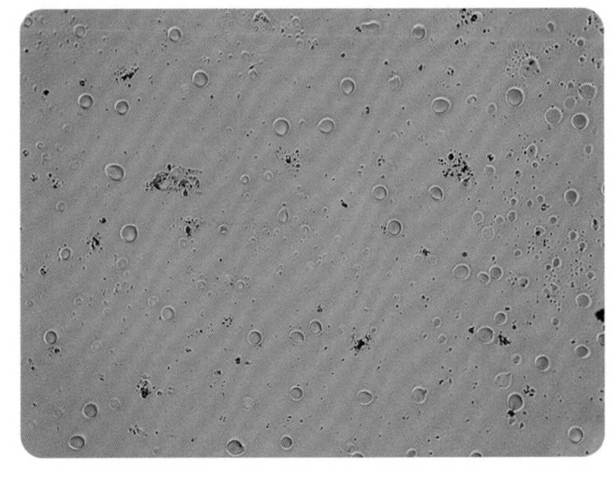

未结晶的汗液 （150 ×）

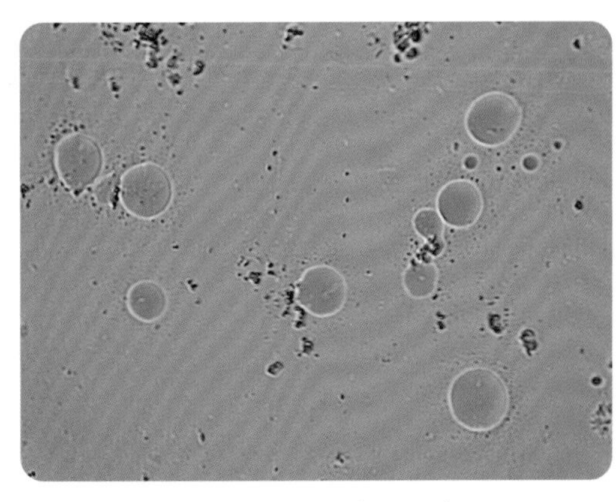

未结晶的汗液 （600 ×）

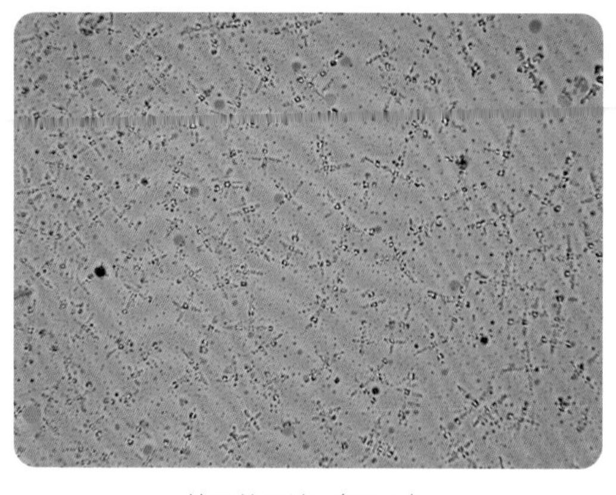

结晶的汗液 （60 ×）

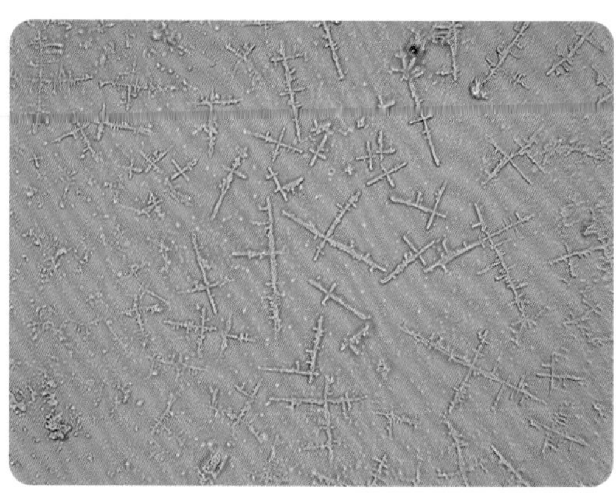

结晶的汗液 （150 ×）

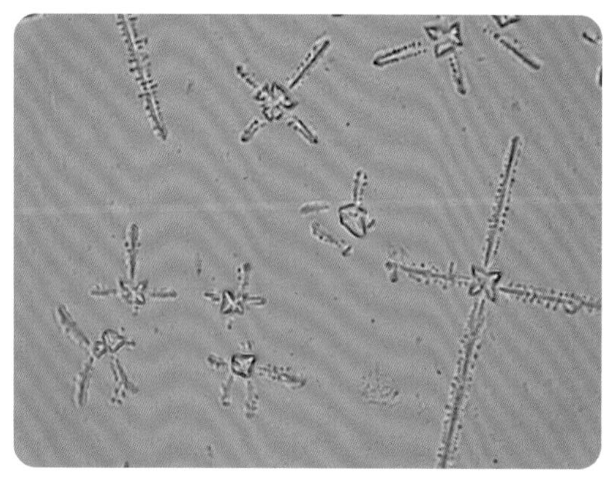

结晶的汗液 （600 ×）

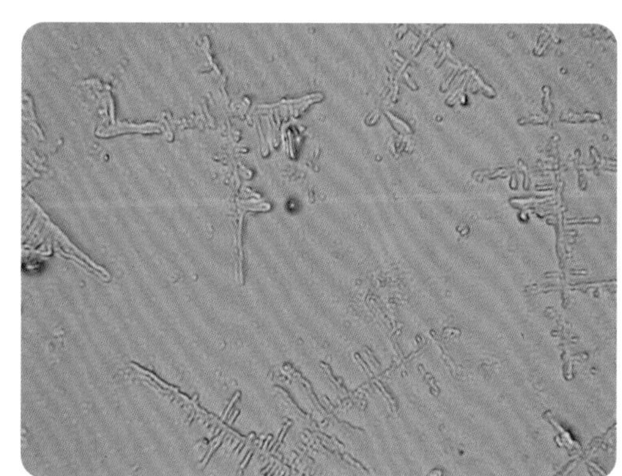

结晶的汗液 （600 ×）

06 实验结论

1. 人的汗液会有结晶现象。
2. 汗液的结晶体会呈现出各种形状。

探究作业

汗液的结晶形态

形形色色的“汗”，可作为窥测疾病的诊断依据之一。不同的人群、不同形式流出的汗液成分必然有所不同。如运动员在训练和比赛时会大量出汗，导致水分和电解质等成分大量流失，并排出乳酸、尿素、肌酸、肌酐等代谢产物到汗液中，这是一种主动出汗。人在生病、受惊吓、心绪格外紧张或生理心理功能失调时，也会排出大量的汗，触之发凉，常有“心有余悸”之感，这是一种被动出汗。

请采集某人主动出汗和被动出汗的两种汗液，在显微镜下观察，比较两种汗液中电解质的结晶状况。

背部汗液

5.4 人的眼泪

眼泪是人们在伤心难过或者过于激动高兴时从眼睛里流出的液体，味道略咸，是一种弱酸性的透明的无色液体。流泪是每个人的正常的生理反应，眼泪中只有水吗？还有哪些物质呢？分析表明，眼泪的主要成分是水（98.2%），还含有少量的无机盐、蛋白质、溶菌酶、免疫球蛋白 A 等其他物质。眼泪中的物质结晶会形成各种图案。

01 实验原理

在数码液晶显微镜下，可以清晰地观察到眼泪的结晶过程和晶体形态。每个人的眼泪成分不会完全一样，结晶的速度和形态也不尽相同。

02 实验目的

1. 了解眼泪的主要成分。
2. 观察眼泪的结晶形态。

03 实验仪器及材料

数码液晶显微镜、载玻片、盖玻片；不同人的眼泪。

04 实验步骤

1. 采集不同人的眼泪。本次实验，共收集了五位青少年的眼泪，用字母 A、B、C、D、E 代表。
2. 将眼泪收集到载玻片上，盖上盖玻片，制成临时装片，用显微镜观察、拍照。

05 实验结果

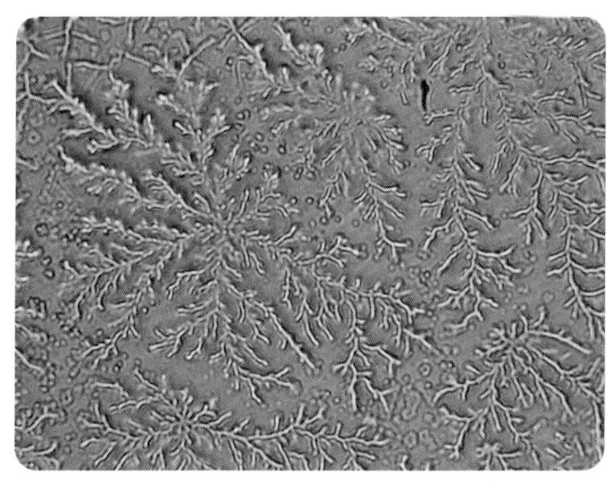

A 的眼泪正在结晶 （150 ×）

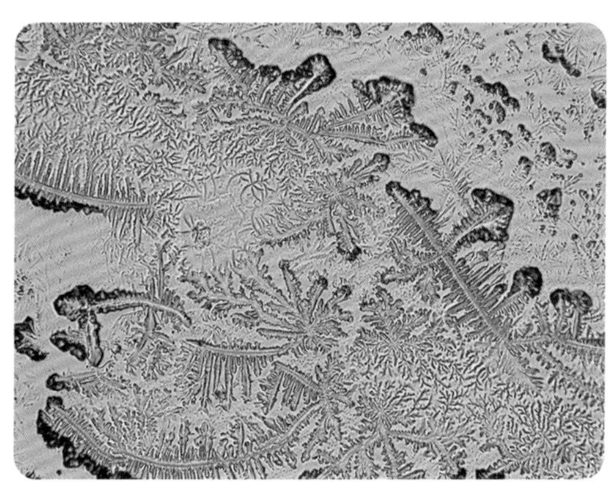

A 的眼泪结晶 （150 ×）

A 的眼泪结晶 （600 ×）

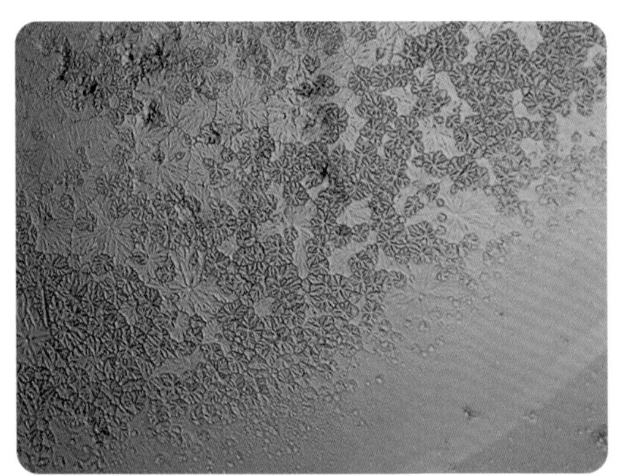
B 的眼泪正在结晶 （60 ×）

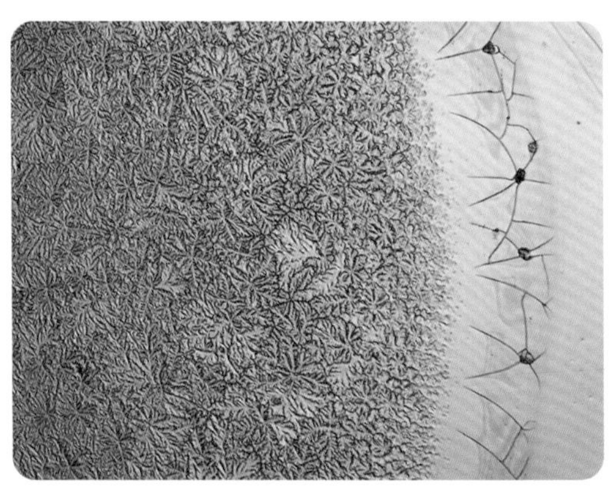
B 的眼泪结晶边缘 （60 ×）

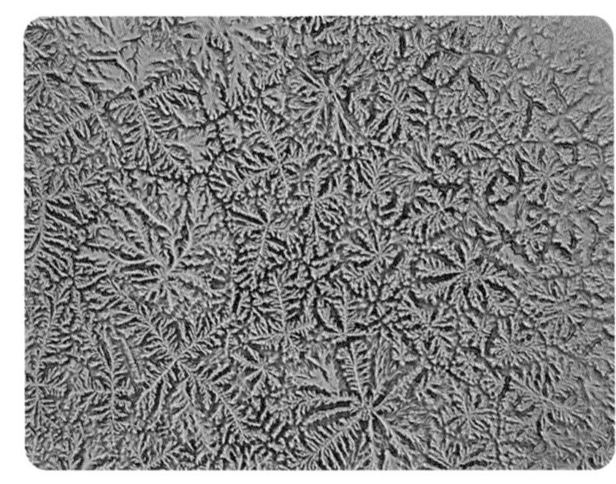
B 的眼泪结晶 （150 ×）

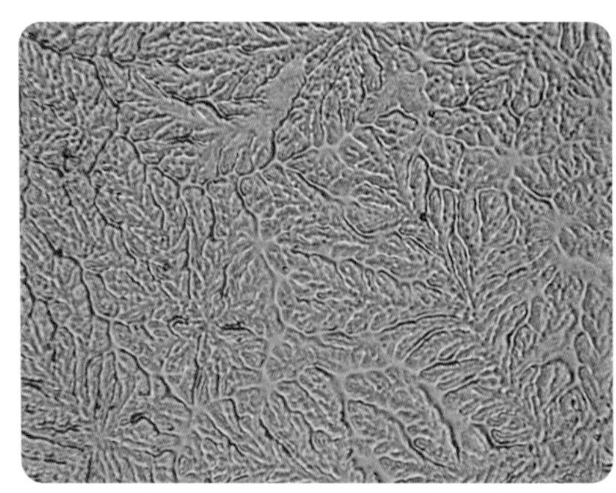
B 的眼泪结晶 （600 ×）

C 的眼泪结晶 （60 ×）

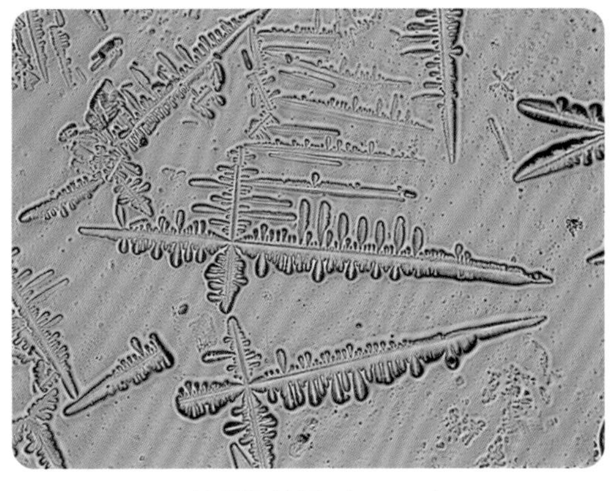

C 的眼泪结晶 （150 ×）

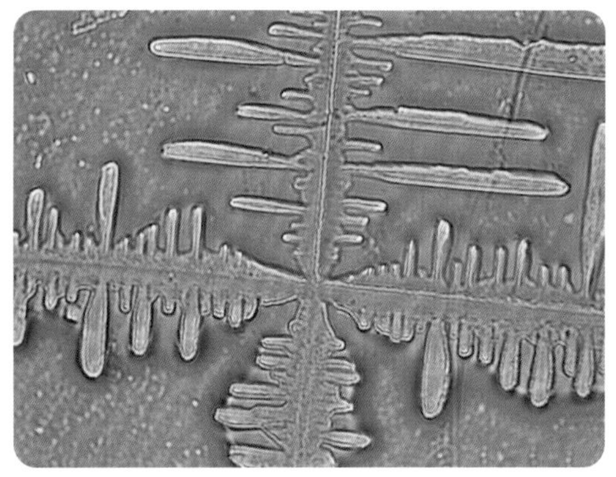

C 的眼泪结晶 （600 ×）

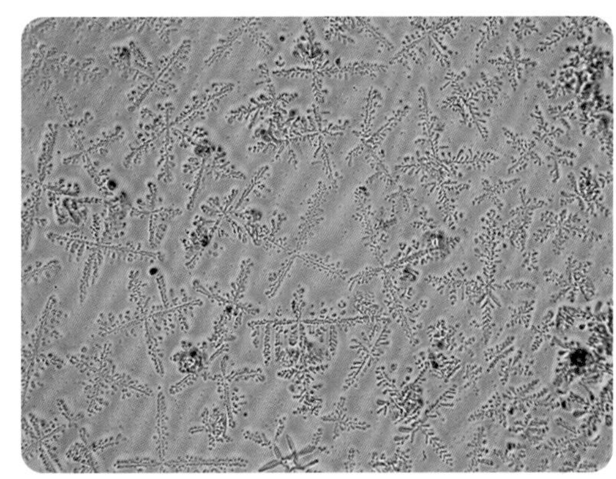

D 的眼泪结晶 （60 ×）

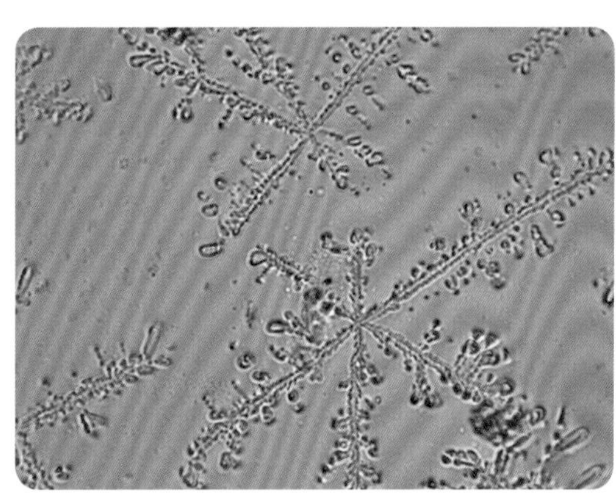

D 的眼泪结晶 （150 ×）

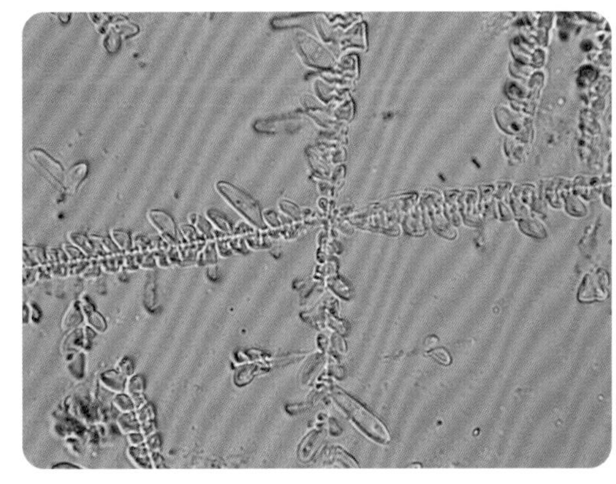

D 的眼泪结晶 （600 ×）

E 的眼泪正在结晶 （60 ×）

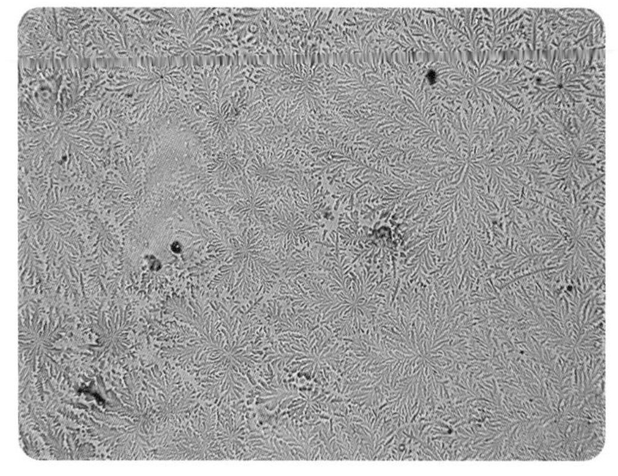

E 的眼泪结晶 （150 ×）

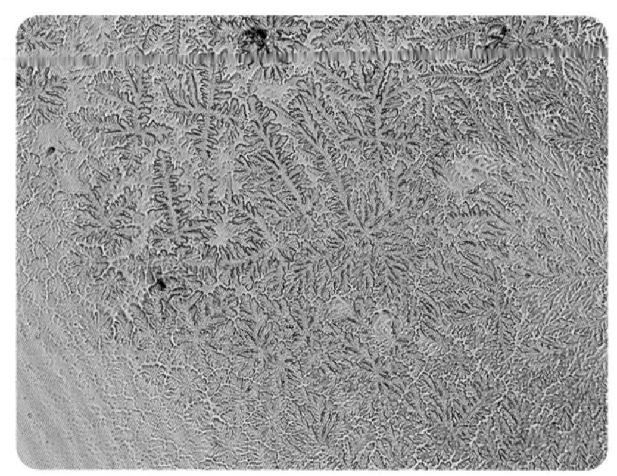

E 的眼泪结晶 （600 ×）

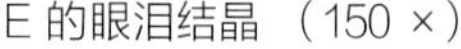

06 实验结论

1. 眼泪中除了含有水分，还含有大量的其他物质，这些物质会发生结晶现象。
2. 不同人的眼泪的结晶图案的大小、形状等各不相同。

探究作业

眼泪的多种结晶状态

流泪可分为情感性流泪和反射性流泪。有研究指出，情感性流泪中的蛋白质含量比反射性流泪多，反射性流泪的含盐度比情感性流泪的含盐度高。那么，不同类型的眼泪由于成分不同，结晶过程和状态是否也有所不同呢？

请查阅更多资料，采集婴儿、儿童、成年人、老年人等不同人群的眼泪，采集同一人喜悦或伤心或受气味刺激留下的流泪。在显微镜下，观察这些不同种类的眼泪结晶过程和晶体形态，探究不同类型的眼泪和晶体状态的关系。

流泪

5.5 人的尿液

人体血液流经肾小球，经滤过作用形成原尿。当原尿流经肾小管时，其中对人体有用的物质，如全部葡萄糖、大部分水和部分无机盐，被肾小管重新吸收回血液，剩下的水、无机盐、尿素和尿酸等就形成了尿液。人体每天排出的尿液在 1000 ~ 2000 毫升之间。已知尿的 95% 左右是水，还含有 100 多种微量活性物质。

尿液结晶是复杂多样的颗粒成分，其形成受尿液 pH、温度、结晶成分及胶体物质的浓度和溶解度等多种因素影响。根据尿液的颜色、溶解度、酸碱度、结晶形态和成分等，可以初步诊断出人们是否健康，是否患有某种疾病，或者患有疾病的风险性大小。不同结晶尿的临床意义各不相同，尿液结晶检测和临床研究对膀胱结石、慢性肾炎、痛风等疾病的预防和治疗有非常重要的意义。

01 实验原理

在数码液晶显微镜下，可以清晰地观察到人的尿液的结晶过程和晶体状态。

02 实验目的

1. 观察尿液的结晶过程和晶体形态。
2. 了解儿童和成人尿液的区别。

03 实验仪器及材料

数码液晶显微镜、载玻片、盖玻片、一次性胶头滴管；尿液。

04 实验步骤

1. 采集尿液。用塑料瓶或其他容器收集适量中段尿液。建议取样之前，可以适当少喝些水，增加尿液的浓度，更适合观察结晶过程。
2. 用一次性胶头滴管吸取少量尿液，滴到载玻片中央，盖上盖玻片，制作临时装片，用显微镜观察拍照。

05 实验结果

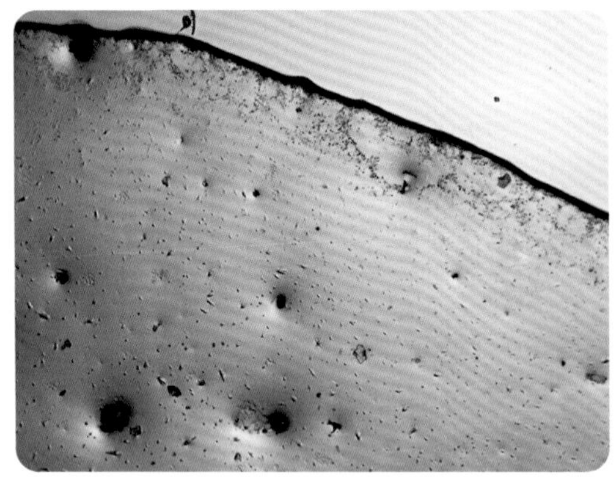
正在结晶的儿童尿液 （60 ×）

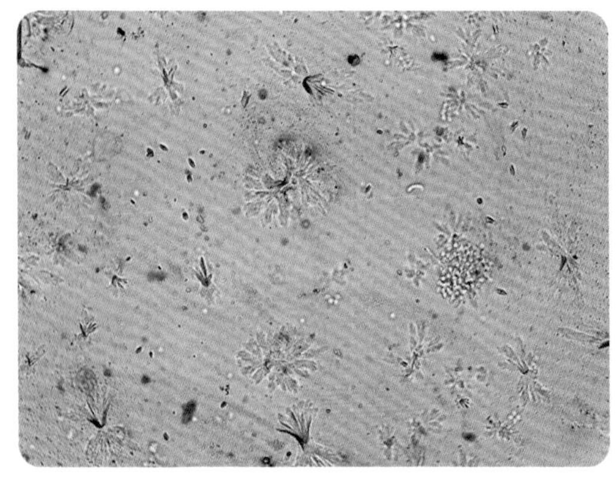
儿童尿液结晶 （150 ×）

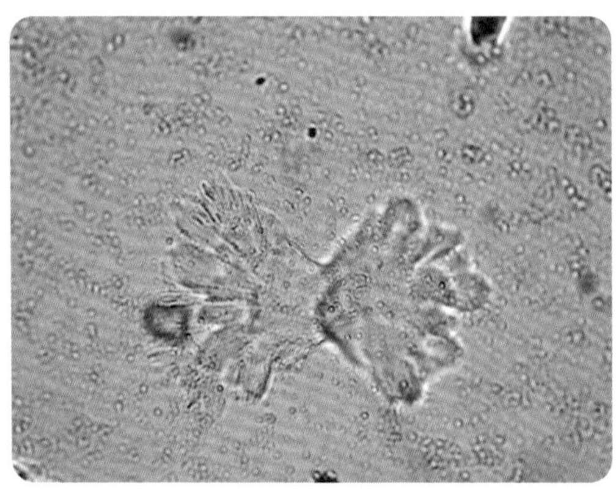
儿童尿液结晶 （600 ×）

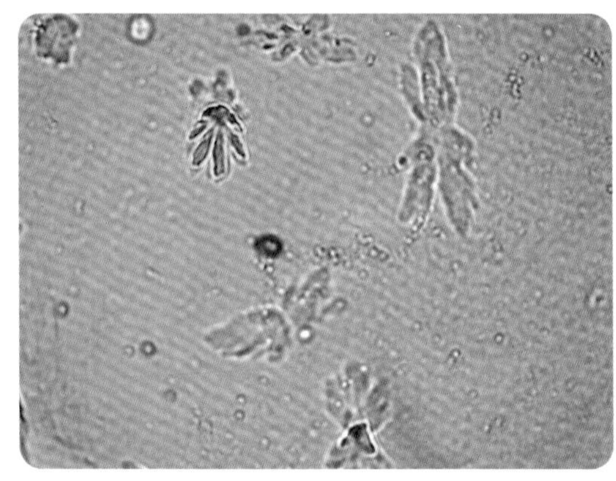
儿童尿液结晶 （600 ×）

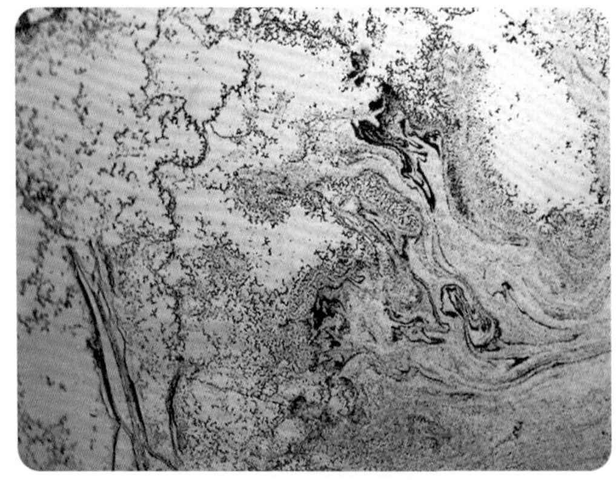
正在结晶的成人尿液 （60 ×）

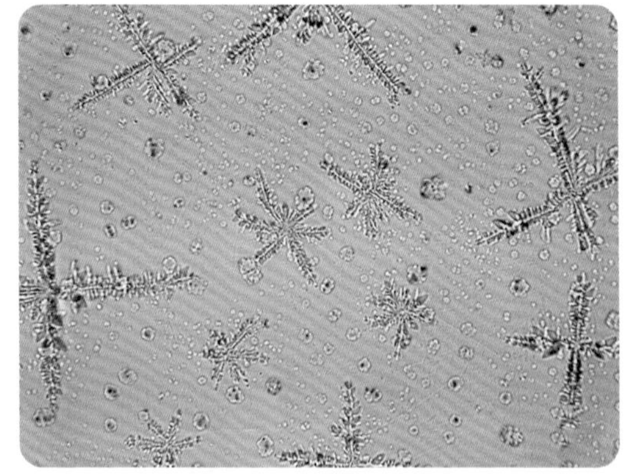
正在结晶的成人尿液 （150 ×）

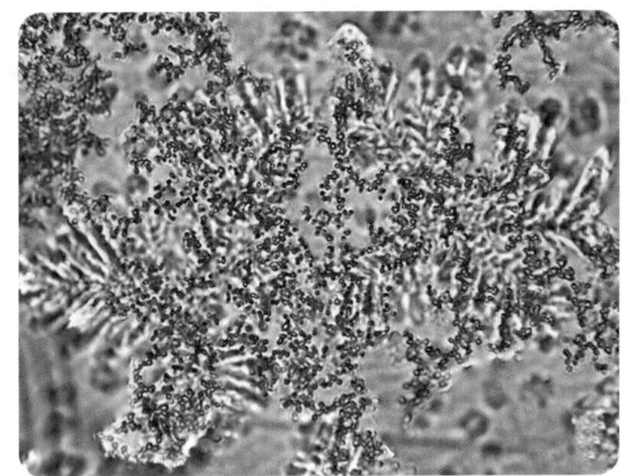

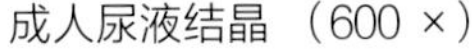

成人尿液结晶 （600 ×）　　成人尿液结晶 （600 ×）

06 实验结论

1. 儿童和成人的尿液都有结晶现象。
2. 儿童的尿液结晶体比较小，表明其杂质含量少于成人。
3. 结晶体会呈现出各种形状。

探究作业

不同人群的尿液

每个人的尿液成分会有差异，在显微镜下观察到的尿液结晶也会千差万别、复杂多样，晶体可呈无定形、针形、片形、圆形、菱形、方形、放射形等多种形态。多数健康人的尿结晶是无色透明的，而一些患者的尿结晶可能是棕黄色或其他颜色。

请查阅更多资料，采集婴儿、儿童、成年人、老年人等不同年龄段的尿液，或者采集同年龄段男性和女性的尿液，或者采集健康人和非健康患者（如糖尿病患者）的尿液，在数码液晶显微镜下，观察这些不同类型的尿液结晶，尝试说出尿液结晶的不同点和相似点。

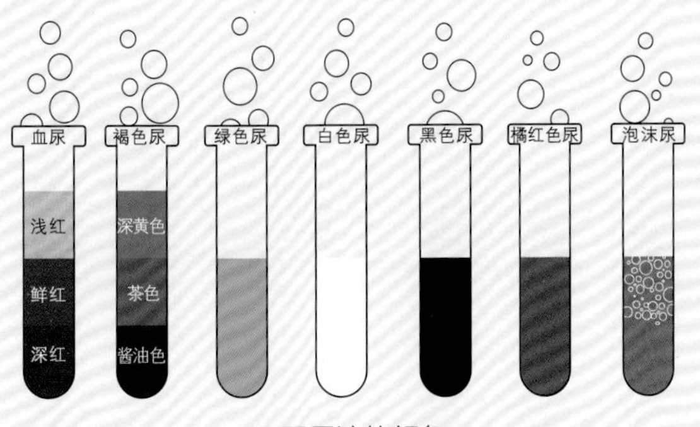

不同尿液的颜色

5.6 ABO 血型的鉴定

为什么要知道每个人的血型呢？因为在急救的过程中，很多情况下需要进行输血，如果输错血型的血，就有可能导致死亡。最常见的血型是 ABO 型，即根据血液中红细胞上的凝集原 A、B 的分布把血液分为 A、B、AB、O 型。

红细胞上只有凝集原 A 的为 A 型血，其血清中有抗 B 凝集素；红细胞上只有凝集原 B 的为 B 型血，其血清中有抗 A 凝集素；红细胞上 A、B 两种凝集原都有的为 AB 型血，其血清中无抗 A、抗 B 凝集素；红细胞上 A、B 两种凝集原皆无者为 O 型血，其血清中抗 A、抗 B 凝集素皆有。具有凝集原 A 的红细胞可被抗 A 凝集素凝集，抗 B 凝集素可使含凝集原 B 的红细胞发生凝集。

血型	红细胞	血清
A 型	A 凝集原	抗 B 凝集素
B 型	B 凝集原	抗 A 凝集素
AB 型	A 和 B 凝集原	无抗 A、抗 B 凝集素
O 型	无 A、B 凝集原	抗 A、抗 B 凝集素

01 实验原理

抗 A 凝集素可以与凝集原 A 反应，形成沉淀；抗 B 凝集素可以与凝集原 B 反应，形成沉淀。在显微镜下可以清晰地观察到凝集反应后所形成的沉淀，根据是否有沉淀反应从而确定相应的血型，如下图所示。

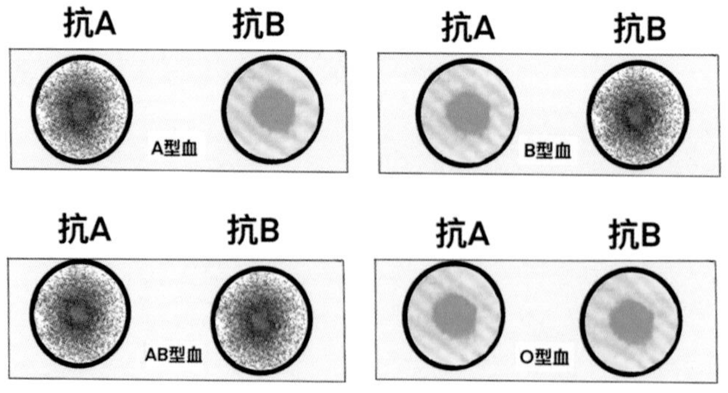

02 实验目的

理解血型确定的依据，学会用玻片法鉴定 ABO 血型。

03 实验仪器及材料

数码液晶显微镜、(双凹) 载玻片、盖玻片、牙签、采血针、棉签；人血、标准抗 A 血清、标准抗 B 血清、碘酒或酒精。

04 实验步骤

1. 取洁净的 (双凹) 载玻片一块，用记号笔左右各标上 A、B。
2. 在 (双凹) 载玻片 A、B 两端分别滴加标准抗 A 血清 (蓝色) 和标准抗 B 血清 (黄色) 各一滴。
3. 用无菌棉签蘸取碘酒或酒精，消毒左手无名指指腹皮肤，用一次性医用采血针垂直刺破皮肤，取血各一滴分别涂于准备好的标准抗 A 血清和标准抗 B 血清中，分别用两根牙签将其混匀。再取一无菌棉签压在出血处。
4. 静置 2 分钟后，先用肉眼观察有无凝集现象，然后再盖上盖玻片，在显微镜下观察并拍照。

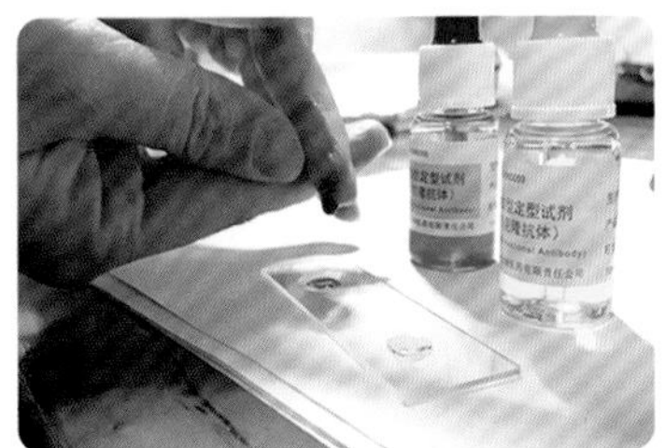

05 实验结果

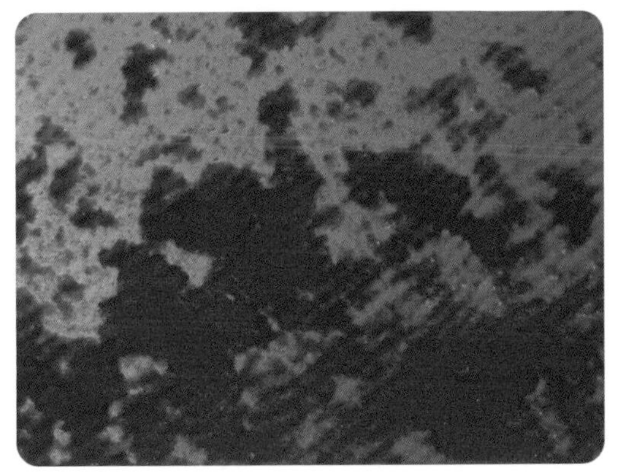

抗 A 试剂出现凝集现象 (150 ×)

抗 B 试剂无凝集现象 (150 ×)

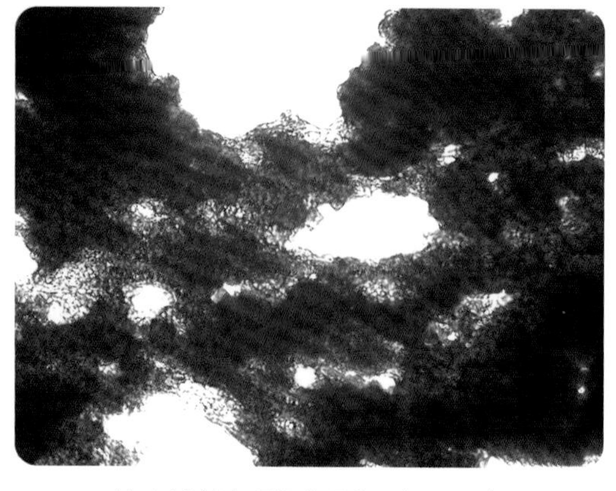

抗 A 试剂出现凝集现象 （150 ×）

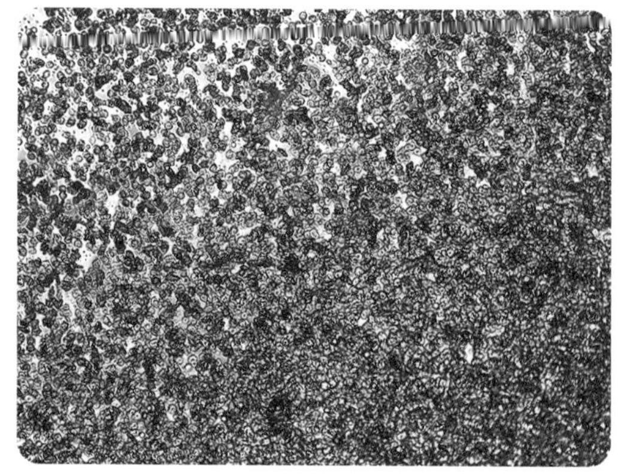

抗 B 试剂无凝集现象 （150 ×）

说明

在采血的过程中一定要注意无菌操作，并且在老师的指导下完成。

06 实验结论

被测试者的血在抗 A 试剂中发生凝集现象，在抗 B 试剂中未出现凝集现象，故判断其是 A 型血。

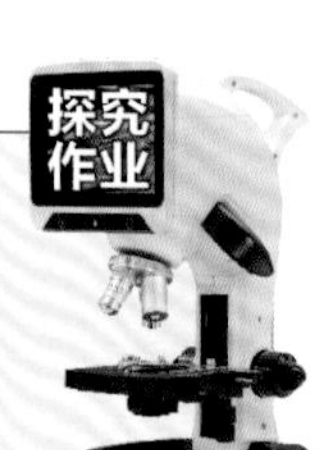

你的血型和你父母血型之间的关系

你想知道自己和父母的血型吗？你可以在征得父母同意的情况下采集他们的血样，检测他们的血型和自己的血型，并探讨你的血型与父母血型之间的关系。

父亲是 A 型，母亲是 B 型，孩子却是 O 型，这是可能的吗？

CHAPTER 6

第六篇

细菌和真菌

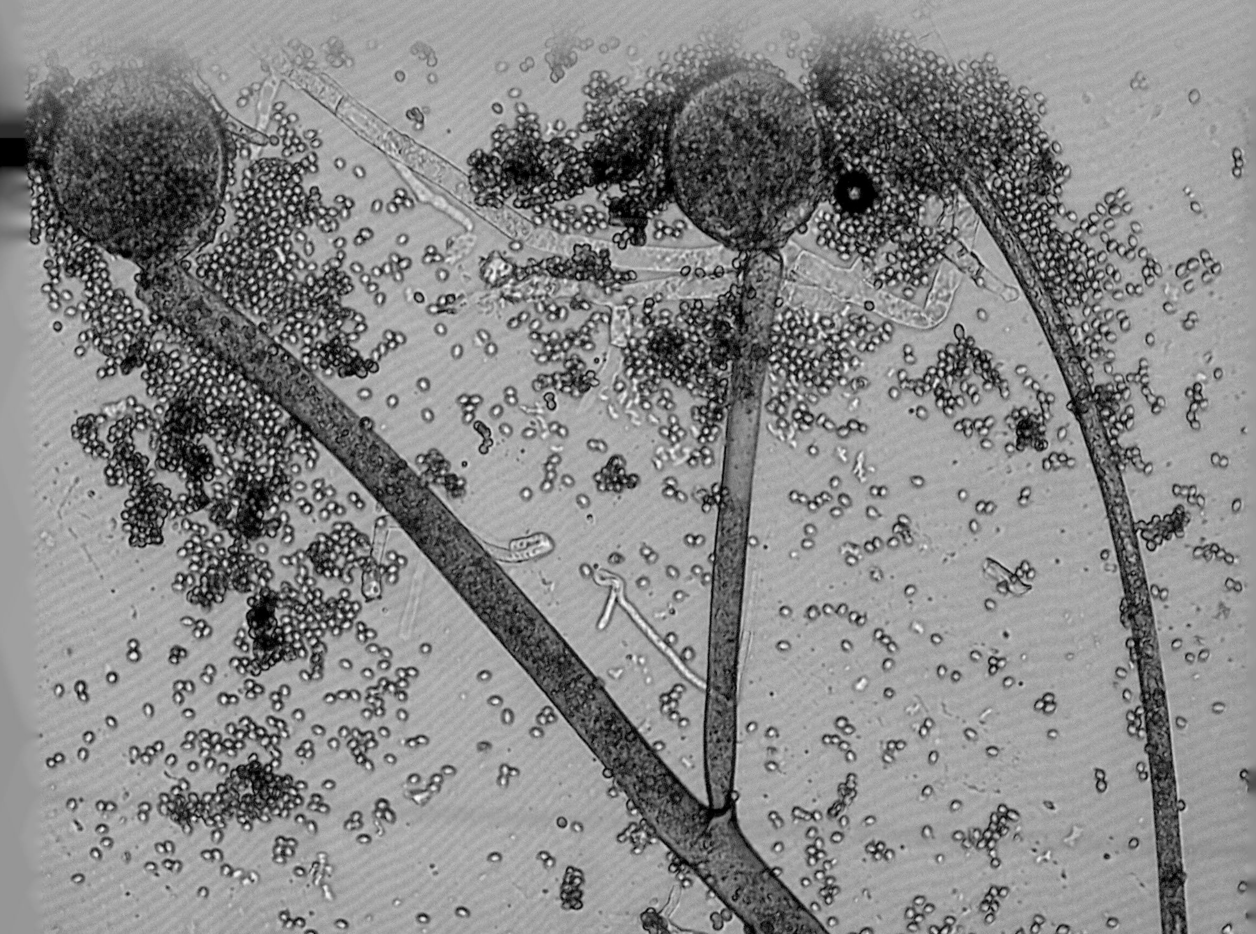

6.1 腐烂剩菜中的微生物

日常生活中经常会出现剩菜，剩菜放置一段时间还能吃吗？剩菜能不能吃，主要是搞清楚剩菜中有没有微生物，如果有大量的微生物，剩菜当然是不能吃的。

01 实验原理

剩菜中含有丰富的营养物质，细菌和真菌可以利用剩菜中的营养物质大量繁殖。显微镜下可直接观察到细菌或真菌的形态特点，不同的形态特征代表不同的细菌或真菌。

02 实验目的

1. 探究腐烂剩菜中的微生物的种类。
2. 观察腐烂剩菜中微生物的菌落形态和特征。

03 实验仪器及材料

数码液晶显微镜、载玻片、无菌的牙签；一盘在常温下放置了 5 天的炒菜（包括毛豆、胡萝卜、豆干、拔丝红薯等）。

04 实验步骤

1. 用无菌的牙签分别挑取剩菜中不同食材上的微生物菌落，放到载玻片上。
2. 将载玻片依次放在数码液晶显微镜的载物台上，分别对其进行观察并拍照记录。

05 实验结果

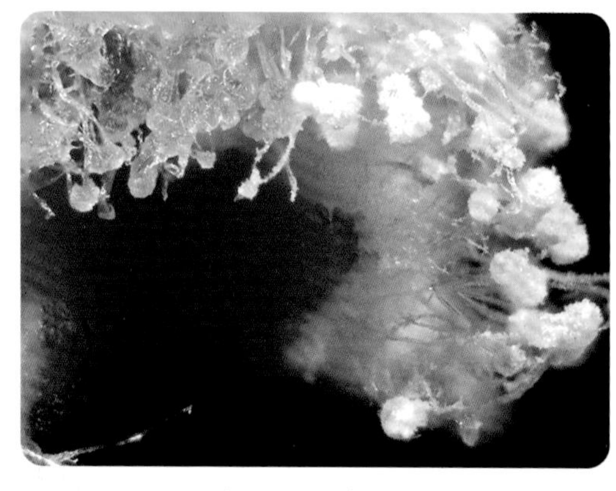

胡萝卜表面 （60 ×）

豆干表面 （60 ×）

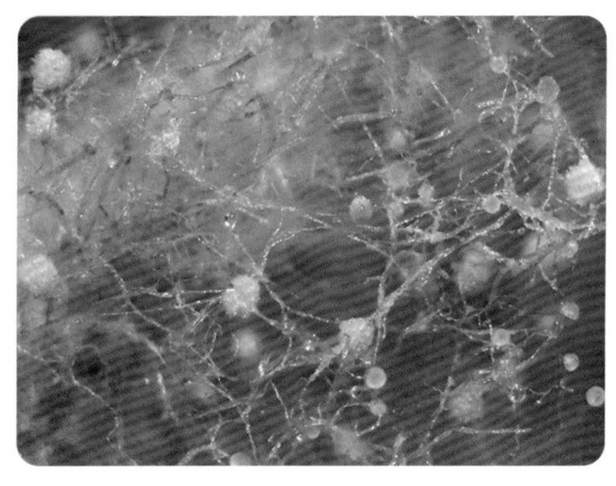

毛豆表面（60 ×）

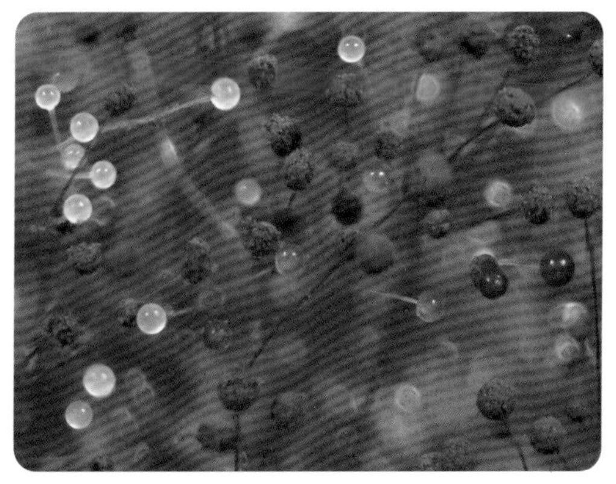
拔丝红薯表面（30 ×）

06 实验结论

1. 不同的腐烂剩菜中生长的微生物种类不同。其中，毛豆、胡萝卜和拔丝红薯易被真菌侵染，而豆干易被细菌侵染。
2. 毛豆与胡萝卜表面生长的真菌种类相似，它们的菌落都呈粉色，较疏松，均有大量的菌丝及球形的产孢结构；拔丝红薯上长出根霉菌落，产孢结构是孢子囊，孢子囊刚形成时是半透明状，生长过程中颜色逐渐变深，成熟时是黑色，内含很多孢子。
3. 豆干表面的细菌菌落呈白色，质地光滑黏腻，显微镜下的菌落形态为褶皱结晶状。

探究作业

腐败米饭和馒头上的微生物

米饭、馒头是最常食用的主食，这些食品放在冰箱中一段时间，也会在其表面生长出各种不同的微生物，这些微生物的颜色和形状与上述蔬菜中的微生物有什么不同呢？你可以进行探究并查找资料弄清楚这些微生物的种类。

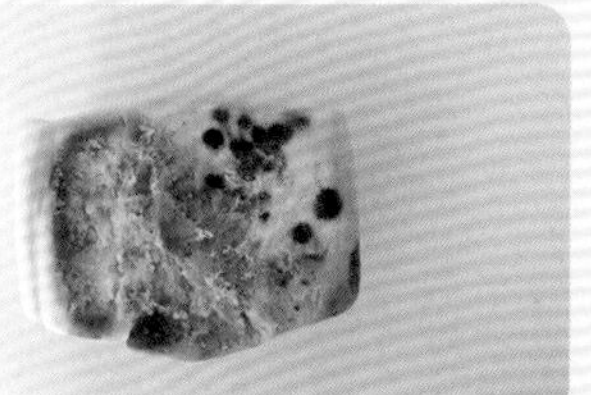

馒头上的真菌

6.2 桃上的真菌

日常生活中常会看到食物发霉，特别是一些含糖量比较高的水果，比如桃、草莓等特别容易变质，甚至长出“长毛”。引起这些水果腐烂的往往是真菌，那么，这些真菌有哪些特征呢?

01 实验原理

腐烂的桃表面含有丰富的营养物质，有利于真菌的生存和生长，将这种真菌接种到培养基上培养，再利用显微镜观察该真菌的形态结构，确定它的类型。

02 实验目的

1. 掌握真菌培养的一般方法。
2. 观察腐烂桃上生长的真菌的菌落特征。
3. 观察真菌的孢子、菌丝的结构特征。
4. 根据形态特征尝试判断该真菌的种类。

03 实验仪器及材料

数码液晶显微镜、载玻片、盖玻片、胶头滴管、无菌的牙签、PDA 培养基、培养箱；清水；长有长毛（腐烂）的桃。

04 实验步骤

1. 配制马铃薯葡萄糖琼脂培养基（PDA 培养基），倒平板。
2. 用无菌的牙签挑取桃上的少量菌丝接种到含有 PDA 培养基的平板上，置于培养箱中于 28℃ 培养。
3. 两天后取出平板，打开培养皿，在显微镜下观察菌落外部形态。
4. 取一干净的载玻片，用胶头滴管在载玻片中央滴一滴清水，用无菌的牙签从菌落上挑取少量的菌丝，浸入载玻片上的水滴中，并将菌丝分散开，再轻轻盖好盖玻片，制成临时装片。
5. 将临时装片置于显微镜下观察并拍照。

05 实验结果

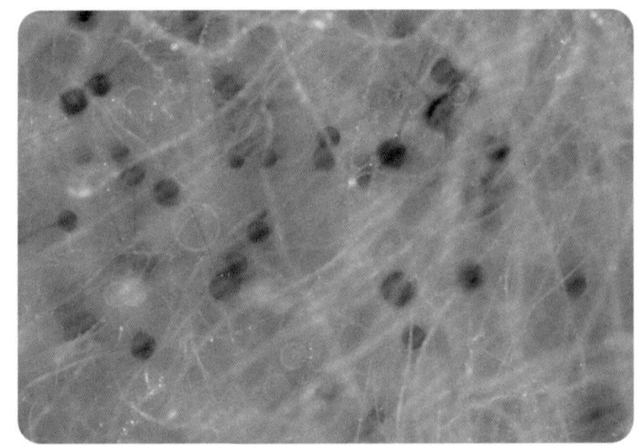

菌落 （60 ×）

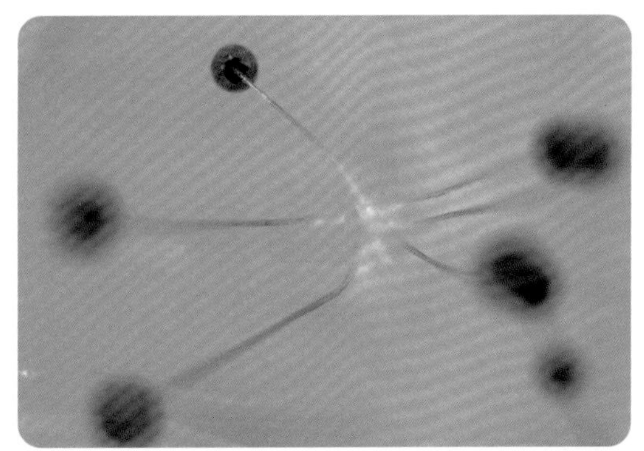

成熟菌丝顶端 （150 ×）

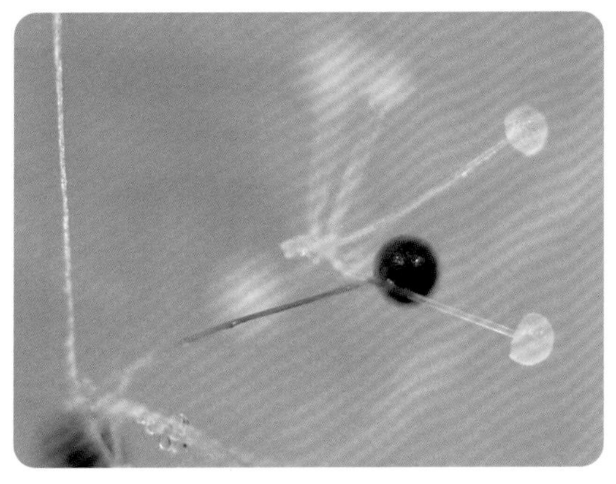

未成熟菌丝顶端 （150 ×）

假根及菌丝 （150 ×）

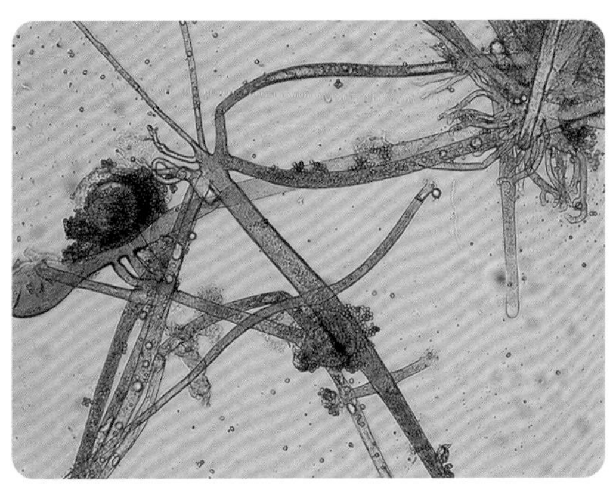

假根及菌丝 （150 ×）

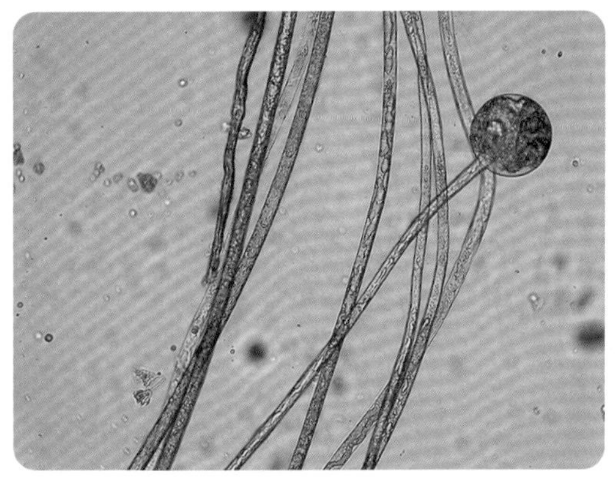

未成熟的菌丝及孢子囊 （150 ×）

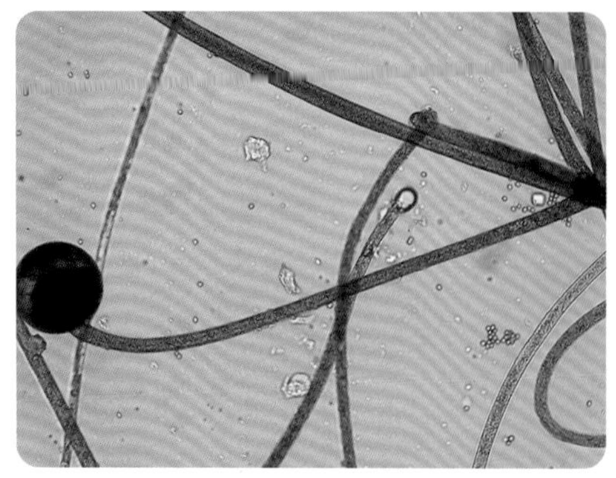

较成熟的菌丝及孢子囊 （150 ×）

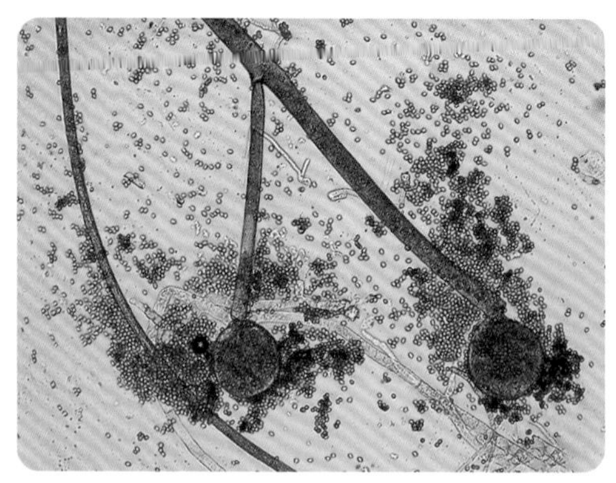

产孢结构及孢子 （150 ×）

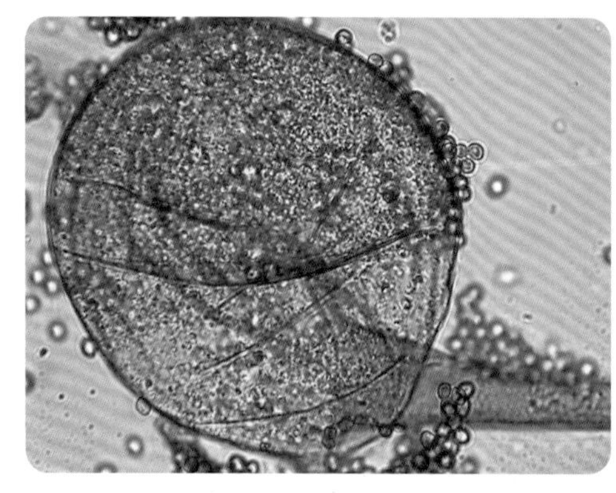

孢子囊及孢子 （600 ×）

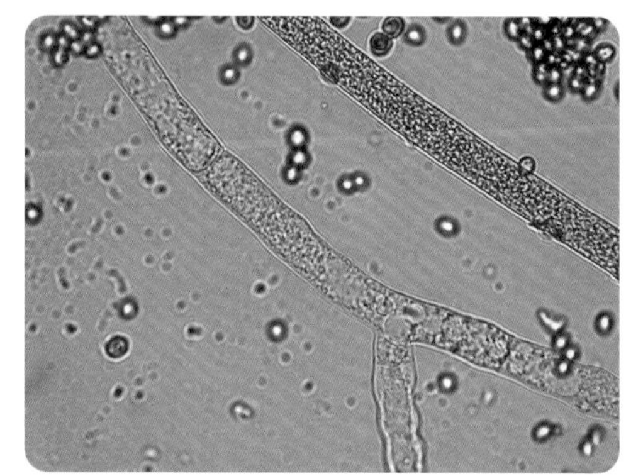

菌丝及散落的孢子 （600 ×）

06 实验结论

1. 生长在桃上的该真菌无定形菌落，菌落较高，表面疏松，整体菌丝近白色，菌丝顶端产孢结构呈黑色。
2. 菌丝较长，多无隔。顶端的产孢结构多成簇，并于中心结合处生有假根（用来吸收营养并起到固定的作用）；产孢结构为孢子囊，未成熟时为粉白色，颜色逐渐变深，成熟期呈黑色。其孢子为球形。
3. 根据上述形态特征，可以判断该真菌为根霉属的一种。

探究作业

低糖水果上生长的微生物

柠檬、木瓜等水果与桃相比，甜度不高，它们是低糖水果，这些水果也会生长大量的真菌而发生腐败。与桃腐败后生长的真菌相比，柠檬、木瓜腐败后生长的真菌在形态和颜色上有何不同？

木瓜上的真菌

6.3 腐烂芹菜茎上的真菌

长时间放置的食物或者储存不当的食品往往会发生腐败，导致发霉、长出“长毛”。当食物处在温暖、湿润的环境中时，这种现象更常见，这是由于微生物的大量繁殖造成的。这些微生物有很大一部分是真菌。腐败变质的橘子上长出的“青绿色的毛”就是青霉（一种真菌），而腐烂的芹菜茎上会长出“黑毛”，这些黑毛又是哪种真菌呢？

01 实验原理

腐烂的芹菜茎上生长着大量的真菌，将这些真菌在培养基上培养，再在显微镜下观察，可根据真菌的形态结构确定它的类型。

02 实验目的

1. 掌握真菌培养的一般步骤。
2. 观察腐烂芹菜茎上真菌的菌落，以及孢子、产孢结构等的形态特征。
3. 根据形态特征，尝试判断该真菌的种类。

03 实验仪器及材料

数码液晶显微镜、载玻片、盖玻片、胶头滴管、无菌的牙签、PDA 培养基、培养箱；清水；腐烂的芹菜。

04 实验步骤

1. 配制 PDA 培养基，倒平板。
2. 用无菌的牙签挑取腐烂芹菜茎上的少量菌丝接种到含有 PDA 培养基的平板上，置于培养箱中于 28℃培养。
3. 两天后取出平板，打开培养皿，在显微镜下观察菌落外部形态。
4. 取一干净的载玻片，用胶头滴管在载玻片中央滴一滴清水，用无菌的牙签从菌落上挑取少量的菌丝，浸入载玻片上的水滴中，并将菌丝分散开，再轻轻盖好盖玻片，制成临时装片。
5. 将临时装片置于显微镜下观察并拍照。

05 实验结果

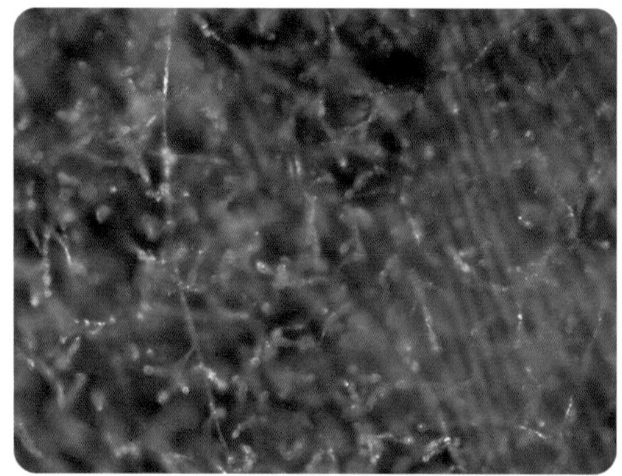

菌落表面菌丝 （150 ×）

较成熟的菌丝和孢子 （150 ×）

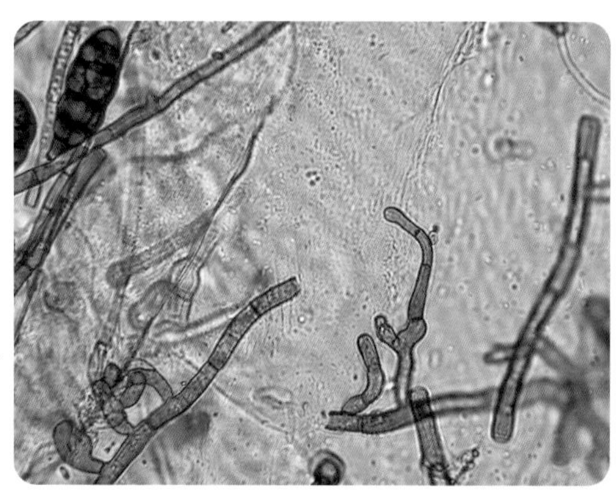

产孢结构及一个孢子 （600 ×）

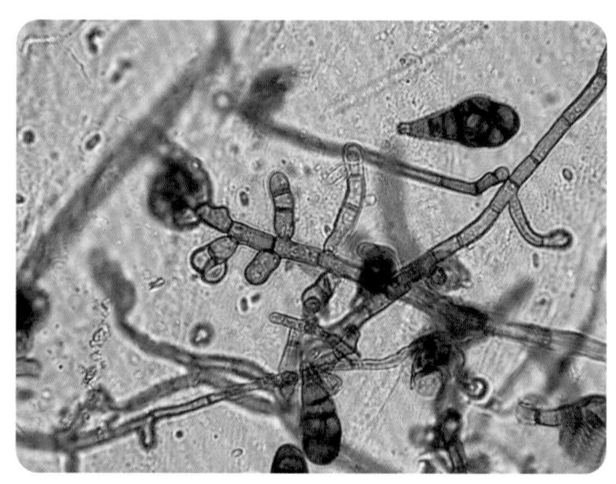

产孢结构及孢子 （600 ×）

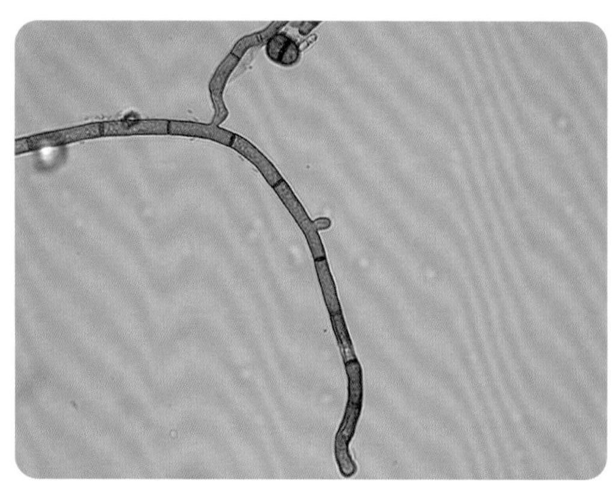

有隔菌丝及一个孢子 （600 ×）

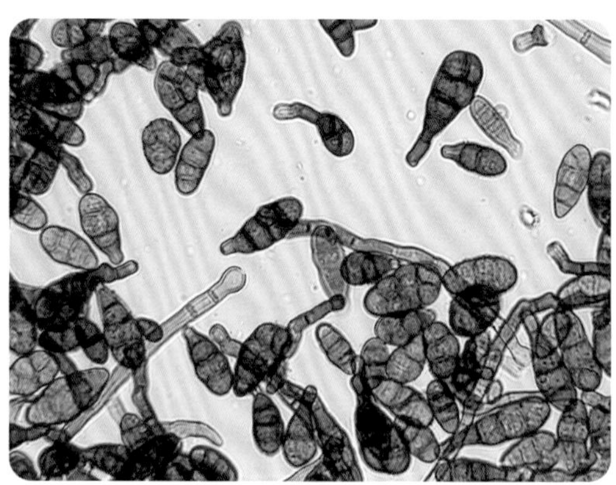

成熟的孢子 （600 ×）

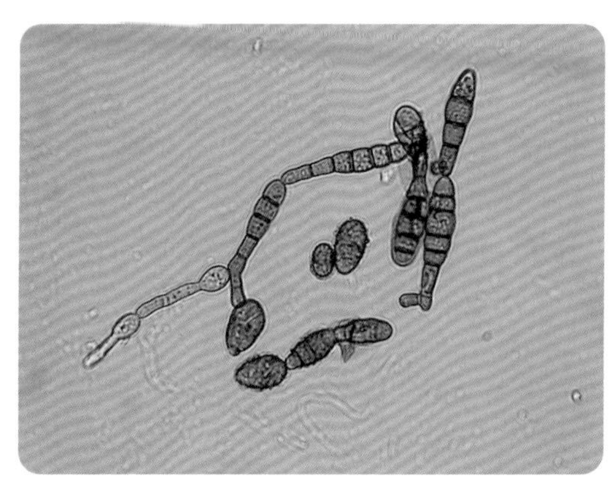

未成熟的孢子 （600 ×）

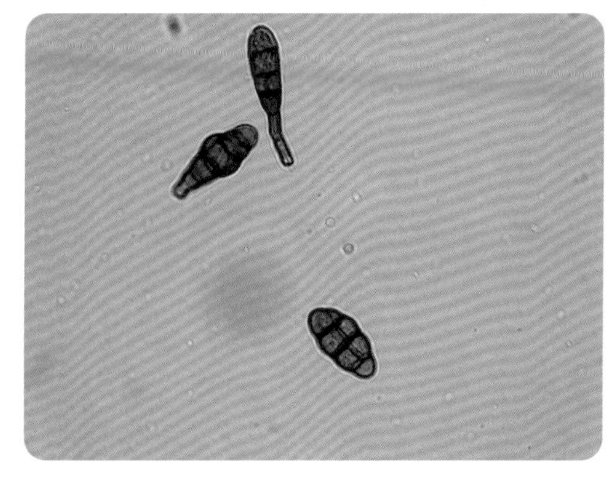
成熟的孢子 （600 ×）

06 实验结论

1. 腐烂的芹菜上生长的微生物是一种真菌，芹菜可以作为真菌的培养物。
2. 该真菌在 PDA 培养基上培养后的菌落近圆形，边缘较整齐，灰褐色，有较长的绒毛。
3. 该真菌的孢子呈倒棒状，有分隔，分隔数目 2 ~7 不等，多为四分隔，有些有纵隔。首尾相连形成链状。菌丝有隔，成熟菌丝多为深色，幼嫩菌丝近无色。
4. 根据形态特征，可以判断该真菌为链格孢属的一种真菌。

探究作业

西红柿上生长的微生物

西红柿富含维生素等营养物质，也很容易被真菌侵染而发生腐败。从表面看，西红柿腐败后生长的真菌较芹菜腐败后生长的真菌颜色略浅，不知道两种真菌在结构上是否有差别？

西红柿上的真菌

6.4 霉菌的孢子囊和孢子

孢子是脱离亲本后能直接或间接发育成新个体的生殖细胞。孢子一般为单细胞，通过无性繁殖产生的孢子叫“无性孢子”，通过有性生殖产生的孢子叫“有性孢子”。由于孢子发生过程和结构的差异，形成了孢子的多样性。能通过孢子进行繁殖的生物类群有藻类植物、苔藓植物、蕨类植物、真菌等。孢子囊是植物或真菌制造并容纳孢子的组织。真菌中的霉菌容易培养、获取方便，我们可以一起观察一些霉菌的孢子囊及孢子。

01 实验原理

霉菌是多细胞真菌。霉菌的孢子囊长在直立菌丝的顶端，多膨大，不同霉菌的孢子排列形状不同、颜色不同。孢子的排列形状、颜色是霉菌分类的依据之一。在显微镜下可以清楚地观察霉菌的孢子囊及孢子。

02 实验目的

1. 制作霉菌的临时装片，培养动手操作能力。
2. 观察不同霉菌的孢子囊和孢子，能够区分不同的霉菌。
3. 尝试画出观察到的霉菌的孢子囊和孢子的形态，了解霉菌分类依据。

03 实验仪器及材料

数码液晶显微镜、青霉和曲霉永久装片、载玻片、盖玻片、解剖针、胶头滴管；清水；黑根霉、毛霉、青霉、曲霉等。

04 实验步骤

1. 提前 7 天用面包或橘子培养黑根霉、青霉、毛霉等真菌。
2. 用胶头滴管在载玻片中央滴一滴清水。
3. 根据孢子颜色的不同，分辨面包上生长的不同霉菌，用解剖针分别挑取少许青霉、黑根霉、毛霉的菌丝，放在不同载玻片的水滴中。
4. 盖上盖玻片，制成临时装片。
5. 用显微镜观察临时装片以及青霉和曲霉永久装片，并拍照记录。

05 实验结果

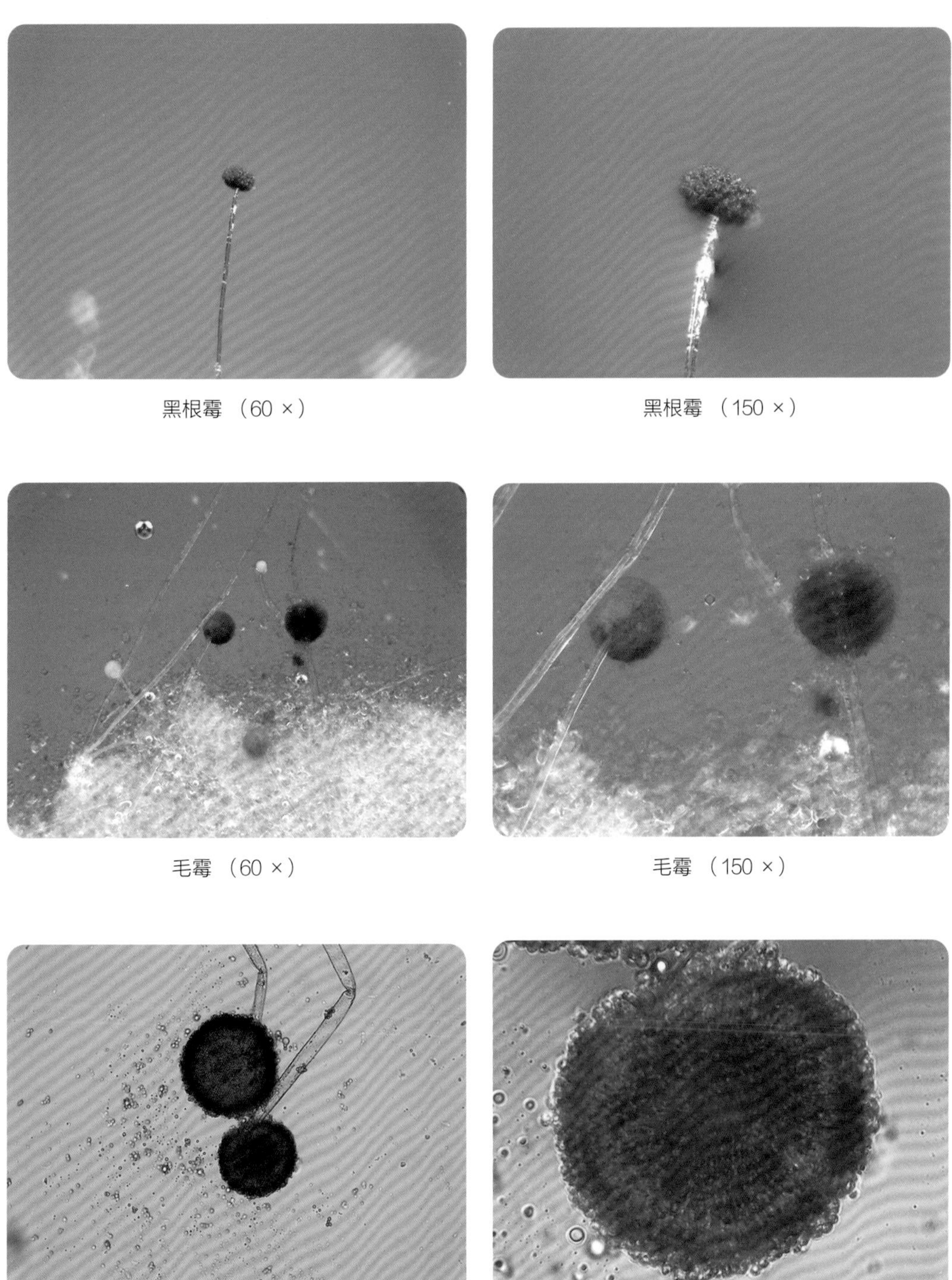

黑根霉（60×）

黑根霉（150×）

毛霉（60×）

毛霉（150×）

毛霉（150×）

毛霉（600×）

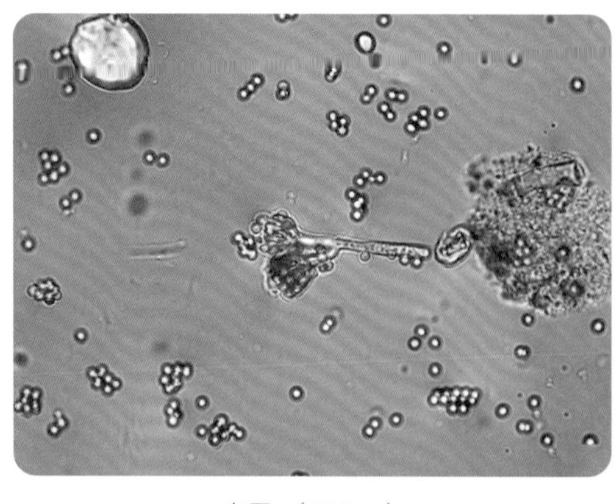

青霉 （600 ×）

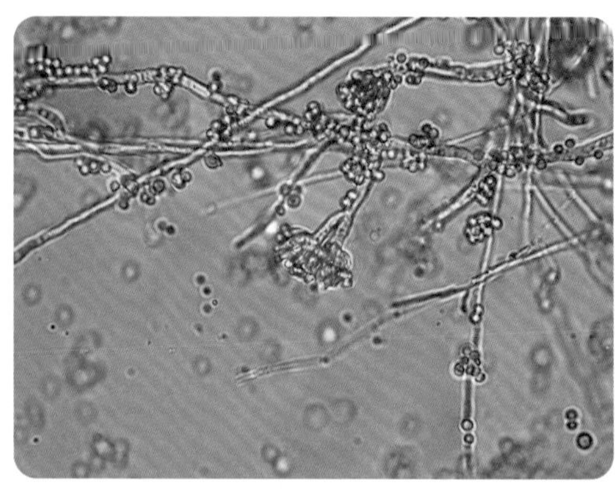

青霉 （600 ×）

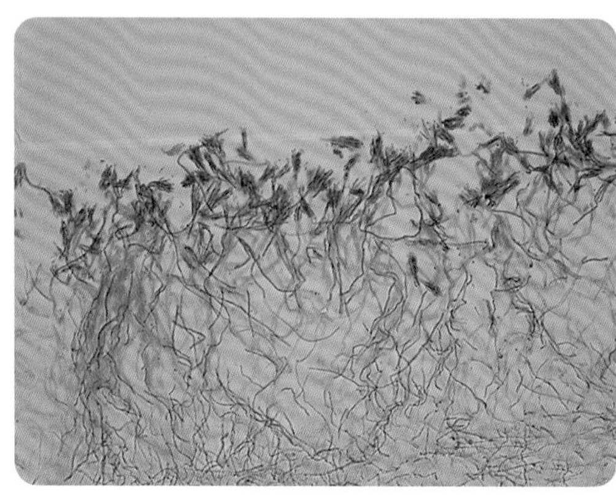

青霉永久装片 （150 ×）

青霉永久装片 （600 ×）

曲霉永久装片 （150 ×）

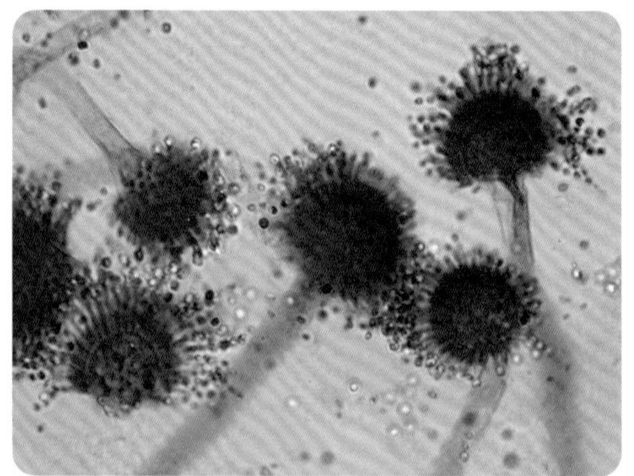

曲霉永久装片 （600 ×）

06 实验结论

1. 黑根霉直立菌丝顶端有膨大的桑葚状的孢子囊，表面黑色的成熟孢子清晰可见。

2. 毛霉直立菌丝顶端的球形孢子囊清晰可见，孢子黑色，说明孢子囊已经成熟。
3. 青霉直立菌丝顶端的分生孢子梗多次分枝，形如扫帚。孢子呈球形，成熟的是蓝绿色，个体相对较大。
4. 曲霉直立菌丝顶端的顶囊膨大呈球状，孢子辐射状排列。

探究作业

橘子或馒头上的霉菌

食品保存不当，会发霉。橘子上长的多是青霉，馒头上长的多是黑根霉，面包上会长出黑根霉和毛霉。当发现橘子或馒头上发霉后，先直接或借助放大镜观察一下直立菌丝及孢子的颜色，再用解剖针挑取少许菌丝，制成临时装片，显微观察。尝试画出观察到的菌丝、产孢结构及其孢子的形态、排列方式。根据观察到的结构，区分霉菌类型，如发现新的霉菌类型，请查阅资料进一步了解。

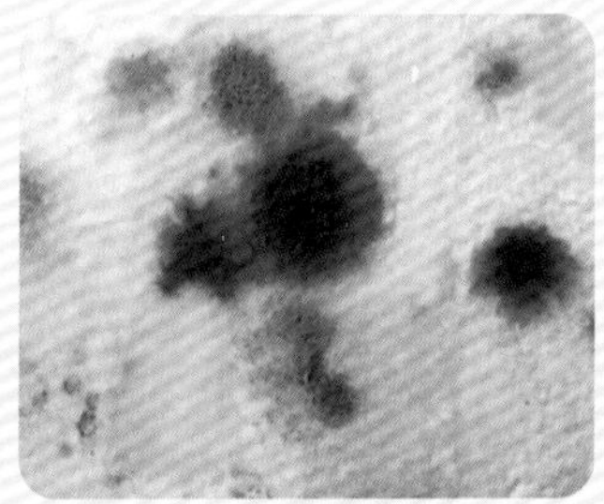

长霉的馒头

长霉的橘子

6.5 青霉和毛霉的菌落

青霉和毛霉是生活中比较常见的两种真菌，你见过它们吗？

发霉的橘子等水果表面经常出现绿色的“毛毛”，这就是青霉菌。青霉可以产生青霉素，青霉素可以破坏细菌的细胞壁，能起到很好的杀菌作用，因此也成为医疗上一种很好的抗菌药物。

发霉的面包片、豆腐等食物上经常出现一些白色的“毛毛”，这些“毛毛”就是毛霉菌。毛霉菌可以分泌蛋白酶和脂肪酶，把蛋白质和脂肪分解。腐乳的原型就是豆腐，相比于豆腐，腐乳的口感是不是更加细腻？这就是毛霉菌的功劳！

青霉菌和毛霉菌都是由直立菌丝和营养菌丝组成，我们在食物表面看到的肉眼可见的“毛毛”是它们的直立菌丝，在我们看不到的食物内部，营养菌丝盘根错节，所以如果食物腐烂了，只把长“毛毛”的部分去除掉是远远不够的！

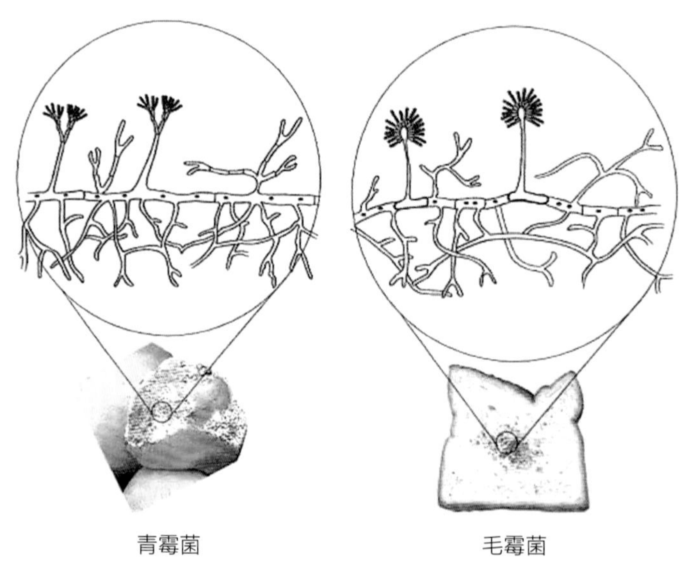

青霉菌　　毛霉菌

01 实验原理

在显微镜下，可以清晰地观察到霉菌菌丝及菌落表面特征。

02 实验目的

观察青霉和毛霉的菌落表面特征。

03 实验仪器及材料

数码液晶显微镜；青霉菌落、毛霉菌落、LB 培养基。

04 实验步骤

1. 空气中有很多青霉和毛霉的孢子，准备 LB 培养基（或一碗已经冷却凝固的粥），暴露在空气中 4 ~7 天，获得青霉菌落和毛霉菌落。
2. 将青霉菌落和毛霉菌落放在显微镜下观察。
3. 分别观察青霉菌落和毛霉菌落的表面及直立菌丝。

05 实验结果

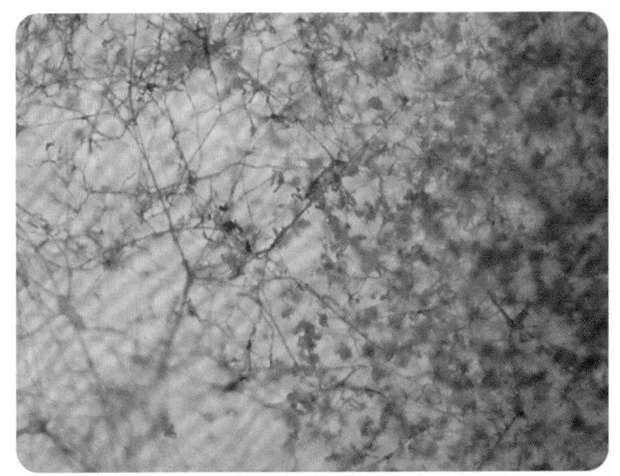

青霉菌落 （150 ×）

青霉菌落 （600 ×）

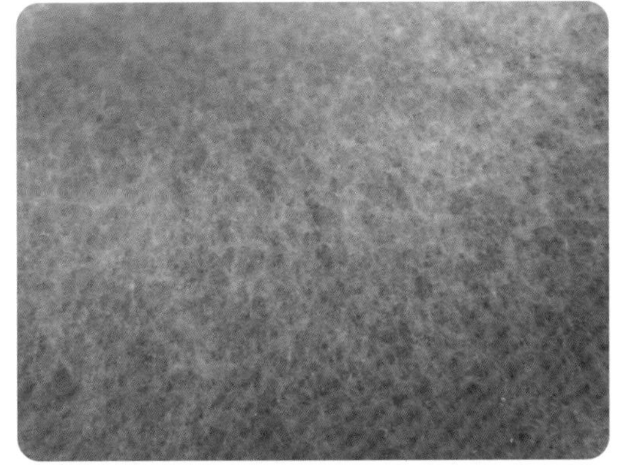

毛霉菌落 （60 ×）

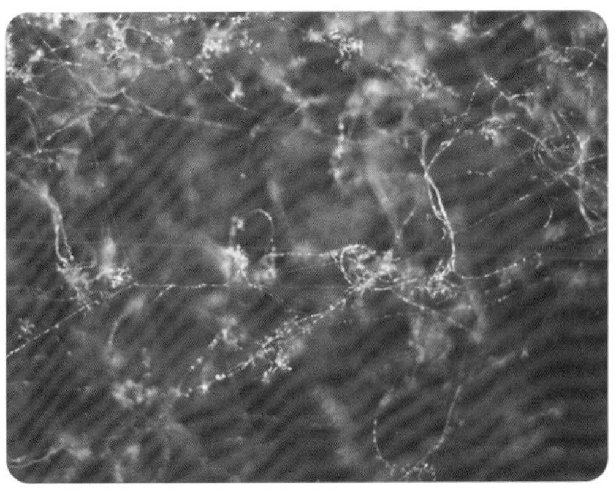

毛霉菌落 （150 ×）

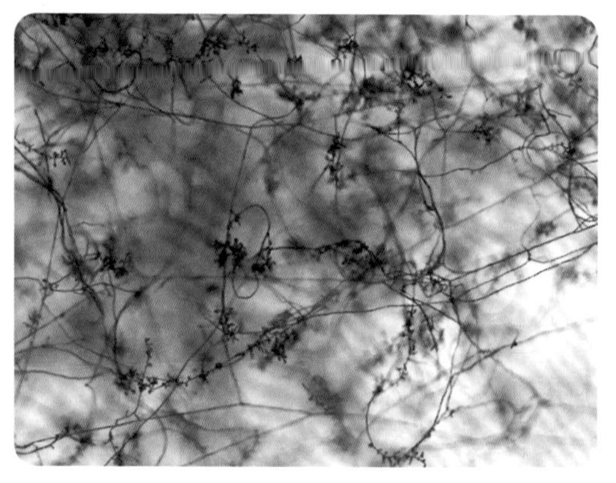

毛霉菌落 （150 ×）

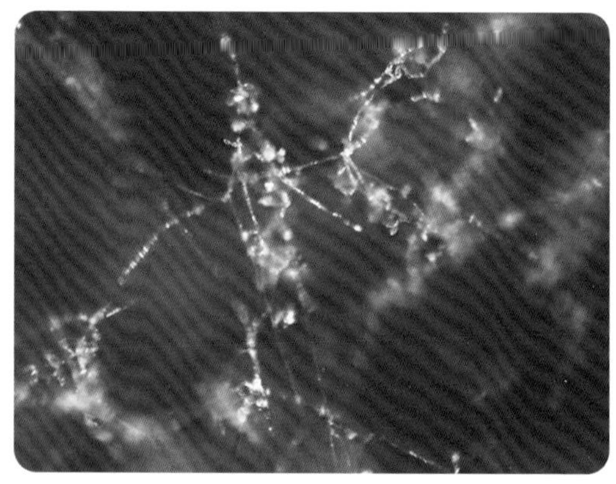

毛霉菌落 （600 ×）

06 实验结论

观察青霉菌和毛霉菌的菌落，直立菌丝错综复杂，孢子位于直立菌丝上方，清晰可见。

探究作业

酵母菌

酵母菌也是生活中常见的真菌，蒸馒头、做面包、酿果酒都离不开它！酵母菌在显微镜下是什么样子的呢？你可以从家里的厨房中找到干酵母，将干酵母放在28℃左右的温水中搅拌开，静置半小时左右，这样你就完成了酵母菌的活化过程。

用胶头滴管吸取一滴活化后的酵母菌，制作成临时装片并在显微镜下观察，描述酵母菌的形态特点，并总结出酵母菌与青霉菌、毛霉菌的区别。

干酵母

CHAPTER 07

第七篇

物 质 鉴 定

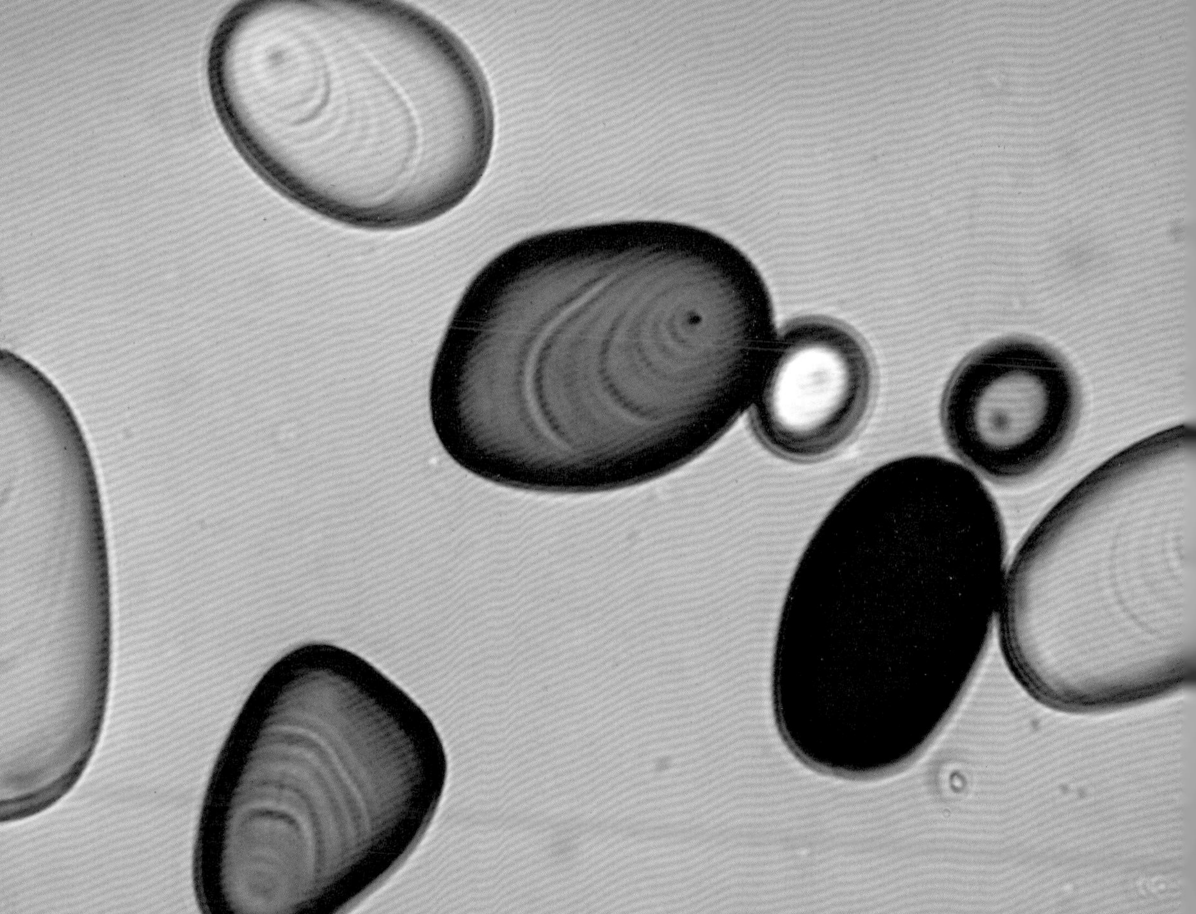

7.1 叶绿体中淀粉的检测

生物圈中的绿色植物是生产有机物的天然工厂，它们能够利用简单的无机物合成复杂的有机物，从而养活了地球上几乎所有的生物。创造这一奇迹的奥秘，就隐藏在植物的绿叶中。事实上，凡是植物的绿色部分，只要细胞中含有叶绿体，就都能进行光合作用，制造有机物，而叶片是绿色植物制造有机物的主要部分。植物叶片通过光合作用制造的有机物主要是淀粉，光照等环境条件会影响叶片贮存淀粉吗？我们可以通过探究实验以及显微观察实验进行验证。

01 实验原理

绿叶的叶绿体在光下通过光合作用制造有机物，光合作用制造的有机物主要以淀粉的形式储存在叶绿体中。淀粉遇碘变蓝，可据此判断叶绿体在一段时间内是否通过光合作用积累了淀粉。

02 实验目的

1. 证明光照是光合作用的必需条件。
2. 验证绿叶光合作用的产物有淀粉，且淀粉储存在叶绿体中。
3. 了解不同植物叶绿体积累有机物的特点。

03 实验仪器及材料

数码液晶显微镜、载玻片、盖玻片、镊子、吸水纸、刀片、黑纸片、大烧杯、小烧杯、酒精灯、三脚架、石棉网、火柴；清水、酒精、碘液；天竺葵、非洲凤仙、马齿苋（C_4植物）、金鱼藻。

04 实验步骤

1. 对叶片进行暗处理或照光处理

提前一天将各植物材料放置在暗处处理 24 小时，再将其中一部分植物材料放置在温度适宜、阳光充足的地方照光 4～6 小时，然后采摘光、暗两种环境下的叶片。对于叶片较大的植物，为增强对比效果，可将叶片的一部分进行遮光（如天竺葵）。

2. 对叶片进行脱色处理并用碘液检验（实验步骤见 107 页）
3. 对显色叶片进行显微观察

用镊子撕取显色叶片的一部分，制成临时装片，放在显微镜下进行观察。

05 实验结果

天竺葵叶片碘液染色前后

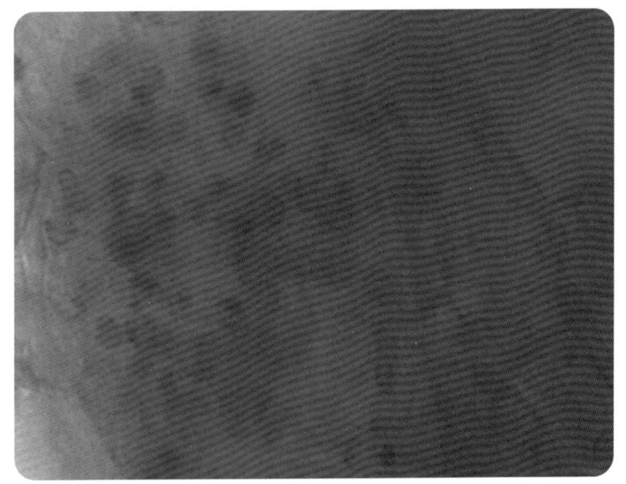

天竺葵叶片变色部位叶肉细胞 （600 ×）

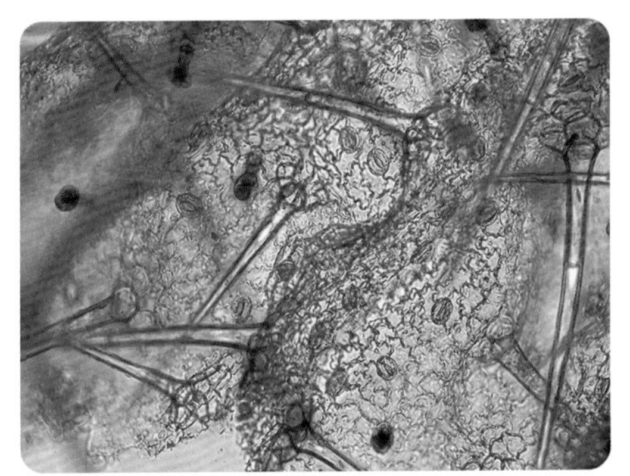

天竺葵叶片变色部分下表皮 （150 ×）

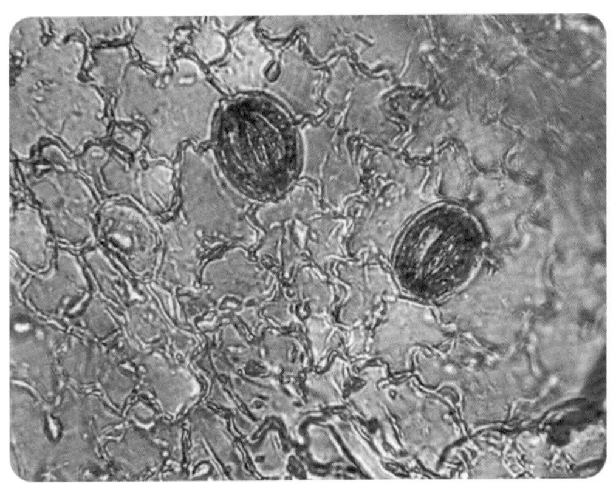

天竺葵叶片变色部位下表皮 （600 ×）

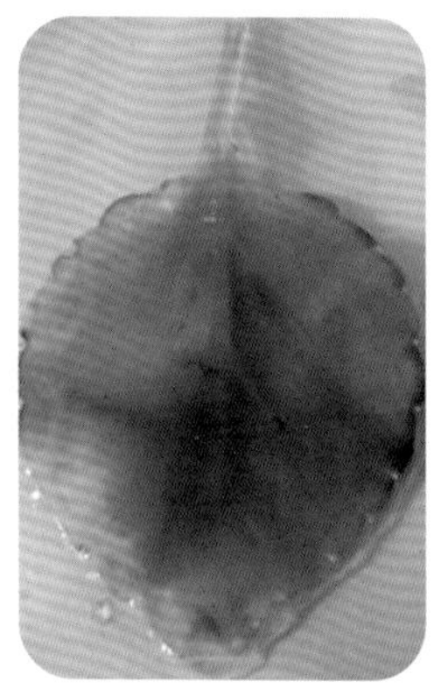

非洲凤仙叶碘液染色前（左）、碘液染色后（右）

非洲凤仙叶下表皮碘液染色（600 ×）

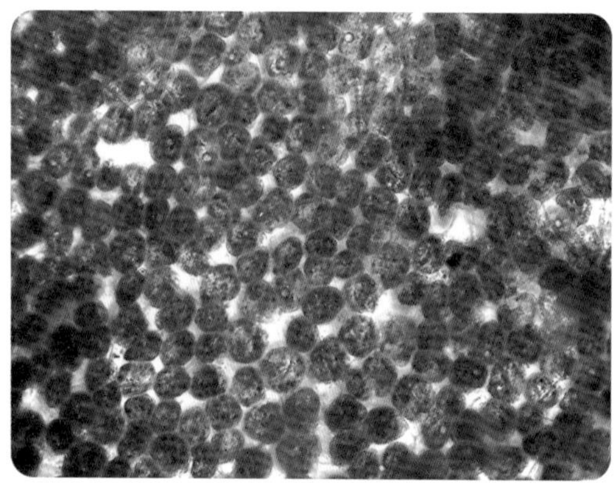

非洲凤仙叶肉细胞碘液染色（150 ×）

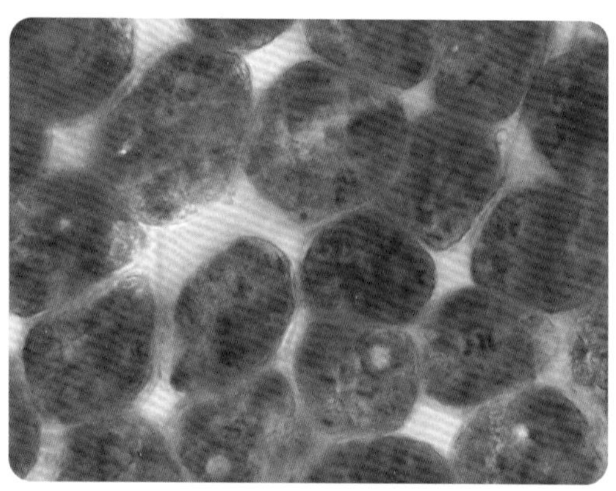

非洲凤仙叶肉细胞碘液染色（600 ×）

马齿苋叶碘液染色前（左）、碘液染色后（右）

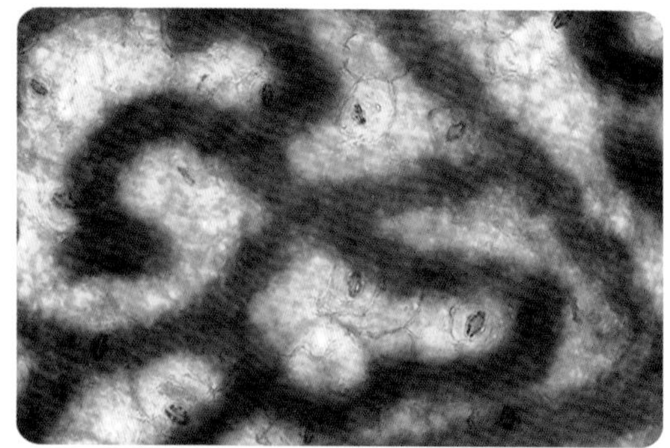

马齿苋叶下表皮碘液染色（150 ×）

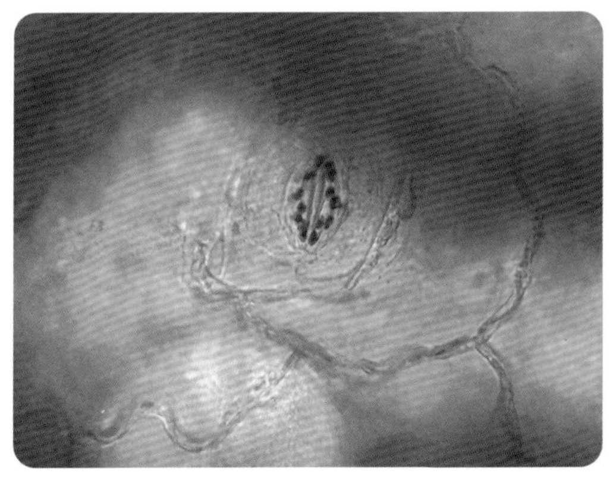
马齿苋叶下表皮保卫细胞 （600 ×）

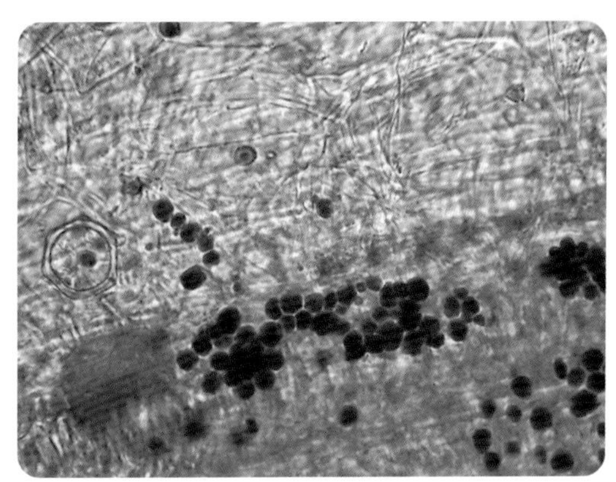
马齿苋维管束鞘细胞 （40 ×）

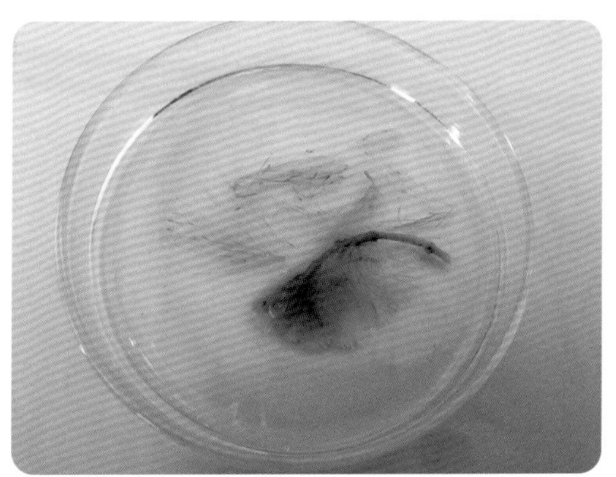
金鱼藻碘液染色前

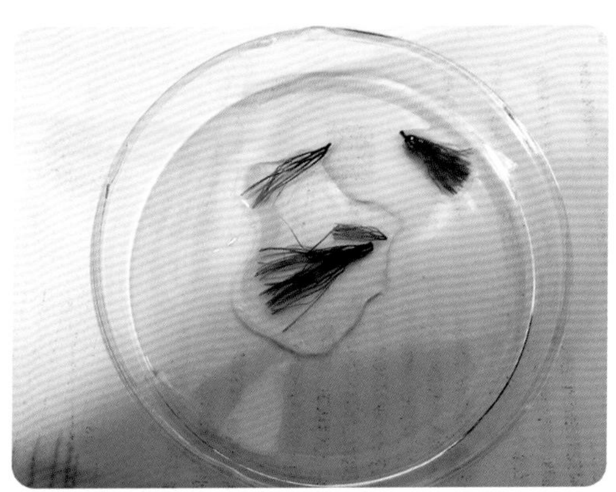
金鱼藻碘液染色后

金鱼藻叶肉细胞碘液染色 （150 ×）

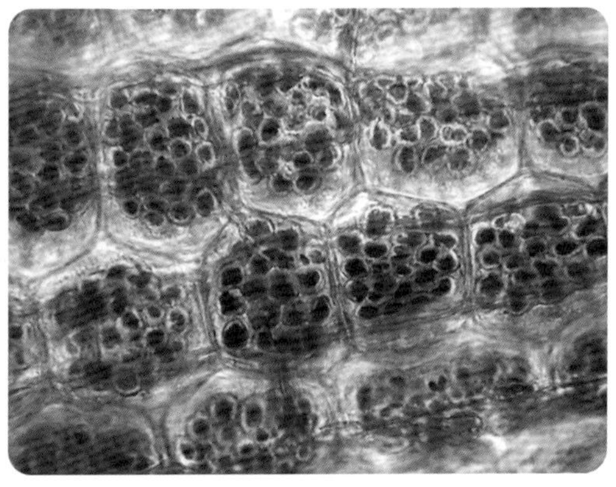
金鱼藻叶肉细胞碘液染色 （600 ×）

06 实验结论

1. 天竺葵、非洲凤仙照光部位的叶肉细胞、保卫细胞中有被碘液染成蓝色的叶绿体；马齿苋（C_4植物）保卫细胞和维管束鞘细胞中有被碘液染色的叶绿体；水生植物金鱼藻照光叶片的叶肉细胞中有被碘液染色的叶绿体。
2. 叶片经光合作用积累了淀粉，积累的淀粉存在于叶绿体中，光照是光合作用的必要条件。

探究作业

玉米叶肉细胞和维管束鞘细胞中的淀粉

玉米是常见的 C_4 植物，请在午后采集一些经过正常日照的玉米叶，用数码显微镜观察叶片结构，找到叶肉细胞和维管束鞘细胞，观察细胞排列方式和细胞中叶绿体的形态和数目。请模仿上述实验操作，尝试用碘液染色的方法检验叶绿体中的淀粉。

玉米植株

7.2 植物细胞中的淀粉粒

淀粉是葡萄糖分子聚合而成的化合物，淀粉在细胞中常以颗粒状态存在，称为淀粉粒。几乎所有植物的营养细胞中都有淀粉粒存在，在种子的胚乳和子叶中以及植物的块根、块茎和根状茎中都含有丰富的淀粉粒。

淀粉粒形态稳定，植物某一器官内的淀粉粒形态不变，但量的多少是可变的。秋末冬初及春季植物萌发之前的淀粉粒较多，春夏时节由于植物生长新的茎、叶，会消耗储藏的淀粉，淀粉粒较少。一般水分高、蛋白质含量少的植物淀粉颗粒较大，多呈圆球形或椭球形，如马铃薯淀粉粒；反之颗粒较小，如小麦淀粉粒。同一属的植物组织中的淀粉粒形态相近，不同科、属的植物组织中所含淀粉粒形态上有差异。

01 实验原理

1. 未染色的淀粉粒呈白色或类白色，经碘液染色后呈蓝色。
2. 制作组织切片可观察到细胞中储存的淀粉粒，用刀片刮取组织切口的表层可得到游离的淀粉粒。

02 实验目的

1. 制作临时装片，观察植物细胞中的淀粉粒。
2. 认识各种淀粉粒的显微特征。
3. 尝试鉴别不同种植物的淀粉粒。

03 实验仪器及材料

数码液晶显微镜、载玻片、盖玻片、刀片；碘液、吸水纸、清水；马铃薯、菜豆种子（已浸泡）、小麦种子（已浸泡）。

04 实验步骤

1. 在载玻片中央滴一到两滴清水，放在一旁。
2. 取一粒浸泡过的菜豆种子，剥掉种皮，取一片子叶，用左手捏住。右手持刀片，刀口向里进行切片操作。先用刀片在子叶上切出一个平面，然后从平面上斜向下入刀，切出若干薄片，浸泡在培养皿的清水中备用。马铃薯、小麦种子用同样的方法切出若干薄片，分别浸泡在培养皿的清水中备用。从培养皿中分别选取出最薄的一片，放在载玻片中央。

3. 加盖玻片制成临时装片，先用低倍镜观察后用高倍镜观察。

4. 分别滴加碘液染色 1 分钟左右，用吸水纸吸去碘液，显微观察。

05 实验结果

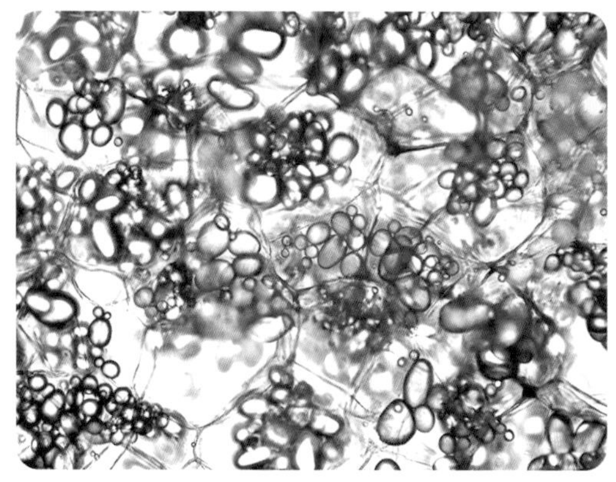

马铃薯细胞内的淀粉粒 （150 ×）

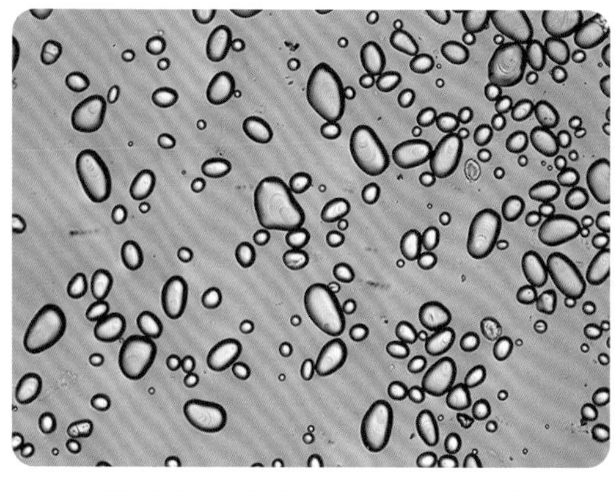

马铃薯游离出细胞的淀粉粒 （150 ×）

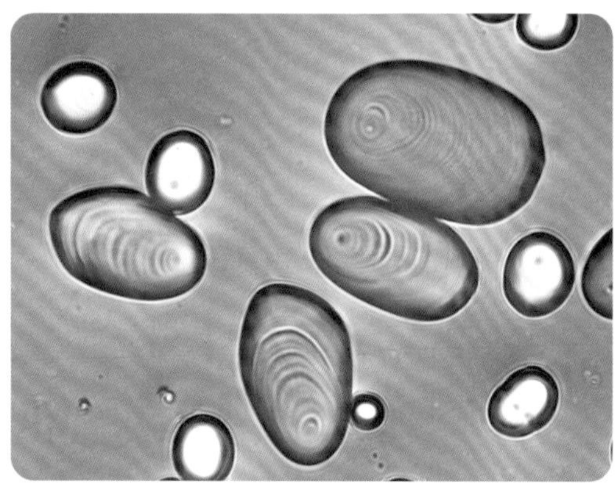

马铃薯游离出细胞的淀粉粒 （600 ×）

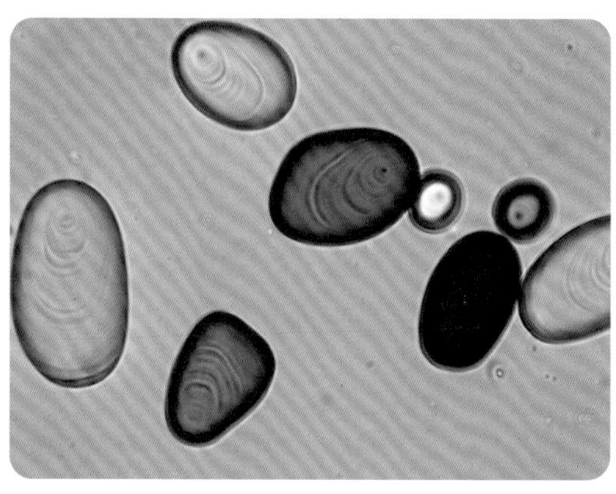

马铃薯游离出细胞的淀粉粒碘液染色 （600 ×）

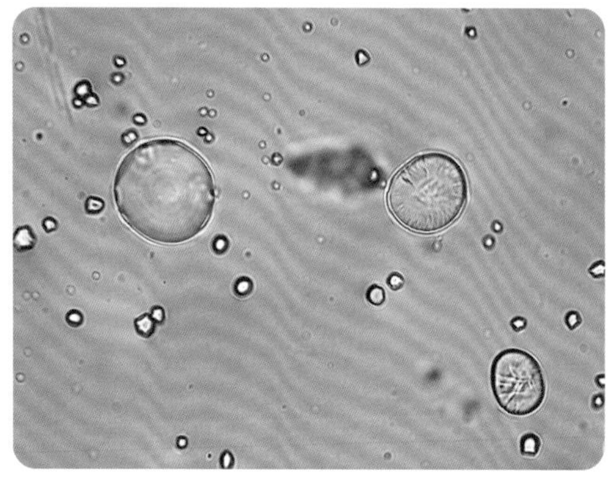

小麦胚乳中游离出的淀粉粒 （600 ×）

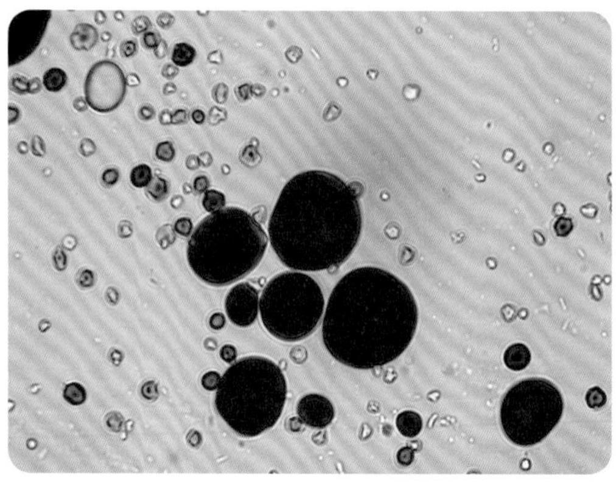

小麦胚乳中游离出的淀粉粒碘液染色 （600 ×）

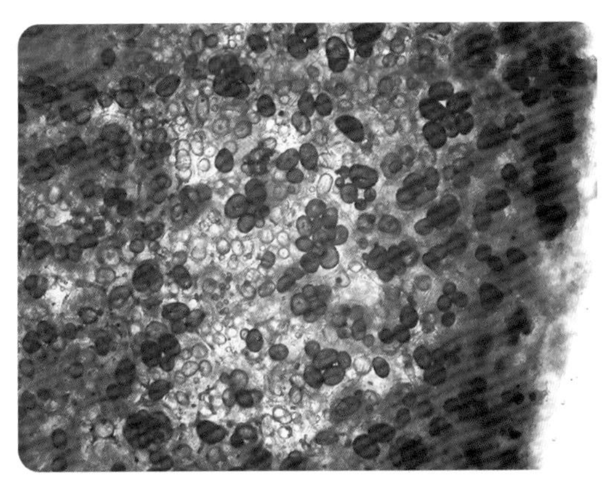

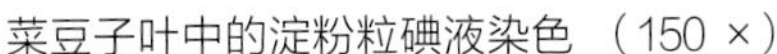

菜豆子叶中的淀粉粒碘液染色 （150 ×）

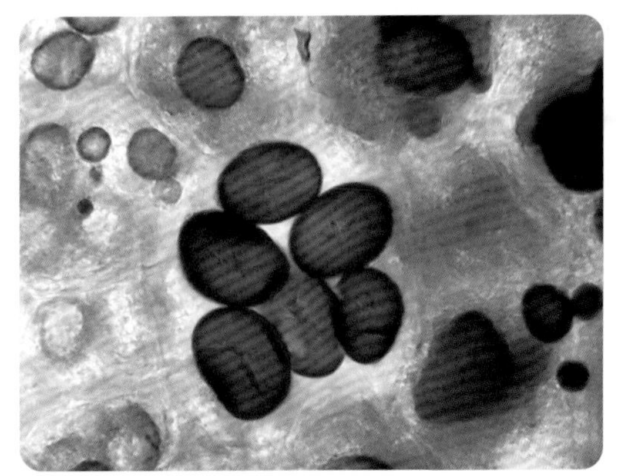

菜豆子叶中的淀粉粒碘液染色 （600 ×）

06 实验结论

1. 马铃薯块茎细胞内的淀粉粒呈类白色，近椭球形，可以看到上面的脐点，淀粉粒的层纹像贝壳的年轮纹，染色后更清晰。
2. 小麦胚乳中的淀粉粒呈圆球形，比马铃薯块茎中的淀粉粒小。
3. 菜豆子叶中的淀粉粒可以看到脐点。

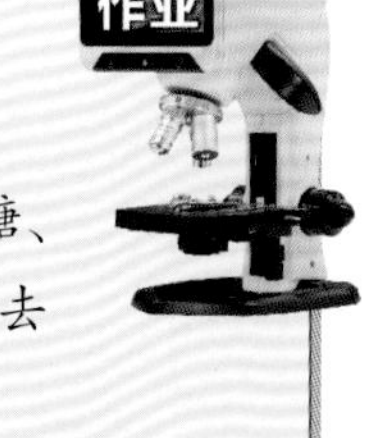

生香蕉果实 （或栗子、 玉米、 莲藕） 细胞中的淀粉粒

大部分的水果在成熟时期会将淀粉类多糖全部转化成蔗糖、果糖、葡萄糖等高甜度的单糖及二糖。香蕉含丰富的碳水化合物，每根香蕉去皮后约重 100 克，相当于半碗饭。

取未成熟的香蕉，去皮后用刀片切取薄片，制成临时装片，染色，显微观察。

栗子、芋头、红薯、玉米、莲藕中淀粉含量都很多，均可进行制片、染色和观察，在观察过程中，可对比其淀粉粒的大小和形态是否相同。

香蕉

芋头

红薯

玉米

莲藕

7.3 比较菜豆和花生子叶细胞中的淀粉和脂肪含量

植物的种子富含营养。有的含有丰富的淀粉；有的含有丰富的脂肪；有的两者都有，只是含量有差异，以其中一种为主，另一种相对较少。以菜豆和花生为例，我们可以通过染色的方法并借助显微观察比较它们子叶细胞中的淀粉和脂肪的含量差异。

01 实验原理

淀粉遇碘变蓝，脂肪可以被苏丹Ⅲ染液染成橘黄色或被苏丹Ⅳ染液染成红色。借助显微镜和特定的染色剂，可以检测子叶细胞中的淀粉和脂肪，并初步判断其含量差异。

02 实验目的

1. 练习制作徒手切片。
2. 尝试用染色的方法检测子叶细胞中的脂肪和淀粉。
3. 比较菜豆和花生子叶细胞中的淀粉与脂肪含量的差异。

03 实验仪器及材料

数码液晶显微镜、载玻片、盖玻片、镊子、吸水纸、刀片；清水、碘液、苏丹Ⅲ染液、50%的酒精溶液；菜豆种子（已浸泡）、花生种子（已浸泡）。

04 实验步骤

1. 切片

取一粒浸泡过的菜豆种子，剥掉种皮，取一片子叶用左手捏住，右手持刀片，刀口向里进行切片操作。先用刀片在子叶上切出一个平面，然后从平面上斜向下入刀，切出若干薄片，浸泡在1号培养皿的清水中备用。取一粒浸泡过的花生种子，用同样的方法切出若干薄片，浸泡在2号培养皿的清水中备用。从两个培养皿中分别选取出最薄的一片，每片切成4份，依次放在1~4号载玻片中央。

2. 制片

（1）未染色前的观察：在1号载玻片的材料上，滴加一滴清水，加盖玻片制成临时装片，分别观察菜豆和花生子叶切片，辨识子叶中营养组织的细胞。

(2) 用苏丹Ⅲ染液染色：在2号载玻片的材料上，滴2~3滴苏丹Ⅲ染液，染色3分钟左右，吸去染液，滴加50%的酒精洗去浮色，吸去酒精，滴加一滴清水，加盖玻片制成临时装片。

(3) 用碘液染色：在3号载玻片的材料上，滴加碘液染色1分钟左右，时间不宜过长，否则会影响观察效果。然后吸去碘液，滴加一滴清水，加盖玻片制成临时装片。

(4) 在4号载玻片的材料上，先进行苏丹Ⅲ染液染色，然后再进行碘液染色，加盖玻片制成临时装片。

3. 显微观察

对1~4号临时装片分别进行显微观察，记录并拍照保存。

05 实验结果

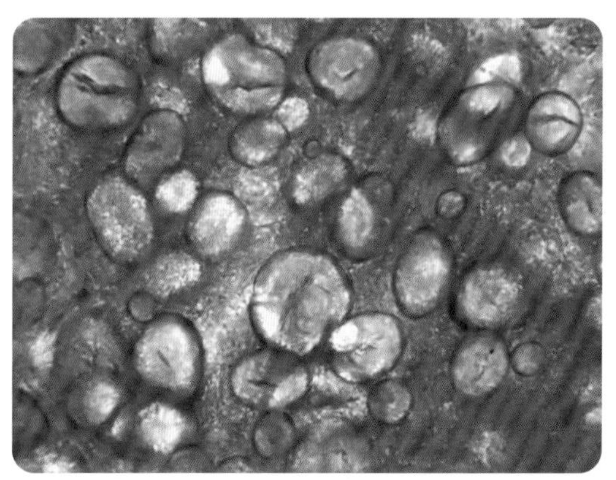

未染色的菜豆子叶细胞（600×）

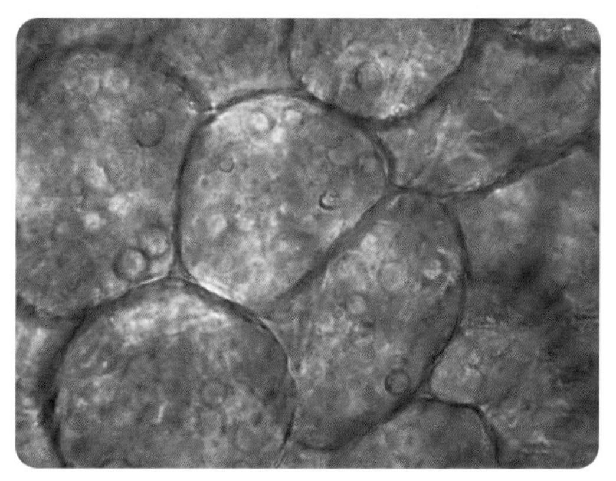

经碘液染色的菜豆子叶细胞（600×）

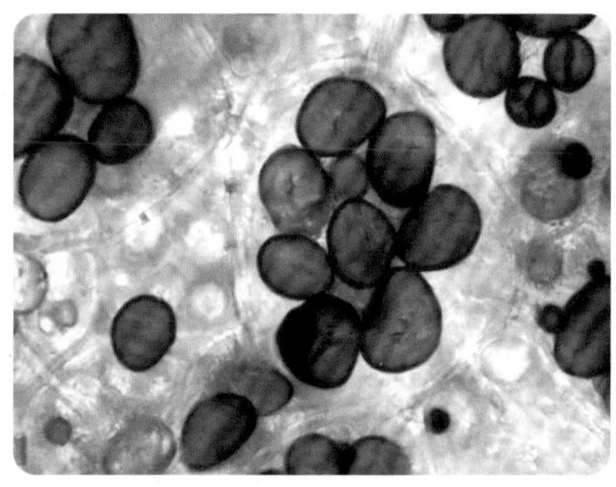

未染色的花生子叶细胞（600×）

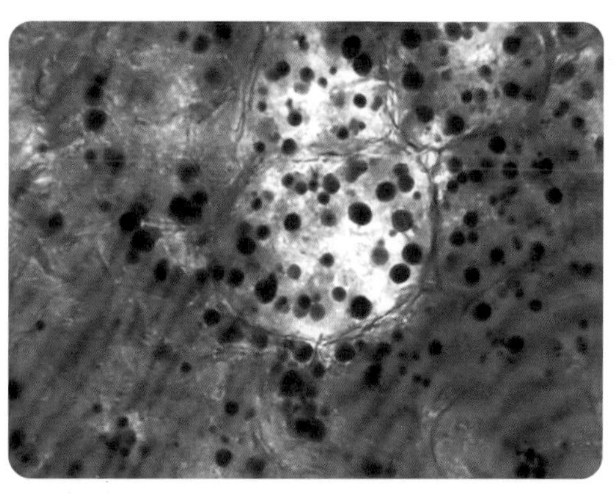

经碘液染色的花生子叶细胞（600×）

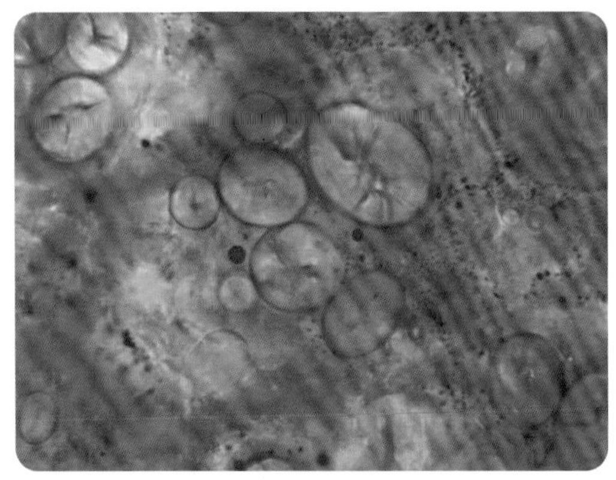

经苏丹Ⅲ染液染色的菜豆子叶细胞 （600 ×）

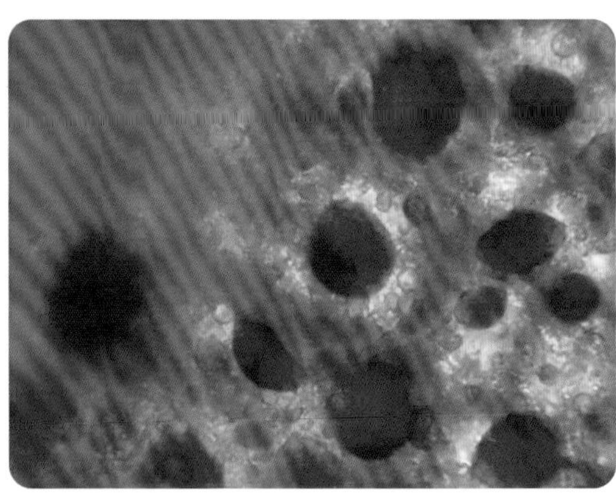

经苏丹Ⅲ染液染色的花生子叶细胞 （600 ×）

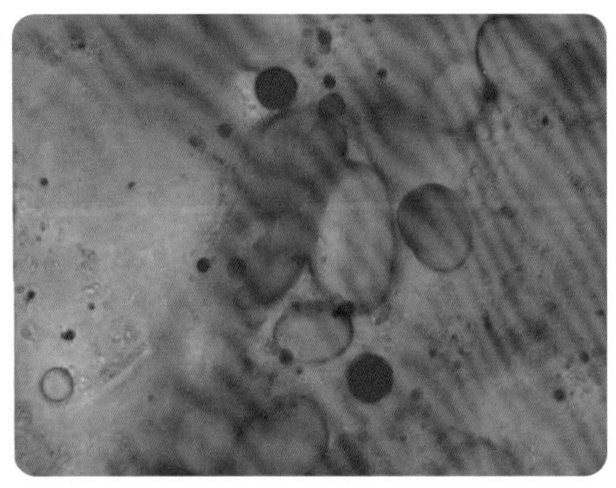

经碘液－苏丹Ⅲ染液双染色的菜豆子叶细胞（600 ×）

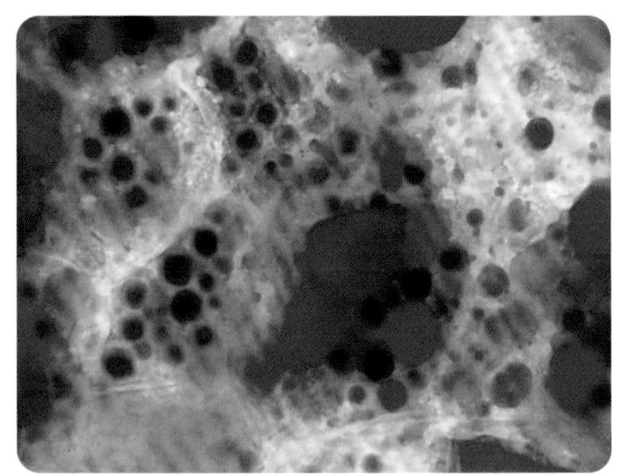

经碘液－苏丹Ⅲ染液双染色的花生子叶细胞（600 ×）

06 实验结论

花生和菜豆子叶中均含有脂肪和淀粉，花生子叶含有较多脂肪，菜豆子叶含有较多淀粉。花生子叶中的脂肪含量高于菜豆子叶，菜豆子叶中的淀粉含量高于花生子叶。

探究作业

植物组织或器官中脂肪和淀粉的含量

可自选感兴趣的实验材料，探究植物其他器官中脂肪或淀粉含量的高低。也可以换一种方法对脂肪或淀粉进行测定，如尝试将等量的花生种子用榨汁机进行匀浆，先在试管中用碘液和苏丹Ⅲ染液分别染色，然后制成临时装片放到显微镜下观察，比较脂肪和淀粉含量的差异。

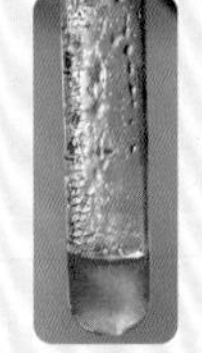

脂肪 （苏丹Ⅲ染色）

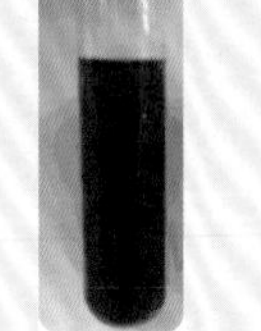

淀粉 （碘液染色）

7.4 食盐、白糖和味精的结晶体

食盐、白糖和味精是我们生活中常见的调味品，它们都是白色的结晶体，显微镜下，它们依然洁白无瑕吗？让我们通过显微镜来观察一下吧！

01 实验原理

在数码液晶显微镜下，可以清楚地观察到各种结晶体的结构和结晶后的形态。

02 实验目的

1. 观察食盐、白糖和味精的结晶体形态。
2. 观察各种结晶体的析出过程。

03 实验仪器及材料

数码液晶显微镜、载玻片；食盐、白糖、味精、0.3 克/毫升的食盐溶液、0.3 克/毫升的白糖溶液、0.3 克/毫升的味精溶液。

04 实验步骤

1. 将食盐、白糖、味精颗粒放在载玻片上，在显微镜下观察、拍照。
2. 分别滴一滴 0.3 克/毫升的食盐溶液、0.3 克/毫升的白糖溶液、0.3 克/毫升的味精溶液于载玻片上，观察结晶体的析出过程。

05 实验结果

1. 食盐

原本白色的食盐颗粒，显微镜下是黑色的，周围是黑色的一圈，内部颜色较浅，混杂着斑驳的黑色点状物（图 1），从形态上看，食盐呈正方体。

1 小时后，食盐溶液的边缘开始出现颗粒状物质。2 小时后，食盐溶液中出现大小不同的晶体（图 2），一般外部晶体较小，内部较大，形状规则，大约呈正方形，可以看到有两条对角线样的结构，推测是晶体生长过程中留下的痕迹。食盐晶体形成之处，先形成正方形或者长方形的薄片状结构，然后以此为基础，不断生长为立体结构，在此过程中，可以看到晶体生长所形成的各种花纹，食盐溶液边缘的无定型颗粒会向已经形成的晶体游动、聚集，推测利用这些原料，食盐晶体可以继续生长。20 分钟后，晶体已经长大不少，原来的薄片状结构逐渐变得立体（图 3），生长中的食盐晶体可以呈现不同的形状和花纹（图 4）。食盐溶液不断蒸发，直至晶体全部析出。

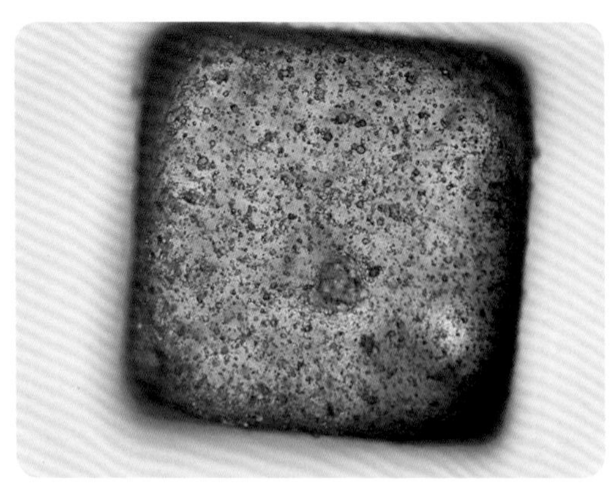

图 1　食盐颗粒 （150 ×）

图 2　溶液边缘出现大小不同的薄片结晶 （30 ×）

图 3　结晶体逐渐长大 （150 ×）

图 4　食盐结晶体形成中 （150 ×）

2. 白糖

显微镜下的白糖晶体跟食盐类似，外周也是黑色的一圈，内部颜色较浅，呈立体形状（图 5）。

白糖溶液边缘较光滑，有细小的波纹状突起，48 小时后，白糖晶体完全析出。可以看到花朵般的结晶体，结晶体的每片“花瓣”呈三角形（图 6），上面有细微的射线状纹理，好像是从一点发出的很多条射线（图 7）。这些“花瓣”是立体的，有一定的厚度（图 8），形状规则，可以看到有条纹状直线，推测是晶体形成留下的痕迹。

图5 白糖颗粒 （150 ×）

图6 白糖结晶体 （60 ×）

图7 白糖结晶体 （150 ×）

图8 白糖结晶体的立体结构 （60 ×）

3. 味精

味精颗粒在显微镜下为长棒状，外周有黑色的一圈，内部颜色较浅（图9）。

味精溶液边缘有小的波纹状突起，48 小时后，完全结晶。味精结晶为白色晶体，堆叠在一起，隐约能看到细针状小晶体（图10）。从整体上看，味精的结晶体好像有一个中心，向外呈放射状（图11），能看到一根根细长的针状结构（图12）。

图9 味精颗粒 （30 ×）

图10 味精结晶 （60 ×）

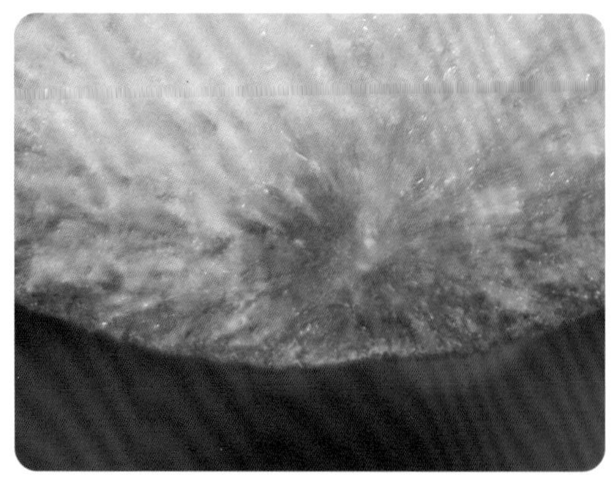

图 11　味精晶体 （30 ×）

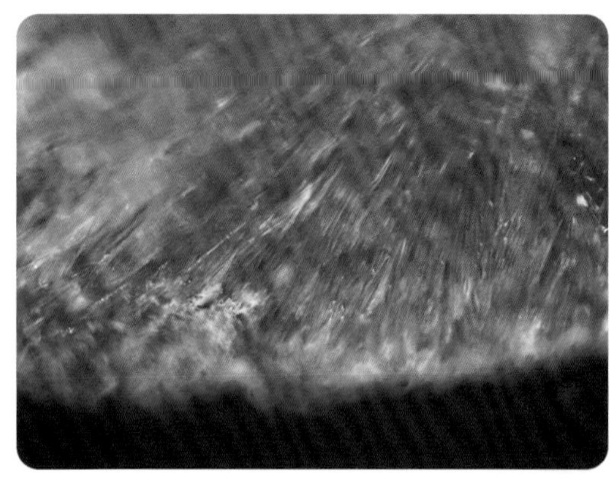

图 12　味精晶体 （150 ×）

说 明

1. 食盐溶液的结晶速度最快，3 小时后全部结晶；白糖溶液和味精溶液结晶较慢，48 小时后完全结晶。

2. 溶液配制浓一些，结晶就会快一些。

3. 观察结晶体不需要用盖玻片。

06 实验结论

1. 食盐结晶时先从边缘处形成小的长方形或者正方形薄片，然后逐渐生长成为立体晶体。
2. 白糖也是从溶液边缘开始结晶，晶体为规则的立体形状。
3. 味精结晶时间较慢，晶体为细长的针状结构堆叠而成。

其他物质的结晶体

你可以在显微镜下观察明矾、硫酸铜等晶体，也可以观察它们的结晶过程，还可以查阅资料，制作有色晶体。

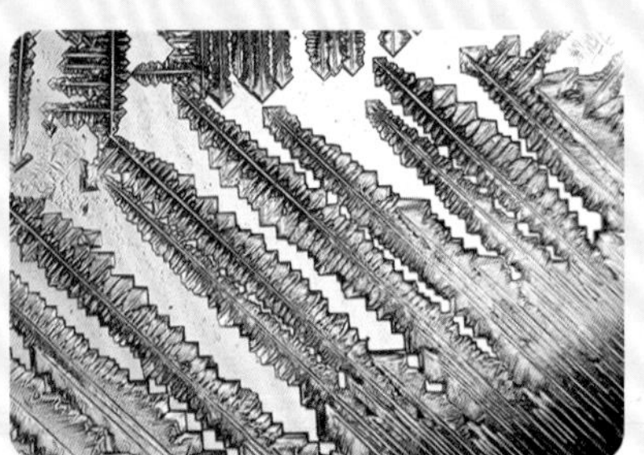

明矾的结晶体 （60 ×）

CHAPTER 8

第八篇

细胞分裂和遗传

8.1 植物根尖细胞的有丝分裂

有丝分裂是真核细胞进行细胞增殖的重要方式之一。细胞周期包括分裂间期和分裂期，其中分裂间期主要进行 DNA 的复制和有关蛋白质的合成，分裂期进行一系列的染色体的形态和行为变化，最终分裂的结果是形成的每个子细胞中的染色体数量与亲代细胞一样，保持不变。处于分裂期的细胞，可根据染色体的形态与行为特征，分为前期、中期、后期和末期。下面我们通过显微镜来观察染色体在不同分裂时期的形态和行为变化。

01 实验原理

洋葱、蚕豆、风信子等植物的染色体数目少，根尖分生区细胞体积较大，且根尖易于获得，是观察有丝分裂很好的实验材料。在显微镜下可以清楚地看到细胞分裂时染色体的形态、行为和数量的变化。

洋葱根尖

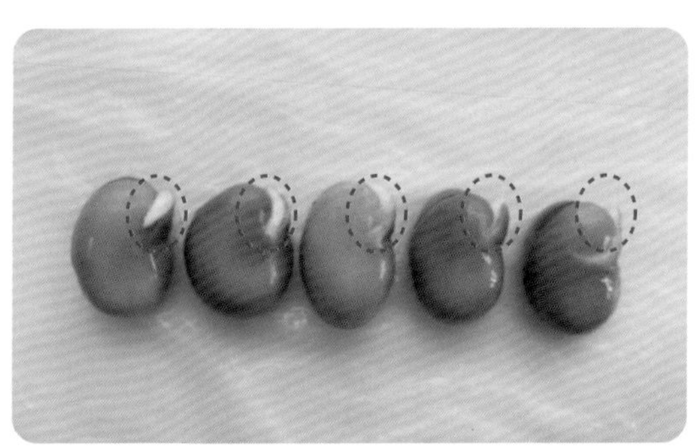

蚕豆根尖

风信子根尖

02 实验目的

1. 制作植物根尖细胞有丝分裂的临时装片。
2. 观察植物根尖细胞有丝分裂的各个时期。
3. 分辨有丝分裂各个时期染色体的形态、行为和数量。

03 实验仪器及材料

数码液晶显微镜、载玻片、盖玻片、小烧杯、镊子、吸水纸；解离液、改良的苯酚品红溶液、清水；洋葱根尖、蚕豆根尖、风信子根尖。

04 实验步骤

1. 解离 上午 10:00 至下午 14:00，植物根尖分生区处于分裂期的细胞较多（会因植物品种、室温等差异而有所不同），因此最好在该时间段剪取 2～3 毫米根尖放置在解离液中进行解离，不同材料解离时间不同，洋葱、风信子、吊兰以 5～10 分钟为宜；蚕豆以 10～15 分钟为宜；解离成功表现为材料保持完整，染色时可被捣碎，压片时盖上盖玻片即可将材料压碎使细胞分散开，如果解离时间不足会导致压片不能成雾状，细胞不能充分分散，重叠度高，染色不充分等情况。
2. 漂洗 解离后使用清水对实验材料进行漂洗以去除残留的解离液。可将解离后的根尖放在烧杯中漂洗 2 分钟。
3. 染色 可用甲紫、醋酸洋红、改良的苯酚品红溶液进行染色，染色有两种方法：①将根尖放在染液中浸泡 3～5 分钟；②将根尖放置在载玻片上，用镊子把根尖弄碎，然后滴加染液染色 2 分钟。方法②染色更加均匀，且时间较短。
4. 制片 若染色时运用方法①，则将根尖从染液中取出，放置在载玻片上，滴加一滴清水，用镊子把根尖弄碎，然后盖上盖玻片；若染色时运用方法②，则染色后用吸水纸吸走染液，再滴加一滴清水，盖上盖玻片，用拇指轻轻按压盖玻片使其呈云雾状。
5. 观察 将上述做好的临时装片在显微镜下观察。

05 实验结果

同一个视野中可以观察到多个处于不同分裂时期的细胞，不同分裂时期，细胞中染色体的形态与行为有很大的差异，具体图像如下：

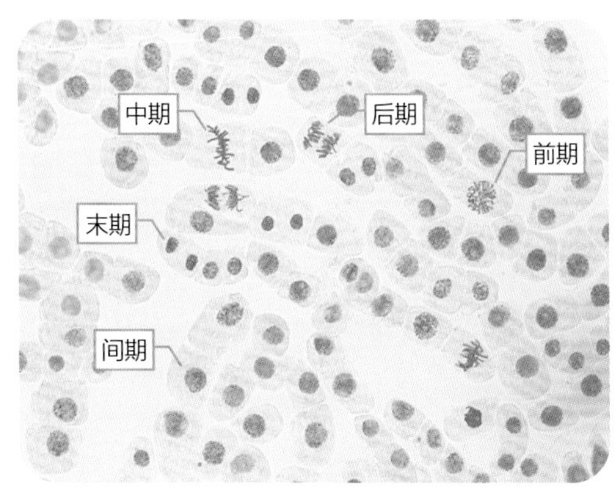

洋葱（2N＝16）根尖细胞的有丝分裂（600×）

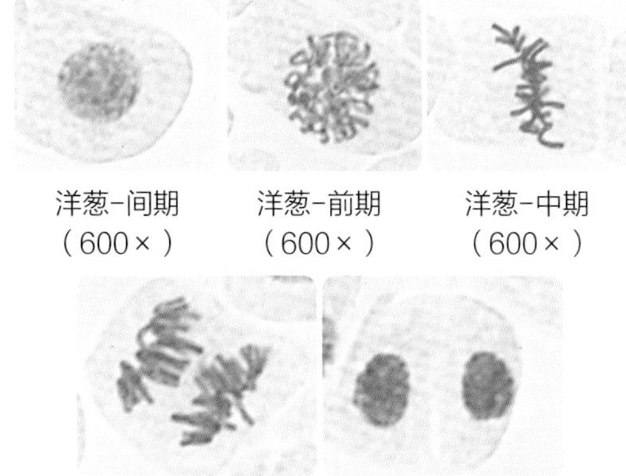

洋葱-间期（600×） 洋葱-前期（600×） 洋葱-中期（600×）

洋葱-后期（600×） 洋葱-末期（600×）

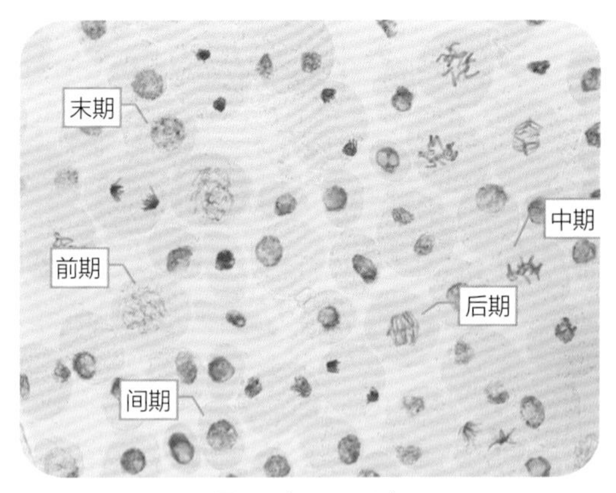

蚕豆（2N＝12）
根尖细胞的有丝分裂（600×）

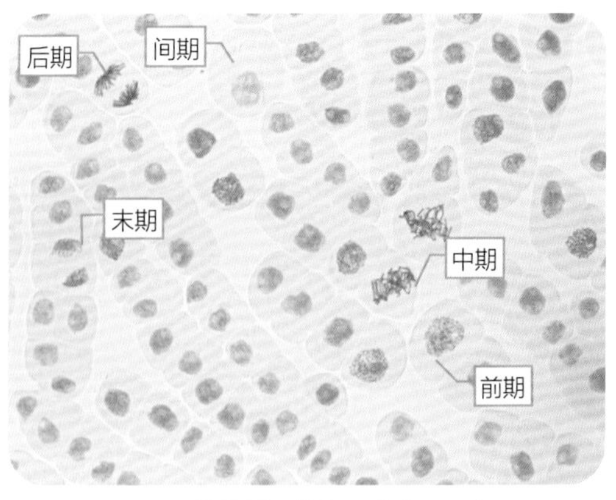

风信子（2N＝12）
根尖细胞的有丝分裂（600×）

06 实验结论

1. 通过观察，可以分辨洋葱各个时期的染色体形态和行为特征。
   间期：染色体以染色质丝的形态存在，细胞核界限明显。
   前期：核膜、核仁消失，染色质高度螺旋化形成染色体。
   中期：染色体排列在细胞中央。
   后期：染色体在纺锤丝的牵引下移向细胞两极。
   末期：染色体解螺旋形成染色质，核膜、核仁重现，细胞中央出现细胞板，形成新的细胞壁。
2. 蚕豆和风信子的根尖细胞进行有丝分裂具有间期、前期、中期、后期和末期，其中蚕豆细胞染色体数目少，染色体易观察并计数；风信子细胞较大，且排列规则，易于进行实验操作进行观察。

探究作业

大蒜、吊兰、绿萝植物根尖细胞的有丝分裂

选取身边常见的水培吊兰、绿萝等植物的根尖细胞进行实验，观察细胞的有丝分裂，并标注细胞分裂的时期。

右图是大蒜根尖不同时期的细胞分裂图像，请在图中找出典型细胞并标出对应的分裂时期。

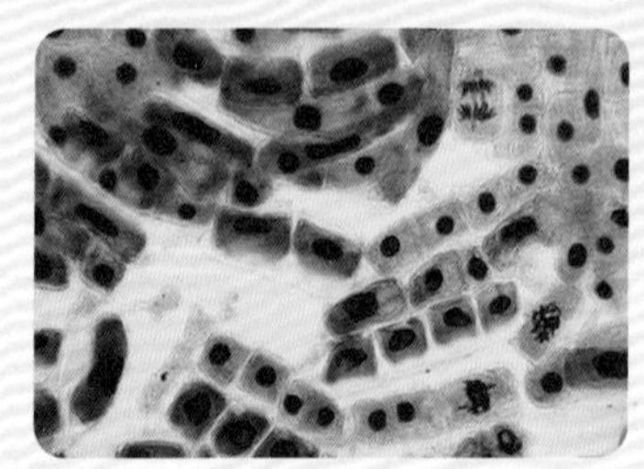
大蒜根尖细胞的有丝分裂（600×）

8.2 萱草的花药、花粉及细胞的减数分裂

花是被子植物的繁殖器官，能产生两种生殖孢子：小孢子（单核花粉，雄性）和大孢子（能发育成卵细胞，雌性）。一朵两性花中最重要的结构就是雌蕊和雄蕊。

减数分裂是指有性生殖的个体在形成生殖细胞过程中发生的一种特殊分裂方式，是生物在产生生殖细胞时进行的染色体数目减半的细胞分裂。在减数分裂过程中，同源染色体分离、非同源染色体自由组合、同源染色体的非姐妹染色单体间可发生交换，这样就能使配子种类多样化，增加了后代适应环境的可能性。减数分裂不仅是保证生物亲代和子代染色体数目稳定的机制，也是物种不断变异和进化的机制之一。

01 实验原理

1. 在减数分裂过程中，染色体只复制一次，而细胞分裂两次。减数分裂的结果是，成熟生殖细胞中的染色体数目是原始生殖细胞的一半。
2. 由于高等生物雄蕊能产生较多的配子，所以取材时应选用雄蕊，雄蕊花药中的某些细胞分化为小孢子母细胞，这些细胞能进行减数分裂。在适当的时候采集植物花蕾中的花药制备临时装片，就可能在显微镜下观察到不同的减数分裂相。

02 实验目的

1. 观察花的结构，了解雌蕊、雄蕊的重要性。
2. 制备植物减数分裂的临时装片。
3. 了解高等植物减数分裂各时期染色体的变化特点，寻找不同的分裂象，获得减数分裂的感性认识。

03 实验仪器及材料

数码液晶显微镜、载玻片、盖玻片、吸水纸、刀片、解剖针；清水、改良的苯酚品红染液（或醋酸洋红染液）；萱草花及幼嫩的花蕾。

04 实验步骤

1. 取萱草的花，观察其结构，重点是雌蕊和雄蕊。

2. 取萱草成熟的雄蕊，在显微镜下观察花药、花丝。

3. 在载玻片中央滴一滴清水，用解剖针从萱草花药中挑取少量花粉粒，均匀涂在水滴中，盖上盖玻片，用显微镜观察并拍照记录。

4. 在载玻片上滴一滴清水，剥开萱草幼嫩的花蕾，取出花药，置于载玻片上，用刀片将花药纵剖开，然后用解剖针拨取里面的花粉母细胞。滴一滴改良的苯酚品红染液（或醋酸洋红染液），染色 5 分钟左右。盖上盖玻片，用吸水纸吸干周围的染液。放到显微镜下观察，先用低倍镜后用高倍镜。注意寻找不同的分裂象，记录观察结果，拍照，并进行比较。

05 实验结果

（一）萱草花的部分结构及成熟花粉粒

萱草的花

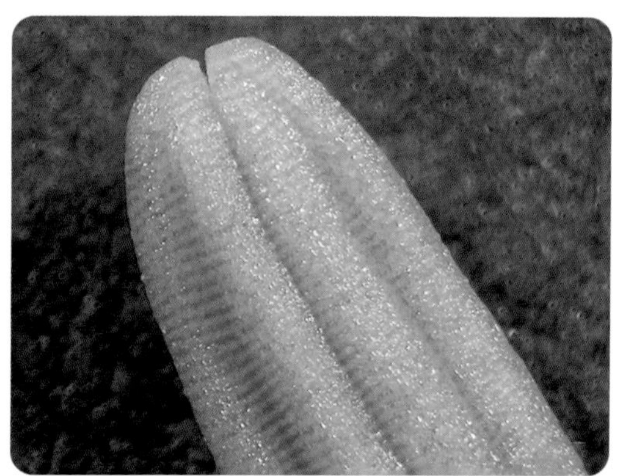

萱草花药 （30 ×）

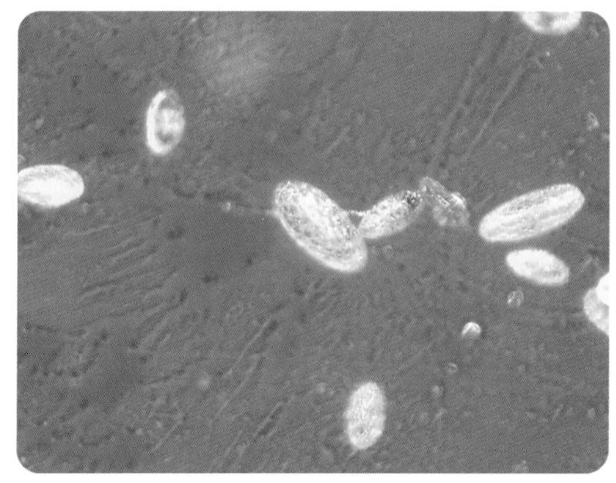

萱草成熟花粉粒 （150 ×）

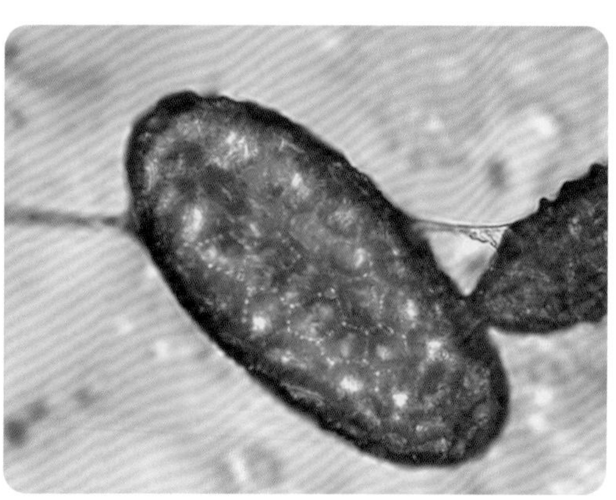

萱草成熟花粉粒 （600 ×）

（二）萱草未成熟花药中花粉母细胞的减数分裂（均为局部放大）

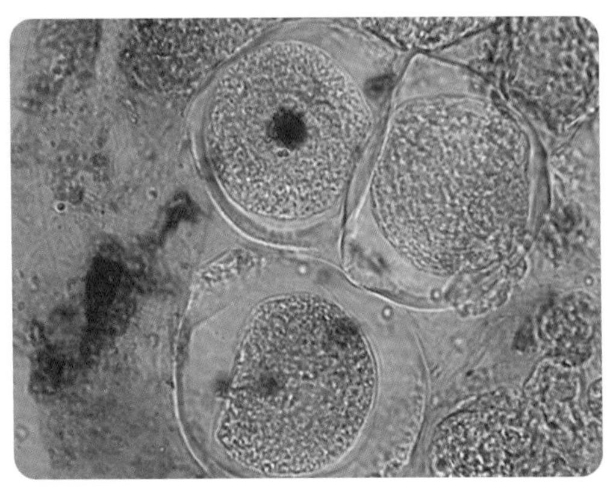

减数第一次分裂间期（600 ×）

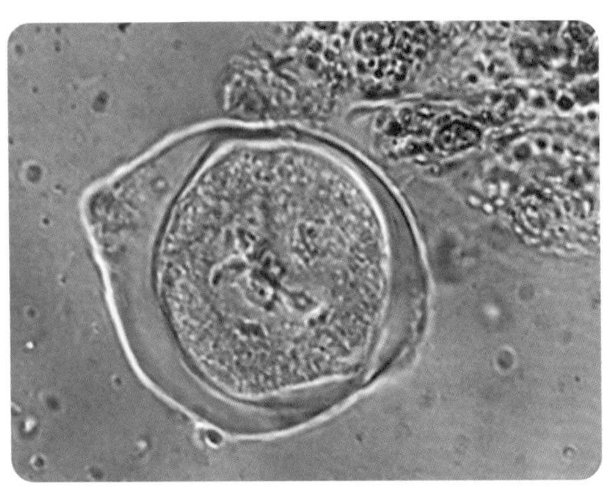

减数第一次分裂前期（600 ×）

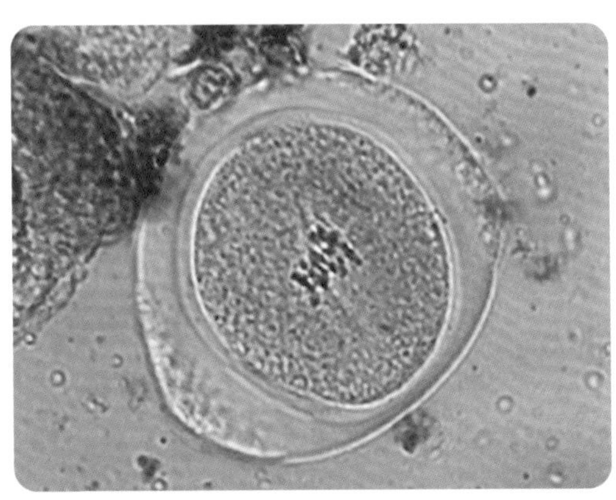

减数第一次分裂中期（600 ×）

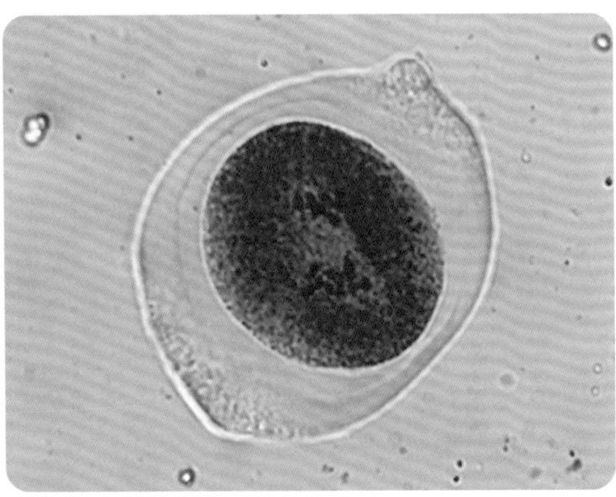

减数第一次分裂后期（600 ×）

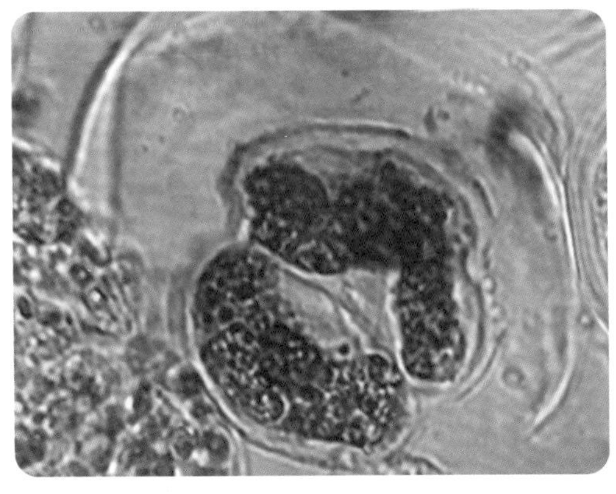

减数第一次分裂结束（600 ×）

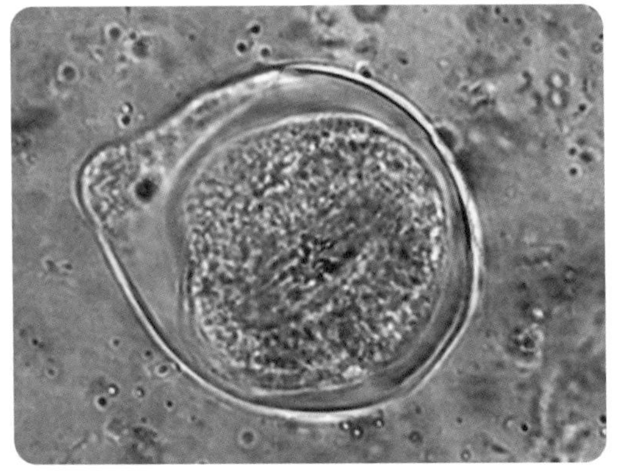

减数第二次分裂后期（600 ×）

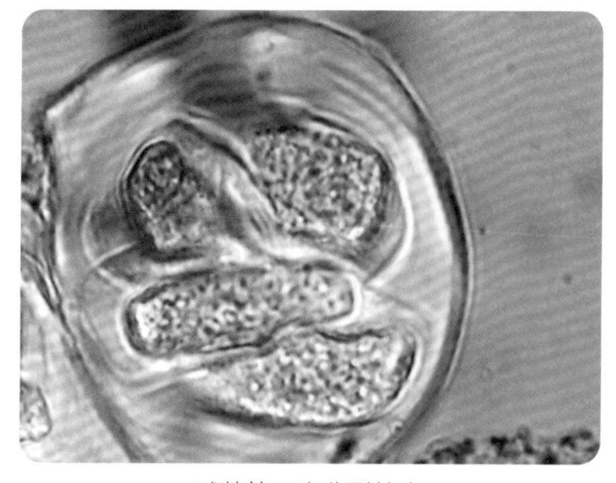

减数第二次分裂结束
（600 ×） 染色较浅

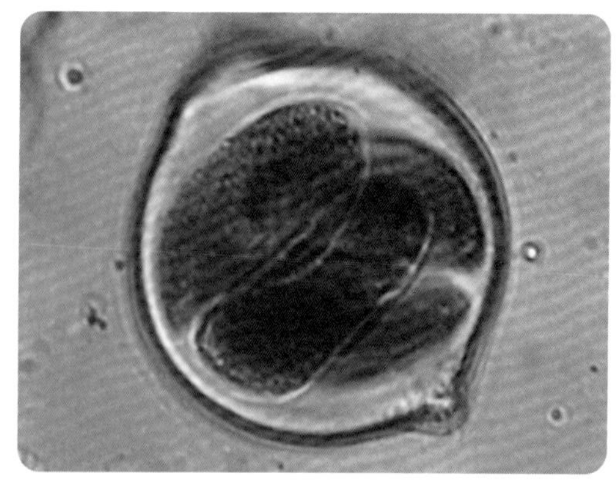

减数第二次分裂结束
（600 ×） 染色较深

06 实验结论

1. 萱草成熟的花粉粒呈卵圆形，表面有微格结构。
2. 选取幼嫩的花蕾（花蕾纵向长度不超过 1 厘米）才能观察到花粉母细胞。
3. 适当的花蕾中含有正在发育的花药，可以观察到处于减数分裂各时期的花粉母细胞。
4. 处于减数第二次分裂期的花粉母细胞比例很小，推测该时期时间最短。

探究作业

辣椒的花药、花粉、减数分裂

辣椒非常适宜栽种，它也是一种很好的生物实验观察材料。

1. 当辣椒开花时，选取一朵盛开的花，观察它的结构，重点是雌蕊和雄蕊。取花药，挑取少量花粉，制成临时装片，在显微镜下观察其形态和结构。

2. 选取辣椒幼嫩的花蕾，直径约在 3 ~ 3.5 毫米，剖开花蕾，取长约 1.5 毫米的花药，放在载玻片上，滴一滴改良的苯酚品红染液，染色 3 ~ 5 分钟，吸取染液，滴一滴清水，盖上盖玻片，在显微镜下观察，并寻找处于不同分裂时期的花粉母细胞。

辣椒的花蕾

辣椒的花

8.3 果蝇的唾腺染色体

果蝇是双翅目昆虫，幼虫期其唾腺细胞非常大，同时细胞核也非常大，比其他细胞染色体大200倍左右，且总处于前期状态。主要是由于唾腺染色体不断地进行自我复制但不分开，经过多次复制形成约1000~4000个染色体丝，可达5微米宽，400微米长，比普通中期相染色体大得多（约100~150倍），所以又称为多线染色体。这些重要特征为遗传学研究的许多方面提供了独特的研究材料，如染色体结构、化学组成、基因差别表达等。所以果蝇唾腺染色体是观察染色体形态、研究染色体畸变的好材料。制备唾腺染色体标本通常采用肥大的幼虫，在19℃左右培养的三龄幼虫适于制作唾腺染色体标本。

01 实验原理

1. 唾腺染色体具有许多重要特征：巨大性；体细胞同源染色体紧密配对，染色体数目只有半数（n）；各染色体的着丝粒部分互相靠拢形成染色中心；形成有深有浅、疏密不同的横纹，不同的横纹排列代表不同的基因排列。
2. 在数码液晶显微镜下可以清晰地观察到果蝇唾腺染色体的形态。

02 实验目的

1. 学习剥离果蝇幼虫唾腺的技术。
2. 掌握果蝇唾腺染色体制片方法。
3. 观察果蝇唾腺染色体，了解唾腺染色体的特征及其在遗传学中的意义。

03 实验仪器及材料

数码液晶显微镜、解剖针、载玻片、盖玻片、铅笔、吸水纸；改良的苯酚品红溶液、生理盐水（0.9% NaCl）、1M 盐酸溶液、蒸馏水；果蝇三龄幼虫。

04 实验步骤

1. 剥离唾腺　在载玻片的中央滴一滴生理盐水，选择行动迟缓、肥大、爬在瓶壁上即将化蛹的三龄幼虫置于生理盐水中。两手各握一枚解剖针，用左手的针压住幼虫末端1/3处，固定幼虫，右手的针尖压住幼虫头部，用适当的力向前拉，将头部和身体分开，腺体即随之而出，注意一次把腺体拉出，防止头部缩回去。唾腺是一对透明的棒状腺体，由两排规则排列的细胞组成，外有白色的脂肪组织，去除幼虫其他组织部分，并将唾腺周围的白色脂肪剥离干净。
2. 解离　在腺体上滴一滴1M 盐酸溶液，解离2~3分钟，使腺体组织疏松，易于压片和获得清晰的图像；吸去盐酸溶液，用蒸馏水轻轻冲洗腺体（重复3次）。

3. 染色 用吸水纸吸去蒸馏水，加一滴改良的苯酚品红溶液染色5~8分钟。
4. 压片观察 盖上盖玻片，以右手中指和食指固定盖玻片，用铅笔的橡皮头轻轻敲打或用右手指压片，用大拇指压下盖玻片时，可横向揉几下（注意不要使盖玻片滑动，且只朝一个方向揉动，不要来回揉）。在显微镜下观察。

05 实验结果

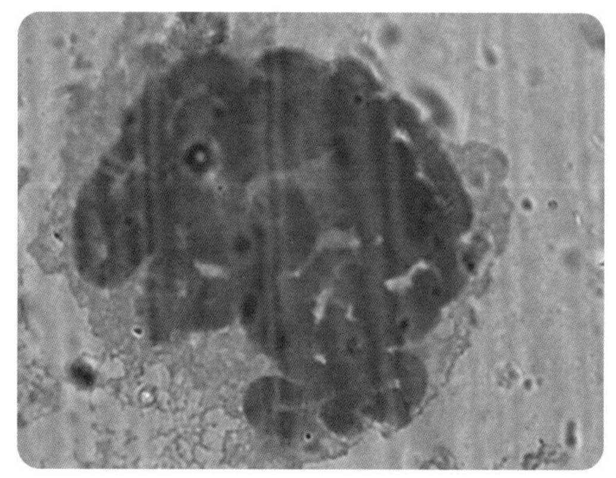

果蝇唾腺染色体 （600 ×）

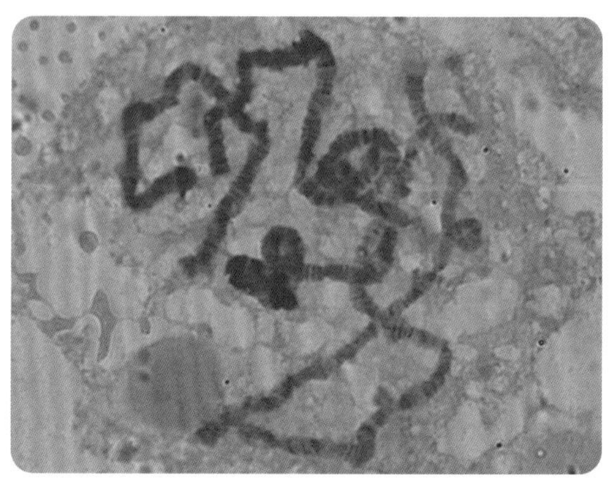

果蝇唾腺染色体 （600 ×）

06 实验结论

果蝇体细胞中有四对染色体，其中，有三对染色体以中部的着丝区聚集，而第四对染色体很小，分布在着丝区呈点状或盘状。

探究作业

苍蝇的唾腺染色体

果蝇是果蝇科，苍蝇是蝇科，两者都属于双翅目昆虫。请利用苍蝇进行唾腺染色体的制片与观察，与果蝇相比，苍蝇的唾腺染色体有何差异？说明果蝇作为实验材料优于苍蝇的原因。

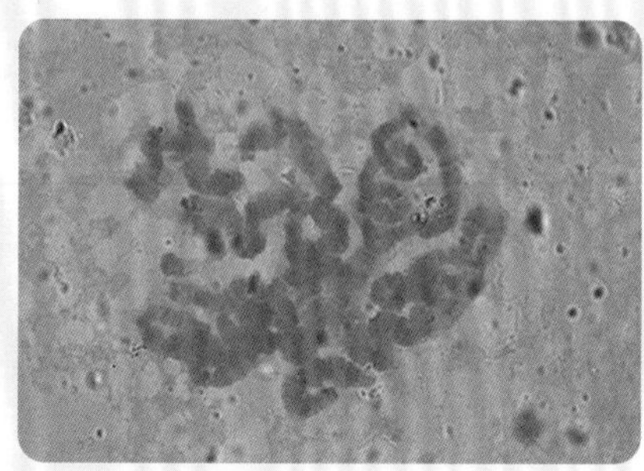

苍蝇的唾腺染色体 （600 ×）